职业教育项目式教学系列教材·电类专业系列

传感器技术及应用

林如军　主编

科学出版社
北　京

内 容 简 介

本书突出教、学、做三合一，强调从实践中学习理论知识，再用理论知识指导实际工作。全书按照“以任务为载体，以项目为驱动”的职业教育教学理念编写，每个教学任务设有“基本知识”，绝大多数任务设有“基本技能”，每个任务结束后通过“任务评价评分表”检查学习情况。

全书共分 4 个单元，单元 1 为传感器基础，指导学生认识传感器，介绍传感器的基础知识；单元 2 为常用传感器，详细讲述了电阻应变传感器、电感式传感器、电容式传感器、压电式传感器、光电式传感器、热电偶传感器、霍尔传感器和电涡流传感器等 8 种传感器的基本原理、结构、分类、测量电路，以及具体应用；单元 3 为常用检测仪表及传感器应用，主要介绍与传感器配套的常用仪器仪表，以及传感器在各行各业中应用实例；单元 4 为抗干扰与信号处理技术，主要介绍传感器及其应用系统中的抗干扰技术以及主要信号处理技术。

本书可作为中等职业学校电类各专业通用教材，也可供相关专业工程技术人员参考。

图书在版编目(CIP)数据

传感器技术及应用/林如军主编．—北京：科学出版社，2016
（职业教育项目式教学系列教材·电类专业系列）
ISBN 978-7-03-040268-4

Ⅰ.①传… Ⅱ.①林… Ⅲ.①传感器-中等专业学校-教材
Ⅳ.①TP212

中国版本图书馆 CIP 数据核字（2014)第 052685 号

责任编辑：王纯刚　韩　东 / 责任校对：刘玉靖
责任印制：吕春珉 / 封面设计：耕者设计工作室

科学出版社 出版
北京东黄城根北街 16 号
邮政编码：100717
http://www.sciencep.com

北京虎彩文化传播有限公司 印刷
科学出版社发行　各地新华书店经销
*
2016 年 4 月第 一 版　开本：787×1092 1/16
2020 年 8 月第四次印刷　印张：14 1/2
字数：327 000

定价：48.00 元

（如有印装质量问题，我社负责调换〈虎彩〉）
销售部电话 010-62136230　编辑部电话 010-62135120-8013

前　言

随着工农业生产、医疗电子技术、航空航天、军事工业等领域现代化的发展，传感器技术的重要性越来越凸显。现在，传感器已经在各个应用领域取代人类的眼、耳、鼻、口等器官发挥相应的感知能力，甚至拥有人类未能达到的感知能力。近年来我国大力发展物联网技术，传感器技术作为物联网前端感知层核心技术，备受重视。“传感器技术及应用”是职业学校电工电子类及相关专业学生的专业必修课。

本书是中等职业学校专业课程教学用书，编者在深刻理解《教育部关于进一步深化中等职业教育教学改革的若干意见》的基础上，遵循《国家中长期教育改革和发展规划纲要(2010—2020年)》中有关职业教育教学改革指导思想编写本书。全书从工农业生产、医疗电子技术等传感器应用领域出发，较全面地介绍了常见各类传感器的工作原理、组成结构、分类特点，以及实际应用。本书的编写有以下三大特点。

1. 以任务为载体，以项目为驱动

本书将传感器技术及其应用课程教学内容分解成多个教学任务，学生以教学任务为单位学习课程内容。为使学生明确学习目标，每个教学任务开始安排“知识目标”和“技能目标”；为检查学生学习效果，每个教学任务的最后会安排“任务评价评分表”。几个教学内容相关或者相近的教学任务组成一个教学项目，每个教学项目开始安排“项目导入语”，帮助学生了解本项目基本情况。

2. 重视理论联系实际，突出实践能力培养

本书根据中等职业学校教学要求，突出实践能力培养，大多数教学任务除有“基本知识”教学环节外，还有“基本技能”教学环节，安排相关实训内容，在“任务评价评分表”中有专门的“基本技能”考核项目。结合中等职业学校学生的特点，大多数教学任务的“基本技能”教学环节除了安排实训内容外，还安排了实验内容，把那些相对抽象、枯燥、难理解的基本理论知识以实验方式进行巩固和加深理解，提高学生理论联系实际的能力，真正做到“做中学，学中做”。

3. 以实际应用为线索，扩充知识面

在实际工程应用中，传感器需要与相关仪器仪表配套使用，本书在单元2介绍各种常见传感器的基础上，在单元3介绍了在实际工程应用中与传感器配套的仪器仪表，在单元4介绍了由传感器构成的测控系统需要考虑的干扰问题和常见信号处理方法。另外，在一些教学任务中也补充了一些“知识链接”扩充该教学任务的相关知识。

本书教学计划70学时，各项目学时分配参考下表，各学校可根据本校实际情况适当选取和调整。

项目任务学时分配参考表

单元（理论学时＋实践学时）	项目（理论学时＋实践学时）	任　　务	理论学时	实践学时
1. 传感器基础（5＋1）	传感器概述（5＋1）	1）认识传感器	2	0
		2）传感器的特性与基本误差	3	1
2. 常用传感器（24＋16）	参量型传感器（9＋6）	1）电阻应变传感器	3	2
		2）电感式传感器	3	2
		3）电容式传感器	3	2
	发电型传感器（15＋10）	1）压电式传感器	3	2
		2）光电式传感器	3	2
		3）热电偶传感器	3	2
		4）霍尔传感器	3	2
		5）电涡流式传感器	3	2
3. 常用检测仪表及传感器的应用（11＋4）	常用检测仪表（5＋2）	1）认识检测仪表	2	0
		2）了解常用检测仪表	3	2
	传感器的应用（6＋2）	1）传感器在生活中的应用	3	2
		2）传感器在生产中的应用	3	0
4. 抗干扰与信号处理技术（9＋0）	干扰与抗干扰技术（3＋0）	1）认识干扰	1	0
		2）抗干扰技术	2	
	信号处理技术（6＋0）	1）信号预处理	2	0
		2）信号的放大与转换	2	0
		3）信号的校正	2	0
总学时		70	49	21

本书由宁波市教育局职成教教研室林如军总体负责，其中，宁波第二技师学院干雪编写单元1，深圳国泰安信息技术有限公司的主管郑飞和鄞州职教中心方爱平编写单元2，林如军编写单元3和单元4，并负责统稿。本书的编写得到了浙江万里学院吕昂老师的大力帮助，在此表示衷心的感谢。

由于编者水平有限，书中难免有遗漏或不妥之处，恳请读者批评指正。

编　者

目　录

单元 1　传感器基础

单元 2　常用传感器

单元4　抗干扰与信号处理技术

单元 1

传感器基础

单元学习目标

知识目标

1. 理解传感器的定义、组成和作用
2. 理解传感器分类的方法
3. 了解传感器和相关测量电路产生误差的主要原因
4. 了解传感器的基本特性

能力目标

1. 会对传感器进行分类
2. 会针对情况分析测量误差产生的原因

项　目

传感器概述

项目导入语

传感器是指能感受被测信号，并按照一定规律转换成输出信号的器件或装置。在电子工程学范畴内，可以简单地理解成将非电信号转换成电信号的器件或装置即为传感器。日常工作、生活中，虽然我们不一定能直接看到、听到或者触摸到传感器，但是它们却与我们的工作、生活密不可分。毫不夸张地说：现代社会，没有传感器我们几乎无法正常生活，如电饭煲的感温元件、洗衣机的水位检测元件都属于传感器。

本项目带领大家初步认识传感器，包括什么是传感器，传感器的一般组成、分类，以及传感器的特性与参数。

任务1　认识传感器

基本知识

知识目标

（1）认识传感器。

（2）理解传感器的作用。

（3）了解传感器的组成和分类。

（4）了解传感器的发展方向。

1 传感器的认识与定义

1）传感器的认识

传感器是一种能把特定被测量的信息按一定规律转换成某种可用信号并输出的器件或装置，以满足信息的传输、处理、记录、显示和控制等要求。应当指出，这里所谓的“可用信号”是指便于处理、传输的信号，一般为电信号，如电压、电流、电阻、电容、频率等。在家用电器中，电冰箱、微波炉、空调机有温度传感器；电视机有红外传感器；录像机、摄像机有光电传感器；液化气灶有气敏传感器；汽车有速度传感器、压力传感器、湿度传感器、流量传感器、氧气传感器等。这些传感器的共同特点是利用各种物理、化学、生物效应等实现对被检测量的测量。由此可见，在传感器中包含两个必不可少的概念，一是检测信号；二是将检测的信息变换成一种与被测量有确定函数关系，而且便于传输和处理的量。例如，传声器（话筒）就是这种传感器，它感受声音的强弱并将其转换成相应的电信号；又如，电感式位移传感器能感受位移量的变化，并把它转换成相应的电信号。

随着信息科学与微电子技术特别是微型计算机与通信技术的迅猛发展，近年来传感器的发展走上了与微处理器、微型计算机相结合的道路，传感器的概念得到了进一步的扩充。例如，智能传感器是一种（通过信号处理电路）由微处理器、微型计算机所赋予的智能的、兼有检测信息和信息处理等多功能的传感器。可以预见，当人类跨入光子时代，光信息成为更便于高效处理与传输的可用信号时，传感器的概念将随之发展，并成为能把外界信息或能量转换成为光信号或能量的元器件。

目前，传感器的含义在不断扩充与发展，它已经与测量科学、现代电子技术、微电子技术、生物技术、材料科学、化学科学、光电技术、精密机械技术、微细加工技术、信息处理技术及计算机技术相互交叉渗透而成为了一门高度综合性、知识密集型的科学。区分各种高技术的智能武器、机器及家用电器的标准就在于其传感器的数量和它所包含的技术水平，所以传感器是智能高技术的前驱与标志，是现代科学技术发展的基础，也是衡量一个国家科技水平的重要标志。

2）传感器定义

传感器的定义至今在国内、国外尚无统一的规定。原机械工业部在所制定的《过程检测控制仪表术语》中对传感器的定义是“借助于检测元件接受物理量形式的信息，并按一定规律将它转换成同样或别种物理量形式的信息仪表”。在新韦氏大词典中定义：“传感器是从一个系统接受功率，通常以另一种形式将功率送到第二个系统中的器件”。

根据国家标准《传感器通用术语》（GB/T 7665—2005）中对传感器的定义：“能感受规定的被测量并按照一定的规律转换成可用信号的器件或装置，通常由敏感元件和转换元件组成。其中，敏感元件是指传感器中能直接感受或响应被测量的部分；转换元件是指传感器中将敏感元件感受或响应的被测量转换成适于传输或测量的电信号部分。”由于电信号是易于传输、检测和处理的物理量，所以过去也常把将非电量转换成电量的器件或装置称为传感器。由上述的定义可以看出，传感器的定义中包含以下信息。

（1）它是由敏感元件和转换元件构成的一种检测装置，能感受到被测的量的信息，并能检测感受到的信息。

（2）能按一定规律将被测的量转换成电信号输出，以满足信息的传输、处理、存储、显示、记录和控制等要求。

（3）传感器的输出与输入之间存在确定的关系。对传感器的要求：高精度；信号（或能量）无失真转换；反映被测的量的原始特征。

2 传感器的作用、组成及分类

1）传感器的作用

在自动控制系统中，传感器是首要部件，是实现现代化测量和自动控制（包括遥感、遥测、遥控）的主要环节，它对于决定自动控制系统的性能起着重要作用。自动控制系统主要由传感器、测量电路、驱动电路和执行机构等部分组成，如图 1-1-1 所示。

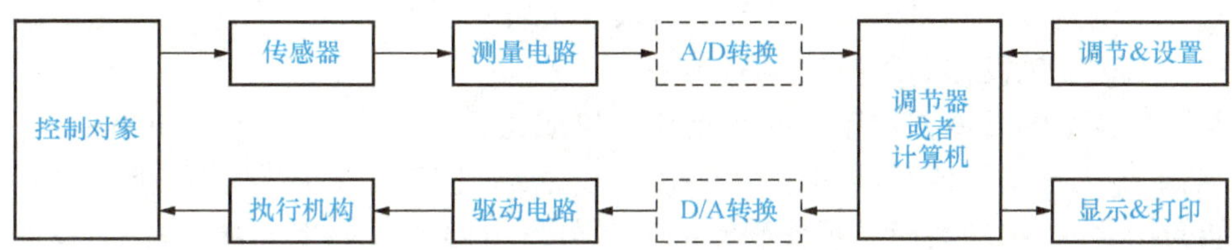

图 1-1-1 自动控制系统的组成框图

自动控制系统中传感器的主要作用是将被测非电量转换成与其成一定关系的电量。但是，传感器的输出信号一般很弱且伴有各种噪声，因此需要通过测量电路将它放大，剔除噪声，选取有用信号并进行演算、处理与转换，并通过通信设备及传输通道将输出信号送到信息处理电路中。信号经处理后，再发出控制信号，驱动执行机构，然后对被控对象实现某种操作或显示输出，从而达到对系统进行控制的目的。

2）传感器的组成

传感器一般是利用物理、化学和生物等学科的某些效应或机理，按照一定的工艺和结构研制出来的，因此，传感器的组成细节有较大差异，但是，总体来说，传感器的作用是把被测的非电量转换成电量输出，传感器的功能是“一感二传”，即感受被测信息，并按照一定的规律转换成可用输出信号传送出去，传感器通常由敏感元件、转换元件两部分组成，如图 1-1-2 所示。传感器的核心部件是敏感元件，它是传感器中用来感知外界信息并转换成有用信息的元件。

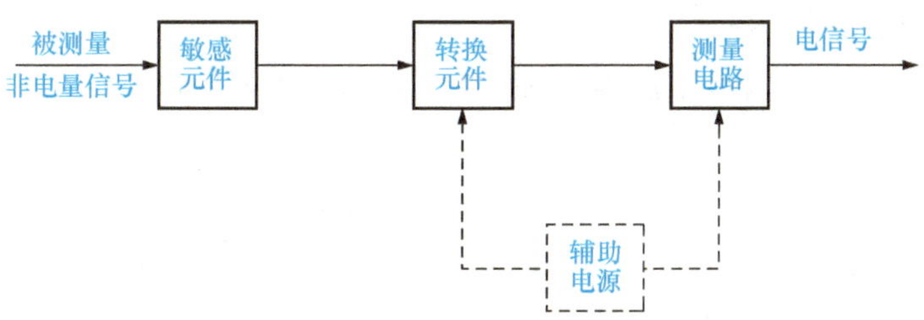

图 1-1-2 传感器的组成框图

（1）敏感元件。敏感元件直接感受被测的量，并按一定规律转换成与被测的量有确定关系的其他量（一般仍为非电量）的元件。例如，应变式压力传感器的弹性膜片就是敏感元件，它的作用是将压力转换成膜片的变形。

（2）转换元件。转换元件又称为变换器。在一般情况下，它不直接感受被测的量，而是将敏感元件输出的量转换成为电量输出。例如，应力式压力传感器的应变片的作用是将弹性膜片的变形转换成电阻值的变化，电阻应变片就是转换元件。

并不是所有的传感器都必须包括敏感元件和转换元件。如果敏感元件直接输出的是电量，它就同时兼为转换元件；如果转换元件能直接感受被测非电量并输出与之成确定关系的电量，此时，传感器就是敏感元件。敏感元件和转换元件两者合一的传感器是很多的。例如，压电晶体、热电偶、热敏电阻、光电器件等都是这种类型的传感器。

传感器输出的电信号通过测量电路将电信号放大，并转换成为便于显示、记录、处理和控制的有用电信号。测量电路的选择要视转换元件的类型而定，常用的测量电路有弱信号放大器、电桥、振荡器、阻抗变换器等。

随着科学技术的发展，传感器向小型化、集成化方向发展。利用先进的制作工艺，特别是微/纳米加工技术，传感器向超小型化方向发展。同时，它还向功能集成（多种传感检测功能的结合）、结构集成（把传感器同其预处理电路集成起来，甚至将 A/D 转换器件与发射装置等也集成在一起）和技术集成（多种技术的集成）方向发展，这样，传感器的各组成部分就不能明确地分为以上两个部分，可能是两者合为一体。

3）传感器的分类

由于传感器应用领域多、应用面广且品种和规格繁多，因此其构成相当复杂，为了很好地掌握、应用传感器，对其进行科学的分类必不可少。目前，传感器主要有五种分类方法，即根据传感器的工作原理、被测的量、敏感材料、能量关系及输出信号分类。

① 按工作原理分类。按工作原理分类是将物理、化学和生物等学科的原理、规律、效应作为分类的依据。传感器按工作原理分类可分为应变式、电容式、电感式、电磁式、压电式、热电式、光电式等。这种分类法的优点是对传感器的工作原理分析得比较清楚，类别少，有利于传感器工作者从原理与设计上进行归纳性分析和研究。本书就是按工作原理对传感器进行分类的。

② 按被测量分类。按被测量分类的方法是按被测量的性质不同对传感器进行划分。目前，把不同被测量的传感器分为物理量传感器、化学量传感器和生物量传感器三大类。这种分类方法又把种类繁多的被测量分为基本物理量和派生物理量两大类。表 1-1-1 所示为基本物理量和派生物理量的关系。

表 1-1-1　基本物理量和派生物理量的关系

基本物理量		派生物理量
位移	线位移	长度、厚度、应变、振动、磨损、不平度等
	角位移	旋转角、偏转角、角振动等
速度	线速度	速度、振动、流量、动量等
	角速度	转速、角振动等

续表

基本物理量		派生物理量
加速度	线加速度	振动、冲击、质量等
	角加速度	角振动、扭矩、转动惯量等
力	压力	重量、应力、力矩等
时间	频率	周期、计数、统计分布等
温度		热容量、气体速度、涡流等
光		光通量与密度、光谱分布等

这种分类方法按被测量对传感器命名，从传感器名中能明确地看出传感器的用途，便于使用者根据其用途选用。例如，若需要测量压力或者力矩等物理量，则只要选择力传感器就可以了。但这种分类方法将原理互不相同（被测量相同）的传感器归为一类，所以很难找出每种传感器在转换机理上有何共性和差异，因此很难把握传感器的基本原理和性能指标。

③ 按敏感材料分类。按敏感材料分类是按制造传感器的材料分类，可分为半导体传感器、陶瓷传感器、光导纤维传感器、高分子材料传感器、金属传感器等。

④ 按能量关系分类。根据能量关系分类，可将传感器分为有源传感器和无源传感器两大类。有源传感器一般是将非电能量转换为电能量，称之为能量转换型传感器，也称为换能器。通常它们配有电压测量和放大电路，如压电式、热电式、压阻式等。无源传感器又称为能量控制型传感器。它本身不是一个换能装置，被测非电量仅对传感器中的能量起控制或调节作用。所以，它们必须具有辅助能源（电源）。这类传感器有电阻式、电容式和电感式等。无源传感器常用电桥和谐振电路等电路进行测量。

⑤ 按输出信号分类。传感器按输出信号的性质可分为模拟传感器和数字传感器。模拟传感器的输出信号通过 A/D 转换器转换为数字信号后，才能输入计算机进行信号的分析、加工与处理。数字传感器则可以直接输入计算机进行处理。

3　传感器的发展方向

在当前信息时代，对于传感器的需求量日益增多，对性能的要求也越来越高。随着计算机辅助设计技术、微机电系统技术、光纤技术、信息理论及数据分析算法不断迈上新的台阶，传感器技术的发展方向主要是开展基础研究，发现新现象，开发传感器的新材料和新工艺；实现传感器的集成化与智能化。

1）新材料的开发与应用

传感器是利用材料的固有特性或开发的二次功能特性，再经过精细加工而成的。传感器的制造材料和制造工艺是提升传感器性能和质量的关键。半导体材料在敏感技术中占有较大的优势，半导体传感器不仅灵敏度高、响应速度快、体积小、质量轻，且便于实现集成化，在今后的一个时期仍会占据主导地位。

以一定化学成分组成，经过成型及烧结的陶瓷材料的最大的特点是耐热性，在敏感技术的发展中具有很大的潜力。

此外，无机材料、合成材料、智能材料等的使用都可进一步提高传感器的产品质量，降低生产成本。

2）发展微机械加工技术

微机械加工技术除全面继承氧化、光刻、扩散、淀积等微电子技术外，还发展了平面电子工艺技术、各向异性腐蚀、固相键合工艺和机械分断技术。当今平面电子工艺技术中引人注目的是利用薄膜制作快速响应传感器，其中用于检测 NH_3 和 H_2S 的快速响应传感器已较成熟。

3）发展多功能传感器

所谓多功能传感器是指能同时检测多种物理量的传感器，研制能同时检测多种信号的传感器，已成为传感器技术发展的一个重要方面。例如，日本丰田研究所开发实验室研制成功了同时检测 Na^+ 和 H^+ 的多离子传感器。

4）普遍使用集成化技术

利用集成技术，将敏感元件、测量电路、放大电路、补偿电路、运算电路等制作在同一个芯片上，从而使传感器具有了体积小、质量轻、生产自动化程度高、制造成本低、稳定性和可靠性高、电路设计简单、安装调试时间短等优点。

5）发展智能化传感器

智能传感器是一种带微处理器的传感器，它兼有检测、判断和信息处理功能。将传感器与计算机的功能集成于同一个芯片上就成为智能传感器。例如，美国霍尼威尔公司的ST-3000 型智能传感器，它是一种带有微处理器的兼有检测和信息处理功能的传感器。

与传统传感器相比，智能传感器具有以下几个特点：

(1) 精度高。由于智能传感器具有信息处理功能，因此通过软件不仅可以修正各种确定性系统误差（如传感器输入输出的非线性误差、温度误差、零点误差、正反行程误差等），而且还可以适当地补偿随机误差，降低噪声，从而使传感器的精度大大提高。

(2) 稳定性、可靠性好。它具有自诊断、自校准和数据存储功能，有些智能传感器还具有自适应功能。

(3) 检测与处理方便。它不仅具有一定的可编程自动化能力，可根据检测对象或条件的改变，方便地改变量程及输出数据的形式等，而且输出数据可通过串行或并行通信线直接送入远程计算机进行处理。

(4) 功能多。不仅可以实现多传感器多参数综合测量，扩大测量与使用范围，而且可以有多种形式输出（如 RS232 串行输出、PIO 并行输出、IEEE-488 总线输出及经 D/A 转换后的模拟量输出等）。

(5) 性能价格比高。在相同精度条件下，多功能智能传感器与单一功能的普通传感器相比，其性能价格比高，尤其是在采用比较便宜的单片机后更为明显。

6）应用仿生技术

传感器值得注意的一个发展方向是仿生传感器的研究，特别是在机器人技术向智能化高级机器人发展的今天，更应该给予高度重视。仿生传感器就是模仿生物的感觉器官的传感器，分为视觉传感器、听觉传感器、嗅觉传感器、味觉传感器、触觉传感器五种。目前，只有视觉与触觉传感器已应用于机器人中，其他几种还远不能满足机器人发展的需要。也可以说，至今真正能代替人的感官功能的传感器不多，需要加速研究，否则将会影响机器人技术的发展。

今后，随着 CAD 技术、MEMS 技术、信息理论及数据分析算法的发展，未来的传感器系统必将变得更加微型化、综合化、多功能化、智能化和系统化。在各种新兴科学技术呈辐射状广泛渗透的当今社会，传感器系统作为人们快速获取、分析和利用有效信息的基础必将进一步得到发展。

知识链接：智能传感器

1 认识智能传感器

近年来，信息技术、检测技术和控制技术的快速发展，对传感器提出了更高的要求，促使传统传感器产生了一个飞跃，这就是智能传感器的诞生。

所谓智能传感器，是一种带有微处理器的、兼有信息检测、信息处理、信息记忆、逻辑思维与判断能力的传感器，这些功能使之具备了某些人工智能。它将机械系统及结构、电子产品和信息技术完美结合，使传感器技术有了本质性的提高。

智能传感器主要由四部分组成：电源、敏感元件、信号处理单元和通信接口，其原理框图如图 1-1-3 所示。敏感元件将被测物理量转换成电信号，通过放大、A/D 转换成数字信号，再经过微处理器进行数据处理（校准、补偿、滤波），最后通过通信接口，与网络数据进行交换，完成测量与控制功能。

2 智能传感器的功能

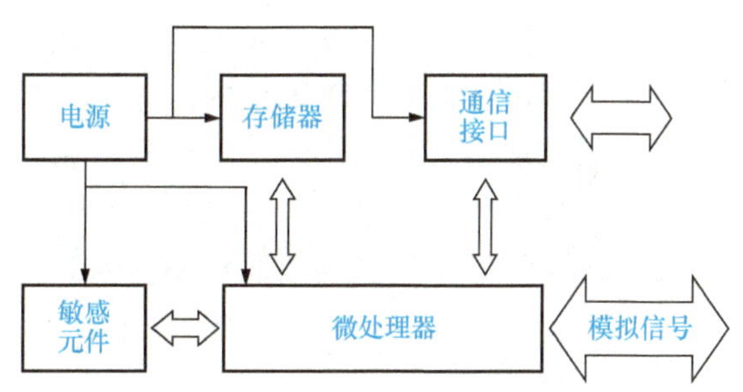

图 1-1-3 智能传感器原理框图

智能传感器与传统传感器相比，最突出特征是数字化、智能化、阵列化、小型化和微系统化。它应具有以下功能：

（1）应具有逻辑思维和判断、信息处理功能，可对检测数值进行分析、修正和误差补偿，如非线性修正、温度误差补偿、响应时间调整等，因此提高了传感器的测量准确度。

（2）应具有自诊断、自校准功能，如在接通电源时可进行自诊断，温度变化时可进行自校准等，提高了传感器的可靠性。

（3）应可以实现多传感器、多参数的复合测量，如能够同时测量声、光、电、热、力、化学等多个物理量和化学量，给出比较全面反映物质运动规律的信息；同时能够测量介质的温度、流速、压力和密度等，扩大了传感器的检测和使用范围。

（4）内部应设有存储器，检测数据可以存取，并可固化压力、温度和电池电压的测量、补偿和校准数据，能得到最好的测量结果，使用方便。

（5）应具有数字通信接口，能与计算机直接联机，相互交换信息。利用双向通信网络，可设置智能传感器的增益、补偿参数、内检参数，并输出测试数据。这是智能传感器与传统传感器的关键区别之一。

(6) 最新开发的智能传感器还增加了传感器故障检测功能，能自动检测外部传感器(亦称远程传感器) 的开路或短路故障。

(7) 一些智能传感器还增加了静电保护电路，智能传感器的串行接口端、中断/比较器信号输出端和地址输入端一般可承受 1000～4000V 的静电放电电压。

3 智能传感器的使用场所

智能传感器可应用于各种领域、各种环境的自动化测试和控制系统，使用方便灵活、测试精度高，优于任何传统的数字化、自动化测控系统设备。特别是以下场所：

(1) 在分布式多点测试、集中采集控制、测试现场集中控制中心的场合。如果采用传统的传感器，那么将造成技术复杂、设备成本高、数据传输易受干扰、测量精度低、系统误差大等缺点。而智能传感器能解决上述问题，它将计算机与自动化测控技术相结合，直接将物理量变换为数字信号并传送到计算机进行数据处理。

(2) 安装现场受空间条件限制的场所，如埋入大型电动机绕线内部、通风道内部、电子组合件内部等。如果采用传统的传感器，则需要定期校验、检测，但是由于空间的限制很难完成，而智能传感器具有自检测、自诊断、定期自动零点复位、消除零位误差等功能。独立的内部诊断功能可避免代价高昂的拆机、校验，从而迅速收回投资。

(3) 在自动化程度高、规模大的自动化生产线或自动化设备，如工业生产过程控制、发电厂或热电厂中大型自动控制设备、大型中央空调设备等。在这些场所，测量、控制点多，远距离分散，数据量大，人工处理不现实，采用智能传感器即可解决这一错综复杂的问题，能从测量过程中收集大量的信息，以提高控制质量。

(4) 在经常无人看守，但需要检测的场所，如农业养殖场、温棚、温室、干燥房、粮食仓库等。远距离、分散式、多点测试，采用智能传感器能监视自身及周围的环境，然后决定是否对变化进行自动补偿或对相关人员发出警示。

图 1-1-4 远程轮胎压力检测传感器外形

4 智能传感器实例

美国通用公司的智能传感器 NPXⅡ代表了世界上最新一代的远程轮胎压力检测传感器，其外形如图 1-1-4 所示。它集成了一个硅压力传感器、加速度传感器、温度传感器、电压传感器和低功耗 8 位微处理器，以及一个低频触发输入级，以满足客户的特殊解决方案的要求和降低成本。其内部各元件的功能详见表 1-1-2。

轮胎压力检测传感器安装在汽车的四个轮胎中，高灵敏的智能传感器在汽车行驶状态下实时、动态地监测轮胎温度和压力，然后将数据通过无线数字信号发射到主机（接收器）进行处理，并在主机液晶显示屏上以数字加图案的形式，同时显示出四个

轮胎中的温度和气压值，驾驶者可以直观地了解各个轮胎的温度、气压状况。当出现轮胎气压过低、过高、漏气或温度过高等异常情况时，系统都能够自动报警，从而使驾驶员及时发现问题，避免轮胎非正常损伤，有效预防爆胎，保障行车安全。

表 1-1-2 智能传感器 NPXⅡ内部元件功能分配表

内部元件	功　能
电源	提供所有电路需要的电源
硅压力传感器	用于检测轮胎内部压力
温度传感器	用于监测轮胎内部温度
加速度传感器	用于车辆移动检测，提供出发模块工作信号
微处理器	用于管理所有外围设备，进行压力、温度、加速度和电池电压的测量、补偿、校准等工作，以及 RF 发射控制和电源管理
RF 射频发射电路	将检测的压力、温度、加速度和电池电压等数据信息，用 RF 射频信号发射出去
LF（低频）天线	接收中央监视器发来的 LF 开关信号，并可实现与中央监视器的双向通信工作

任务评价评分表

班级：__________　　　姓名：__________　　　成绩：__________

评价条目	评价内容与要求	分值	自我评价	教师评价	得分	扣分原因
基本知识	认识传感器	5				
	理解传感器的作用	5				
	了解传感器的组成和分类	15				
	了解传感器的发展方向	15				
知识链接	认识智能传感器	5				
	了解智能传感器的功能	10				
	了解智能传感器的使用场所	15				
	了解智能传感器实例	10				
职业素养	态度认真、按时出勤，不迟到、早退	5				
	安全意识强，操作规范	5				
	爱护工具设备，工具设备摆放整齐，操作工环境卫生良好	5				
	节约能源，节约原料	5				

任务2 传感器的特性与基本误差

基本知识

知识目标

(1) 了解传感器的基本特性。

(2) 理解误差及误差分类。

1 传感器的基本特性

在生产过程和科学实验中，传感器要对各种各样的参数进行检测和控制，就要求它能感受被测非电量的变化不失真地变换成相应的电量，这取决于传感器的基本特性，即输出输入特性，传感器的基本特性通常可以分为静态特性和动态特性两种。

1) 传感器的静态特性

静态特性是指输入的被测量不随时间变化或随时间缓慢变化时表现的特性。表征传感器静态特性的主要参数有线性度、灵敏度、分辨力、迟滞、重复性、漂移。

(1) 线性度。所谓线性度就是传感器输出量与输入量之间的实际关系曲线偏离直线的程度，又称为非线性误差。非线性误差可用式（1-1-1）表示

$$E = \pm \frac{\Delta_{max}}{y_{FS}} \times 100\% \tag{1-1-1}$$

式中：Δ_{max}——输出量和输入量实际曲线与拟合直线之间的最大偏差；

y_{FS}——输出满量程量。

在通常情况下，传感器的静态特性输出是一条曲线。为简化传感器的理论分析和设计计算，传感器的标定、数据处理操作时很方便，仪表刻度盘均匀，制作、安装、调试容易，避免非线性补偿环节，常用一条拟合直线（有时也称理论直线）近似地代表实际的特性曲线。因此，在使用非线性传感器时，必须对传感器的输出特性进行线性处理，在小范围内用割线、切线近似代表实际曲线，使输入输出线性化，近似后的直线与实际曲线之间存在的最大偏差称为传感器的非线性误差——线性度。线性度是传感器的输出与输入之间成线性关系的程度。以上的情况如图1-1-5所示。

(2) 灵敏度。在稳态下传感器输出的变化量 ΔY 与引起此变化量的输入变化量 ΔX 的比值即为静态灵敏度。用 S_n 来表示

$$S_n = \frac{\Delta Y}{\Delta X} \tag{1-1-2}$$

式中：ΔY——在稳态下传感器的输出变化量；

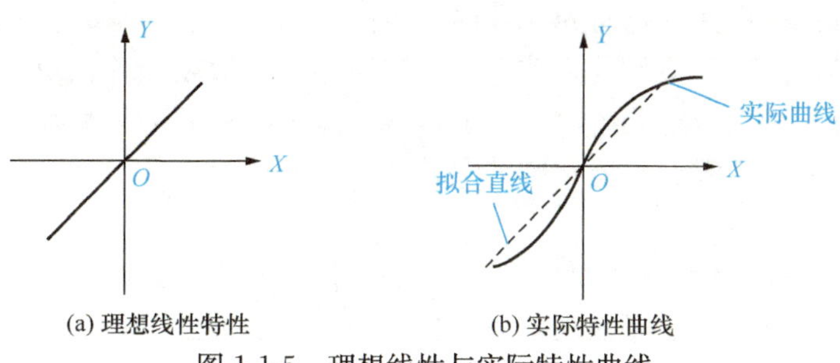

图 1-1-5　理想线性与实际特性曲线

ΔX——在稳态下传感器的输入变化量。

（3）分辨力。分辨力是指传感器在规定测量的范围内能检出被测的量的最小变化量的能力。当被测的量的变化小于分辨力时，传感器对输入量的变化无任何反应；只有当输入量的变化超过了分辨力的量值时，输出才有可能准确表现出来。

例如，某电压表的分辨力为 10μV，即能测出的最小为 10μV 的电压变化，若输入电压变化小于 10μV，则电压表不会作任何反应。分辨力越小，表明传感器检测非电量的能力越强，分辨力的高低从某个侧面反映了传感器的精度。

（4）迟滞（回差滞环）。迟滞反映传感器正向特性与反向特性不一致的程度，如图 1-1-6所示。产生这种现象的原因是传感器的机械部分不可避免地存在间隙、摩擦及松动。迟滞误差一般由满量程输出的百分数表示为正、反行程输出值间的最大差值，即

$$\gamma_H = \pm \frac{\Delta H_{max}}{y_{FS}} \times 100\% \qquad (1\text{-}1\text{-}3)$$

式中：ΔH_{max}——正、反行程输出量之间的最大差值；

y_{FS}——输出满量程量。

（5）重复性。重复性是指传感器输入量按同一方向作全量程连续多次测量时所得输出一输入特性曲线不重合的程度。它是反映传感器精密度的一个指标，产生的原因与迟滞性基本相同，重复性越好，误差越小。

如图 1-1-7 所示，正行程的最大重复性偏差为 Δm_1，反行程的最大重复性偏差为 Δm_2。重复性误差取这两个最大偏差中之较大者 Δm_{max}与满量程输出 y_{FS}的百分比表示为

$$\gamma_R = \pm \frac{\Delta R_{max}}{y_{FS}} \times 100\% \qquad (1\text{-}1\text{-}4)$$

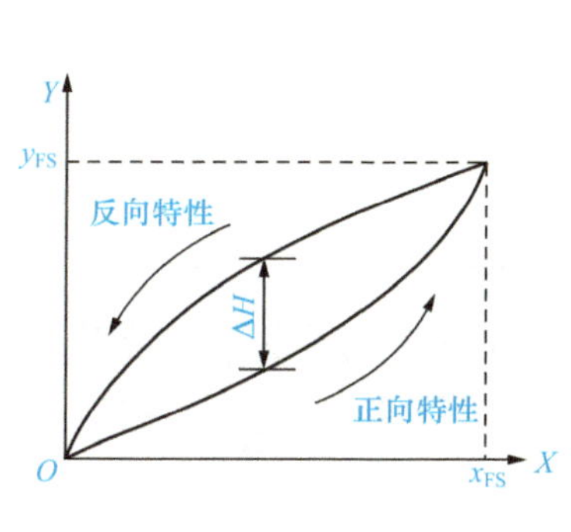

图 1-1-6　迟滞特性

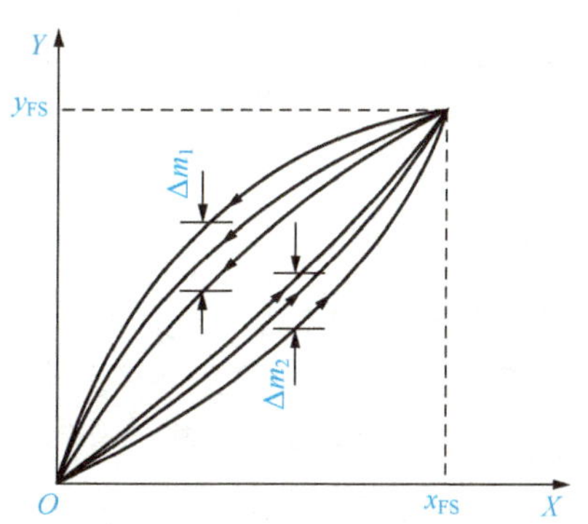

图 1-1-7　重复性

（6）漂移。漂移是指在一定时间间隔内，传感器输出发生与输入量无关的、不需要的变化。漂移包括零点漂移和灵敏度漂移等。零点漂移或灵敏度漂移又可分为时间漂移和温度漂移。时间漂移是指在规定的条件下，零点或灵敏度随时间的缓慢变化。温度漂移是指由环境温度变化而引起的零点或灵敏度的漂移。

2）传感器的动态特性

传感器要检测的输入信号是随时间而变化的。传感器应能跟踪输入信号的变化，这样才能获得正确的输出信号；如果输入信号变化太快，那么传感器就可能跟踪不上，这种跟踪输入信号的特性就是传感器的响应特性，即动态特性。表征传感器动态特性的主要参数有响应速度、频率响应。

（1）响应速度。响应速度是反映传感器动态特性的一项重要参数，是传感器在阶跃信号作用下的输出特性。它主要包括上升时间、峰值时间及响应时间等，反映了传感器的稳定输出信号（在规定误差范围内）随输入信号变化的快慢。

图 1-1-8 为阶跃响应特性曲线，常用以下几个性能指标衡量传感器的响应速度。

① 延滞时间 t_d：阶跃响应达到稳态值 50％所需要的时间；

② 升时间 t_r：一般定义为响应曲线从稳态值的 10％上升到 90％所需要的时间；

③ 峰值时间 t_p：响应曲线到第一个峰值所需要的时间；

④ 响应时间 t_s：响应曲线衰减到与稳态值之差不超过±5％或±2％时所需的时间，也称过渡过程时间。

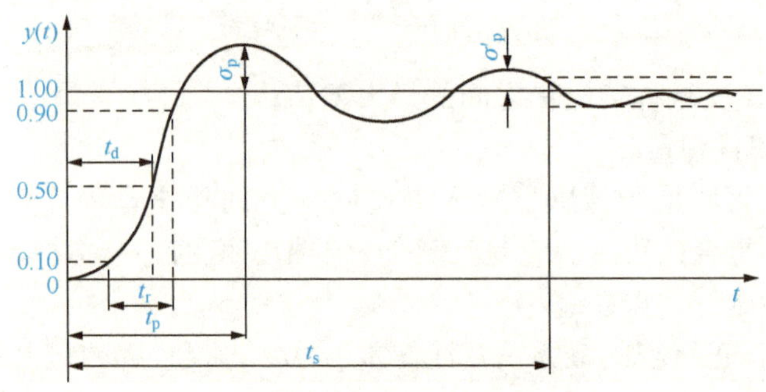

图 1-1-8　阶跃响应特性曲线

（2）频率响应。频率响应是指传感器的输出特性曲线与输入信号频率之间的关系，包括幅频特性和相频特性。在实际应用中，应根据输入信号的频率范围来选用适合的传感器。

2　测量基本误差

测量的目的是希望通过测量获取被测量的真实值。但在实际测量过程中，由于传感器本身性能不够优良，测量方法不够完善，以及外界干扰的影响等原因，都会造成测量值与真实值不一致，两者的不一致程度用测量误差表示。

1）测量误差的表示方法

测量误差有绝对误差、相对误差、引用误差等表示方法。

（1）绝对误差。绝对误差能反映测量值偏离真实值的大小，可用下式定义

$$I = X - L \tag{1-1-5}$$

式中：I——绝对误差；

X——测量值；

L——真实值。

采用绝对误差表示测量误差，不能很好地说明测量质量的好坏。例如，在温度测量时，绝对误差为 1℃，对体温测量来说是不允许的，而对测量钢水温度来说却是一个极好的测量结果。

（2）相对误差。由于绝对误差无法比较不同测量结果的可靠程度，所以人们又引入了测量值的绝对误差与测量值之比，即相对误差的概念，相对误差的定义如下

$$\delta = \frac{I}{L} \times 100\% \tag{1-1-6}$$

式中：δ——相对误差，一般用百分比表示；

I——绝对误差；

L——真实值。

由于被测量的真实值 L 无法知道，实际测量时用测量值 X 代替真实值 L 进行计算，这个相对误差，一般也用百分数表示，即

$$\delta = \frac{I}{X} \times 100\% \tag{1-1-7}$$

（3）引用误差。引用误差是仪表中通用的一种误差表示方法，它是相对仪表满量程的一种误差，一般也用百分数表示，即

$$\gamma = \frac{I}{A} \times 100\% \tag{1-1-8}$$

式中：γ——引用误差；

A——量程；

I——绝对误差。

仪表精度等级是根据引用误差来确定的。例如，0.5 级表的引用误差的最大值不超过±0.5%，1.0 级仪表的引用误差的最大值不超过±1%。

2）误差的性质

根据测量数据中误差所呈现的规律，将误差分成三种：系统误差、随机误差和粗大误差。这种分类方法便于测量数据的处理。

（1）系统误差。在相同条件下，多次测量同一个量时，误差的绝对值和符号保持恒定或遵循一定规律变化的误差，称为系统误差。产生系统误差的主要原因有仪器误差、使用误差、影响误差、方法和理论误差。消除系统误差主要应从消除产生误差的来源着手，多用零示法、补偿法等，用修正值是减小误差的一种好方法。

（2）随机误差。在相同条件下进行多次测量，每次测量结果出现无规则的随机性变化的误差，称为随机误差。随机误差主要由外界干扰等原因引起，可以采用多次测量取算术平均值的方法来消除随机误差。

（3）粗大误差。在一定条件下，测量结果明显偏离真值时所对应的误差，称为粗大误

差。产生粗大误差的原因有读错数、测量方法错误、测量仪器有缺陷等，其中人为误差是主要的，可通过提高测量者的责任心和加强测量者的培训等方法来解决。

基本技能

技能目标

会根据误差要求选择传感器。

根据误差要求选择传感器

现有三种带数字显示表的温度传感器，它们的量程分别是 0～500℃、0～300℃、0～100℃，精度等级分别是 0.2 级、0.5 级和 1.0 级，若利用它们中的一个实时检测一个高温箱的温度（测量温度约为 80℃），且检测结果的精度要达到 1℃，为了满足需要，应该如何选择传感器？

知识链接：传感器的敏感元件

传感器的敏感元件是指能感受被测量的部分，转换元件是指传感器中将敏感元件的输出量转换为适于传输和测量电信号的部分。不言而喻，其中的核心和关键便是对于“敏感材料”的研究，包括敏感材料的基础研究，新现象、新原理的发现和采用，新工艺和新材料的开发，及其新功能和新应用的扩展等。

1 半导体材料

半导体材料对很多信息量具有敏感特性，又有成熟的集成电路工艺，易于实现多功能化、集成化和智能化，同时也是很好的基础材料，所以是理想的传感器材料。其中，用得最多的是硅材料。硅质量轻，密度为不锈钢的 1/3，而强度却为不锈钢的 3.5 倍，具有高的强度密度比和高的刚度密度比，因此很适合制作传感器。

2 陶瓷材料

传感器用的陶瓷材料是传感器的主要组成部分，经精密的成型烧结而成的敏感陶瓷材料，充分利用其具有的耐热性、耐蚀性、多孔性、光电性、介电性和压电性。利用陶瓷材料已制成多种传感器，如温度（新型热敏电阻）、气体、湿度、光电、离子、超声及加速度、力、陀螺等传感器。

3 石英材料

石英是各向异性材料，材质轻，密度为不锈钢的 1/3，抗弯强度为不锈钢的 4 倍。石英晶体具有压电特性，可制成压电传感器和各种谐振式传感器。石英玻璃的物理特性与方

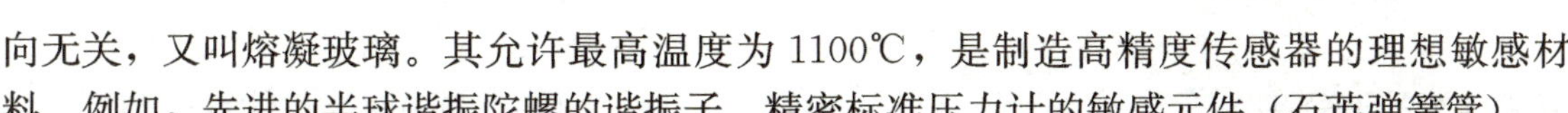

向无关，又叫熔凝玻璃。其允许最高温度为 1100℃，是制造高精度传感器的理想敏感材料。例如，先进的半球谐振陀螺的谐振子、精密标准压力计的敏感元件（石英弹簧管）。

4　金属氧化物及合金材料

（1）ZnO 薄膜。ZnO 薄膜具有较大的压电耦合系数，普遍认为它是最有前途的一种压电薄膜材料。在较低频段，ZnO 薄膜用做压电换能器的传感器，如硅谐振膜压力传感器。在高频段，常常把 ZnO 薄膜用于制作声表面波传感器的压电叉指换能器。

（2）非晶态磁性合金材料。非晶态磁性合金材料为磁性各向同性，在旋转磁场中各个方向上的相对磁导率都高，可制成灵敏、稳定和快响应的磁场传感器或磁强计。

（3）形状记忆合金材料。形状记忆合金材料是一种新的传感器材料，它的主要特点是热弹性和超弹性。例如，某形状记忆合金材料在高温下定型后，若被冷却到低温产生形变，则只要温度稍许升高（如从几开到 30K）就可以使该形变迅速消失，回复到高温下所具有的形状，若再进行冷却又会产生变形，则再加热形状又回复原样。这个过程可以周而复始，仿佛合金记住了高温状态下所赋予的形状一样，这就是热弹性。此外，它还有超弹性。利用其热弹性和超弹性可制作温度传感器、热执行器、微型位移传感器及触点传感器等。

5　生化材料

生化材料指各种酶、微生物等敏感材料，用于制作生物传感器。其利用生物体固有分子识别能力来识别化学量，广泛用于医疗、环保、食品、生命科学和生物工程。

6　高分子敏感材料

高分子敏感材料指聚氯乙烯、聚氟乙烯、聚偏二氟乙烯等，为压电、热释电敏感材料，用于电-声和机-电传感器，也可用于热电和光学装置上。

7　智能材料

智能材料应具备以下内涵：

（1）能够检测并且可以识别外界或内部的刺激强度的感知功能。

（2）能够响应外界变化的驱动功能。

（3）能够按照设定的方式选择和控制响应。

（4）反应比较灵敏、及时和精确。

（5）当外部刺激消除后，能够迅速恢复到原始状态。

一般来说，智能材料必须具备感知、驱动和控制这三个基本要素。因为现有的智能材料比较单一，难以满足这种要求，所以，智能材料一般由两种或两种以上的材料复合成一个智能材料系统，这就使得智能材料的设计、制造、加工和性能结构特征涉及了材料学的最前沿领域，使智能材料代表了材料科学的最活跃方面和最先进的发展方向。

任务评价评分表

班级：__________ 姓名：__________ 成绩：__________

评价条目	评价内容与要求	分值	自我评价	教师评价	得分	扣分原因
基本知识	了解传感器的基本特性	20				
	理解误差及误差分类	20				
基本技能	会根据误差要求选择传感器	20				
知识链接	了解各类传感器敏感材料	20				
职业素养	态度认真、按时出勤，不迟到、早退	5				
	安全意识强，操作规范	5				
	爱护工具设备，工具设备摆放整齐，操作工环境卫生良好	5				
	节约能源，节约原料	5				

复习与思考题

1. 知识总结

传感器是一种能把特定被测量的信息按一定规律转换成某种可用信号并输出的器件或装置，以满足信息的传输、处理、记录、显示和控制等要求。简单地说，在电子信息领域传感器的作用是把被测的非电量转换成电量输出，传感器的功能是“一感二传”，即感受被测信息，并按照一定的规律转换成可用输出信号传送出去，传感器通常由敏感元件、转换元件两部分组成。自动控制系统中传感器是首要部件，自动控制系统通常由传感器、测量电路、通信设备和输出单元等部分组成。

传感器输出的电信号通过测量电路将电信号放大，并转换成为便于显示、记录、处理和控制的有用电信号。测量电路的选择要视转换元件的类型而定，常用的测量电路有弱信号放大器、电桥、振荡器、阻抗变换器等。

传感器应用领域多、应用面广且品种和规格繁多，按工作原理可分为应变式、电容式、电感式、电磁式、压电式、热电式、光电式等；按被测量可分为压力式、位移式、温度式、速度式、加速度式、负荷式、扭矩式、光式、放射线式、气体成分式、液体成分式、离子式和真空式等；按能量关系分类，有源型传感器有压电式、热电式（热电偶）、电磁式、电动式、压阻式等；无源型传感器有电阻式、电容式、电感式、微波式、激光式等；按输出信号可分为模拟型和数字型。

随着信息技术的发展，对传感器的需求和要求越来越高，传感器向新材料、新制造、集成化、智能化、仿生化发展。

2. 思考题

1）填空题

（1）传感器是一种将__________信号转换为__________信号的装置，一般由__________和__________组成。

（2）传感器中的敏感元件是指__________被测的量，并输出与被测的量__________的元件。

（3）传感器中的转换元件是指感受__________输出的、与被测的量成确定关系的__________，然后输出__________的元件。

（4）在传感器中，__________感受被测的量，并输出与被测的量成__________关系的__________元件称为敏感元件。

（5）传感器的__________、__________指标属于动态特性。

2）选择题

（1）（　　）是指传感器中能直接感受被测的量的部分。

A. 传感元件　　B. 敏感元件　　C. 测量电路

（2）由于传感器的输出信号一般都很微弱，需要将其放大和转换为容易传输、处理、记录和显示的形式，这部分为（　　）。

A. 传感元件　　B. 敏感元件　　C. 测量电路

（3）传感器主要完成两个方面的功能：检测和（　　）。

A. 测量　　B. 感知　　C. 信号调节　　D. 转换

（4）传感技术的作用主要体现在（　　）。

A. 传感技术是产品检验和质量控制的主要手段

B. 传感技术研究通信系统中传输的可靠性

C. 传感技术及装置是自动化系统不可缺少的组成部分

（5）传感技术的研究内容主要包括（　　）。

A. 信息获取与转换　　B. 信息处理与传输

（6）属于动态指标的是（　　）。

A. 迟滞　　B. 稳定性　　C. 线性度

（7）传感器能感知的输入变化量越小，表示传感器的（　　）。

A. 线性度越好　　B. 迟滞越小

C. 重复性越好　　D. 灵敏度越高

（8）传感器的静态特性参数不包括（　　）。

A. 线性度　　B. 零点时间漂移　　C. 频率响应　　D. 不重复性

（9）将已感受到的被测非电量参数转换为电量的元件称为（　　）。

A. 敏感元件　　B. 转换元件

3）简答题

（1）什么是传感器？传感器的基本组成包括哪两个部分？这两个部分各起什么作用？

(2) 传感器有哪些基本特性?

(3) 简述传感器的发展方向。

(4) 用作传感器的敏感材料有哪些?各利用了它们的什么特性?

(5) 测量的误差如何表示?按误差的规律,如何将误差分类?

(6)“采用绝对误差表示测量误差,能很好说明测量质量的好坏。”这句话是否正确?说明原因。

单元 2

常用传感器

单元学习目标

知识目标

1. 理解常用传感器的种类、结构与工作原理
2. 了解常用传感器的主要参数
3. 了解常用传感器检测电路的结构及简单原理
4. 理解常用传感器的主要应用

能力目标

1. 会观察分析传感器典型敏感元件的物理效应
2. 会连接典型传感器的外围检测电路
3. 会使用常用传感器及配套装置检测相关物理量

项 目 1

参量型传感器

项目导入语

简单地说，传感器是将非电量转换成电量的器件或者装置。根据其输出量，即转换成的电信号的种类，传感器可分为参量型传感器和发电型传感器。参量型传感器是将非电信号转换成电参量，如电阻、电容、电感等，故参量型传感器分电阻式传感器、电容式传感器和电感式传感器。例如，电阻应变式传感器是将传感器所受力的大小按一定规律转换成电阻值的大小。由于绝大部分的后续仪器仪表或测控系统希望获得电压信号，故参量型传感器一般都需要专门的测量电路将传感器输出的参量变化转换成电压信号。

通过本项目的学习，使大家了解和掌握参量型传感器的组成结构、工作原理、分类特点、测试电路，以及实际应用。

电阻应变传感器

基本知识

知识目标

（1）理解电阻应变传感器的组成、结构与工作原理。

（2）掌握电阻应变传感器的测试电路。

（3）了解电阻应变传感器的温度补偿措施。

（4）了解电阻应变传感器的主要应用领域。

1 认识电阻应变传感器

电阻应变传感器从诞生（1938 年）至今已有近 80 年的历史，经过这么多年的发展，电阻应变传感器的规格品种已达两万多种，在工农业生产、土木建筑、航空航天，以及日常生活中广泛应用。

日常生活中，我们经常接触的电子秤如图 2-1-1（a）所示，电子秤的关键部件就是电阻应变传感器，电子秤的结构如图 2-1-1（b）所示，它由秤盘、底座、悬臂梁［图 2-1-1（c）］，以及粘贴在悬臂梁上的电阻应变片构成。悬臂梁一端固定，一端自由，秤盘用悬臂梁自由端上平面的两个螺钉紧固，在悬臂梁的上下两侧分别黏有 4 个电阻应变片。悬臂梁承担物体的全部重量，物体越重，悬臂梁的变形量就越大，使粘贴在其表面上的电阻应变片的变形量越大，变形量转换为电阻值的变化量也就越大，由电桥电路将 4 个应变片的电阻值的变化量转换为电压输出，电压的大小则反映出物体的重量。

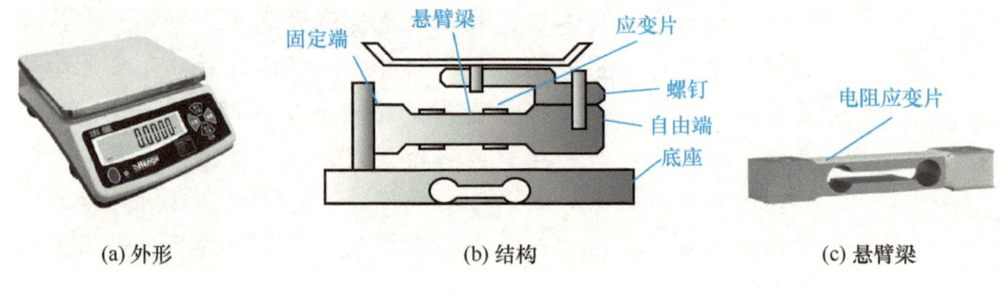

(a) 外形　(b) 结构　(c) 悬臂梁

图 2-1-1　电子秤

2 电阻应变传感器的原理与组成

当物体受到外力的作用时，导致物体的体积或者形状发生改变，使物体产生变形，这是物体的应变效应。金属导体的电阻值随着它受力所产生机械变形（拉伸或压缩）的大小而发生变化的现象称为金属导体的电阻应变效应。如图 2-1-2 所示金属电阻丝，未受力时金属电阻丝形状尺寸如图实线所示，此时其阻值为

$$R = \rho \frac{l}{s} \tag{2-1-1}$$

式中：ρ——金属电阻丝的电阻率；

l——金属电阻丝的长度；

s——金属电阻丝的截面积。

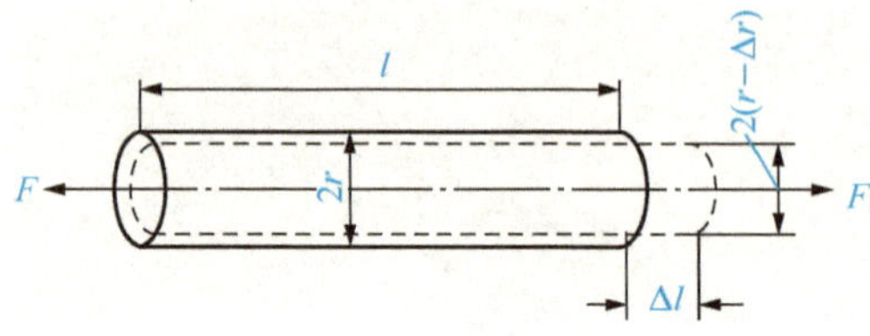

图 2-1-2　金属丝应变效应

若金属电阻丝在外力 F 的作用下被拉伸，其形状尺寸如图 2-1-2 虚线所示，则其 ρ、l 和 s 都发生变化，分别为 $\Delta\rho$、Δl 和 Δs，对式（2-1-1）两边取对数、微分可得电阻相对变化为

$$\frac{\mathrm{d}R}{R} = \frac{\mathrm{d}l}{l} - \frac{\mathrm{d}s}{s} + \frac{\mathrm{d}\rho}{\rho} \tag{2-1-2}$$

令 $\varepsilon=\frac{dl}{l}$，为金属电阻丝受应力后的长度相对变化量，即应变。式（2-1-2）经过化解最终可得

$$\frac{\Delta R}{R}=K_0\varepsilon \tag{2-1-3}$$

式中：K_0——金属电阻丝应变灵敏度系数。

由式（2-1-3）可见，当金属电阻丝受到外界应力的作用时，其电阻的变化与受到应力的大小成正比。

常用金属电阻丝材料应变灵敏度系数及其他参数见表 2-1-1，大多数金属电阻丝灵敏度系数为 1.3～6。

表 2-1-1　常用金属电阻丝材料应变灵敏度系数及其他参数

<table>
<tr><th>材料名称</th><th>成分</th><th>灵敏度系数 K</th><th>在 20℃时的电阻率/(μΩ·m)</th><th>在 0～100℃的电阻温度系数/(×10⁻⁶/℃)</th><th>最高使用温度/℃</th><th>对铜的热电动势/(μV·m)</th><th>在 0～100℃时的线膨胀系数/(×10⁻⁶/℃)</th></tr>
<tr><td>康铜</td><td>60%Cu
40%Ni</td><td>1.9～2.1</td><td>0.45～0.52</td><td>−20～+20</td><td>300（静态）
400（动态）</td><td>43</td><td>15</td></tr>
<tr><td>镍铬合金</td><td>80%Ni
20%Cr</td><td>2.1～2.3</td><td>0.9～1.1</td><td>110～150</td><td>450（静态）
800（动态）</td><td>3.3</td><td>14</td></tr>
<tr><td>镍铬铝合金
（6J22，
卡玛合金）</td><td>74%Ni
20%Cr
3%Al
3%Cr</td><td>2.4～2.6</td><td>1.24～1.42</td><td>−10～+10</td><td rowspan="2">450（静态）
800（动态）</td><td rowspan="2">3</td><td rowspan="2">13.3</td></tr>
<tr><td>镍铬铝合金
（6J23）</td><td>75Ni
20%Cr
3%Al
2%Cr</td><td>2.8</td><td>1.24～1.42</td><td>−10～+10</td></tr>
<tr><td>铁铬铝合金</td><td>70%Fe
25%Cr
5%Al</td><td>1.3～1.5</td><td>1.3～1.5</td><td>30～40</td><td>700（静态）
1000（动态）</td><td>2～4</td><td>14</td></tr>
<tr><td>铂</td><td>100%Pt</td><td>4～6</td><td>0.09～0.11</td><td>3900</td><td rowspan="2">800（静态）
1000（动态）</td><td>7.6</td><td>8.1</td></tr>
<tr><td>铂钨合金</td><td>92%Pt
8%W</td><td>2.5</td><td>0.58</td><td>227</td><td>6.1</td><td>8.3～9.2</td></tr>
</table>

电阻应变传感器是一种以电阻应变片为转换元件的电阻式传感器，能将机械构件（弹性敏感元件）上的应变（变形）通过电阻应变片转换为电阻值的变化，由测量电路将电阻值变换成电压或电流信号输出，完成被测的量变换为电信号的过程。

电阻应变传感器的组成如图 2-1-3 所示。它一般由弹性敏感元件和电阻应变片组成，电阻应变片紧贴弹性敏感元件。当外力（或者其他可以转化成力的物理量，如位移、加速度等）作用于弹性敏感元件时，弹性敏感元件形变，紧贴其上的电阻应变片亦产生形变，

使电阻应变片的阻值发生变化，通过测量电路，将阻值变化转换成电压或电流的变化。

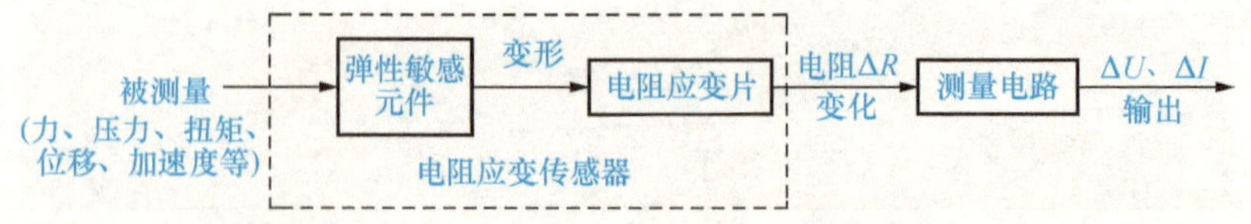

图 2-1-3 电阻应变传感器的组成框图

3 电阻应变传感器的种类与结构

电阻应变传感器的核心是电阻应变片。电阻应变片的种类、规格很多。按照应变片的材料来分类，可以分为金属电阻应变片和半导体应变片两大类。

1）金属电阻应变片

金属电阻应变片按照结构形式可以分为金属丝式、金属箔式和金属薄膜式三种。

(1) 金属丝式应变片。金属丝式应变片是将金属丝按图示形状弯曲后用黏合剂贴在衬底上，基底可以分为纸基、胶基和纸浸胶基等。金属丝两端焊有引出线，使用时只要将其贴于弹性体上就可以构成应变式传感器。具有结构简单、价格低、强度高的优点。但是允许通过的电流较小，测量精度较低，适用于测量的要求不高的场合使用。如图 2-1-4 (a) 所示是金属丝式应变片。

(2) 金属箔式应变片。金属箔式应变片的敏感栅是通过光刻、腐蚀等工艺制成的，如图 2-1-4 (b) 所示。相对于金属丝式应变片，具有导体截面积大、散热好、允许通过较大电流的优点。由于它的厚度很薄，因此具有较好的挠性，可以根据需要制成任意形状，灵敏度系数较高。

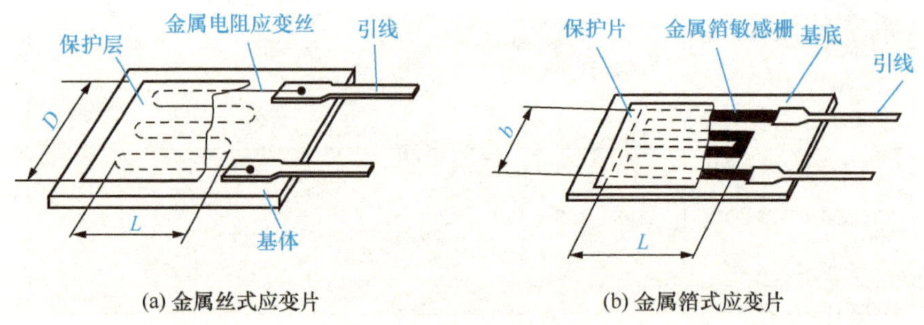

(a) 金属丝式应变片 (b) 金属箔式应变片

图 2-1-4 金属电阻应变片

(3) 金属薄膜应变片。金属薄膜应变片是采用真空蒸镀或溅射式阴极扩散等方法，在薄的基底材料上制成一层金属电阻材料薄膜以形成应变片。它具有灵敏度系数高、允许电流密度大、工作温度范围广的优点。

2）半导体应变片

半导体应变片是利用半导体材料的压阻效应制成的一种敏感元件。当向半导体材料的某一轴向施加作用力，它的电阻率会发生变化，这种物理现象称为半导体的压阻效应。半导体应变片的基本结构如图 2-1-5 所示，按照不同的结构，半导体应变片有体型、薄膜型和扩散型三种。

(1) 体型半导体应变片。体型半导体是一种将半导体材料硅或锗晶体按一定方向切割成片状的小条，经过腐蚀压焊粘贴在基片上形成的应变片。

(2) 薄膜型半导体应变片。薄膜型半导体应变片是利用真空沉积技术将半导体材料沉积在带有绝缘层的试件上制成的。

(3) 扩散型半导体应变片。扩散型半导体应变片是将 P 型杂质扩散到 N 型硅单晶基底上，形成一层极薄的 P 型导电层，再通过超声波和热压焊法接上引出线就形成了扩散型半导体应变片。

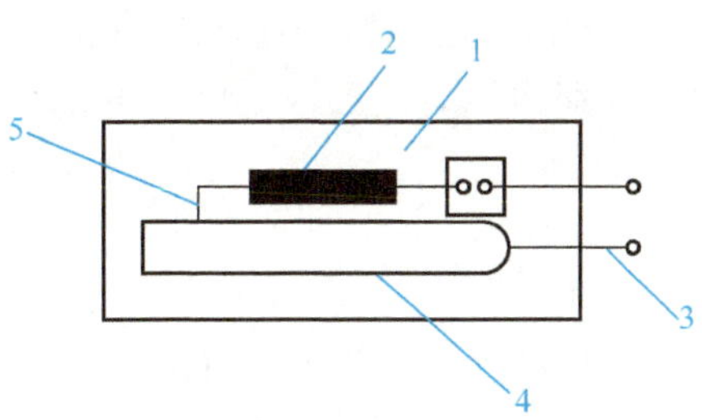

图 2-1-5 半导体应变片

1—基底；2—半导体敏感条；3—外引线；4—引线连接片；5—内引线

4 电阻应变传感器的测量与转换电路

1) 电阻应变传感器的测量电路

由于被测对象机械应变一般都很小，微小的应变引起的电阻变化亦微小，要把微小的电阻变化测量出来，需要专门的测量电路，常用的电阻应变片传感器测量电路是电桥电路。根据电路电源的性质，电桥电路分为直流电桥和交流电桥两种。电桥电路的主要性能指标有桥路灵敏度、非线性和负载特性等。

(1) 直流电桥电路。供电电源采用直流电源的电桥电路为直流电桥电路。基本电桥电路的电路结构如图 2-1-6 所示，4 个电阻 R_1、R_2、R_3 和 R_4 组成电桥电路的 4 个桥臂，其中 A、C 端为电源输入端，外接直流电源 U，B、D 端为电桥电路输出端 U_o，外接测量电路或测量仪器。一般情况下，电桥电路 4 个桥臂电阻阻值相等（$R_1=R_2=R_3=R_4$，全等臂电桥）或成比例（$R_2R_4=R_1R_3$，半等臂电桥），电桥电路输出端 $U_o=0$，此时电桥平衡。在实际应用电路中，4 个桥臂电阻某个或者某几个是电阻应变传感器，当外力使金属电阻丝形变时，4 个桥臂电阻中某个或者某几个阻值变化，电桥失衡，电桥电路输出端电压 U_o 不为 0，其值为

$$U_o=\left(\frac{R_3}{R_3+R_4}-\frac{R_2}{R_1+R_2}\right)U=\frac{R_1R_3-R_2R_4}{(R_1+R_2)(R_3+R_4)}U \tag{2-1-4}$$

根据电桥电路工作时，参与工作的桥臂数量（即 4 个桥臂电阻中电阻应变传感器数量），电桥电路分为半桥单臂、半桥双臂和全桥电路 3 种，如图 2-1-7 所示。以全桥电路为

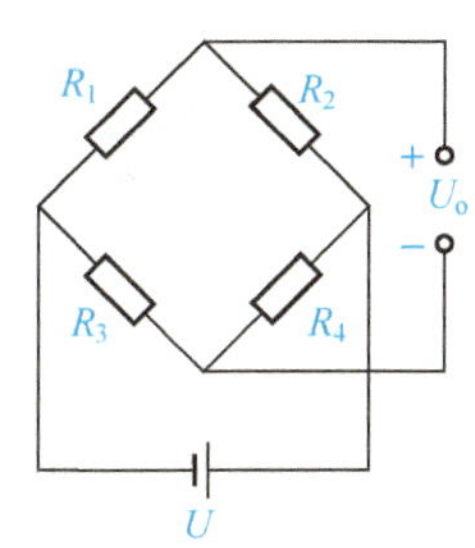

图 2-1-6 基本电桥电路

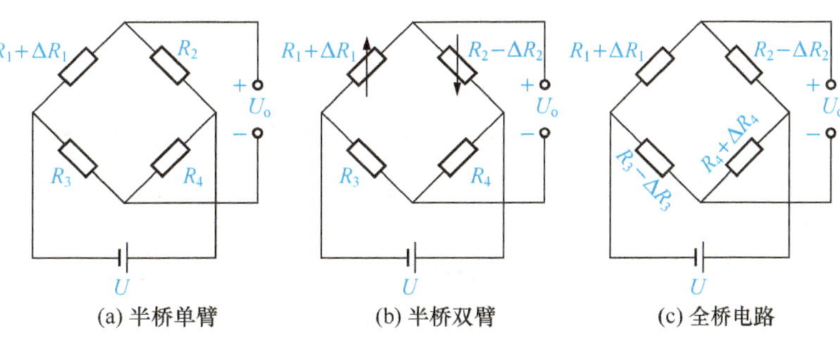

图 2-1-7 电桥电路类型

例，4个桥臂电阻都是电阻应变传感器，随着外力的作用，4个桥臂电阻的阻值都发生变化，分别为ΔR_1、ΔR_2、ΔR_3和ΔR_4，则电桥电路输出电压为

$$U_o=\frac{(R_1+\Delta R_1)(R_3+\Delta R_3)-(R_2+\Delta R_2)(R_4+\Delta R_4)}{(R_1+\Delta R_1+R_2+\Delta R_2)(R_3+\Delta R_3+R_4+\Delta R_4)}U \tag{2-1-5}$$

一般情况下，ΔR很小，故$\Delta R \ll R$，式（2-1-5）中分母和分子中的$\Delta R \ll R$的高次项可以省略，同时考虑到初始状态电桥平衡（$R_2R_4=R_1R_3$），式（2-1-5）可化简为

$$U_o \approx \frac{R_1R_2}{(R_1+R_2)^2}\left(\frac{\Delta R_1}{R_1}-\frac{\Delta R_2}{R_2}+\frac{\Delta R_3}{R_3}-\frac{\Delta R_4}{R_4}\right)U \tag{2-1-6}$$

从式（2-1-6）可看出，电桥电路的输出电压与电桥电路电压成正比，在$\Delta R \ll R$情况下，电桥电路输出电压与桥臂电阻的变化率$\Delta R/R$的代数和成正比。所以，电桥电路的输出电压反映被测量引起的电阻变化量，以此测出被测物体的形变，以及受力大小。

对于半桥单臂电桥电路，设R_1为电阻应变传感器，R_2、R_3和R_4为电桥固定电阻。当电阻应变传感器工作时，其电阻值变化很小，电桥相应输出电压也很小，一般需要加入放大器进行放大，由于放大器的输入阻抗比桥路输出阻抗高很多，所以此时仍视电桥为开路情况。当产生应变时，若电阻应变传感器电阻变化为ΔR，其他桥臂固定不变，电桥输出电压$U_o \neq 0$，则电桥不平衡输出电压为

$$\begin{aligned}U_o&=U\left(\frac{R_1+\Delta R_1}{R_1+\Delta R_1+R_2}-\frac{R_3}{R_3+R_4}\right)\\&=U\frac{\Delta R_1R_4}{(R_1+\Delta R_1+R_2)(R_3+R_4)}\\&=U\frac{\frac{R_4}{R_3}\frac{\Delta R_1}{R_1}}{\left(1+\frac{\Delta R_1}{R_1}+\frac{R_2}{R_1}\right)\left(1+\frac{R_4}{R_3}\right)}\end{aligned} \tag{2-1-7}$$

设桥臂比$n=R_2/R_1$，由于$\Delta R_1 \ll R_1$，分母中的$\Delta R_1/R_1$可以忽略，并考虑到平衡条件$R_1R_3=R_2R_4$，则式（2-1-7）可简化为

$$U_o=U\frac{n}{(1+n)^2}\frac{\Delta R_1}{R_1} \tag{2-1-8}$$

电桥电压灵敏度定义为

$$K_V=\frac{U_o}{\frac{\Delta R_1}{R_1}}=U\frac{n}{(1+n)^2} \tag{2-1-9}$$

从式（2-1-9）分析发现：

① 电桥电压灵敏度正比于电桥供电电压，供电电压越高，电桥电压灵敏度越高。但供电电压的提高受到应变片允许功耗的限制，所以要做适当选择。

② 电桥电压灵敏度是桥臂电阻比值n的函数，恰当地选择桥臂比n的值，保证电桥具有较高的电压灵敏度。

当U值确定后，n值取何值时K_V最高呢？由$\mathrm{d}K_V/\mathrm{d}n=0$求$K_V$的最大值，可得

$$\frac{\mathrm{d}K_V}{\mathrm{d}n}=\frac{1-n^2}{(1+n)^3}=0 \tag{2-1-10}$$

求得当 $n=1$ 时，K_V 为最大值。当电桥电压确定后，当 $R_1=R_2=R_3=R_4$ 时，电桥电压灵敏度最高，此时有

$$U_o=\frac{U}{4}\frac{\Delta R_1}{R_1} \tag{2-1-11}$$

$$K_V=\frac{U}{4} \tag{2-1-12}$$

从上述可知，当电源电压 U 和电阻相对变化量 $\Delta R_1/R_1$ 一定时，电桥电路的输出电压及其灵敏度是定值，且与各桥臂电阻阻值大小无关。

(2) 交流电桥。直流电桥的优点是高稳定度的直流电源容易获得，电桥调节平衡电路简单，如果测量静态量，输出为直流电压，精度较高，可用直流仪表直接测量；传感器及测量电路分布参数影响小。直流电桥的缺点是容易受到工频干扰，直流放大器比较复杂，容易受零漂和接地点位影响。在动态测量时往往采用交流电桥。

交流电桥电路的电路结构与直流电桥电路基本相同，如图 2-1-8 所示，但在电路具体实现上与直流电桥电路有两个不同点：一是激励电源采用高频交流电压源或电流源（电源频率一般是被测信号频率的 10 倍以上）；二是交流电桥的桥臂可以是纯电阻，但也可以是包含电容、电感的交流阻抗。

由式（2-1-4）可得交流电桥电路输出电压为

$$U_o=\left(\frac{Z_3}{Z_3+Z_4}-\frac{Z_2}{Z_1+Z_2}\right)\dot{U}_{AC}=\frac{Z_1Z_3-Z_2Z_4}{(Z_1+Z_2)(Z_3+Z_4)}\dot{U}_{AC} \tag{2-1-13}$$

交流电桥电路平衡条件与直流电桥电路类似，$Z_1Z_4=Z_2Z_3$，或者 $Z_1/Z_2=Z_3/Z_4$。由于引线产生的分布电容的容抗（引线电感忽略）、供电电源的频率及被测电阻应变传感器的性能差异，交流电桥的初始平衡条件和输出特性都受到严重影响，因此必须对电桥预调平衡。

当电桥电路采用交流电供电时，导线间存在分布电容，这相当于在应变片上并联了一个电容，如图 2-1-9（a）所示。所以在调节平衡时，除了考虑阻抗模的平衡条件，还要考虑阻抗角的平衡条件。图 2-1-9（b）所示为常用的电容调零电路，由电位器 RP 和固定电容器 C 组成。改变电位器上滑动触点的位置，以改变并联到桥臂上的阻、容串联而形成的阻抗相角，可达到平衡条件。图 2-1-9（c）所示为另一种调零电路，它直接将一个精密差动电容 C_2 并联到桥臂上，改变其位以达到电容调零的目的。

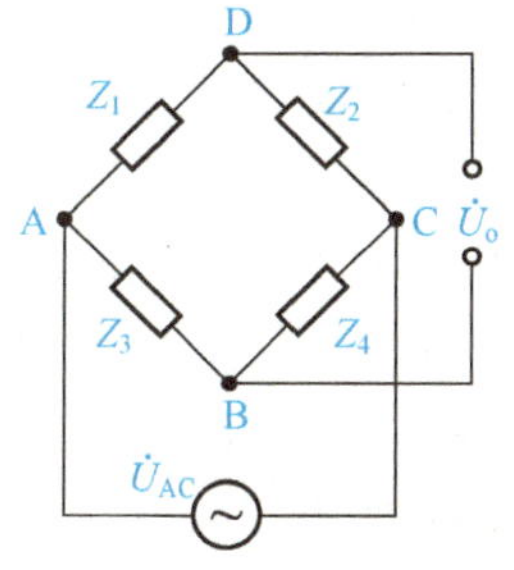

图 2-1-8　交流电桥电路

(a) 导线分布电容

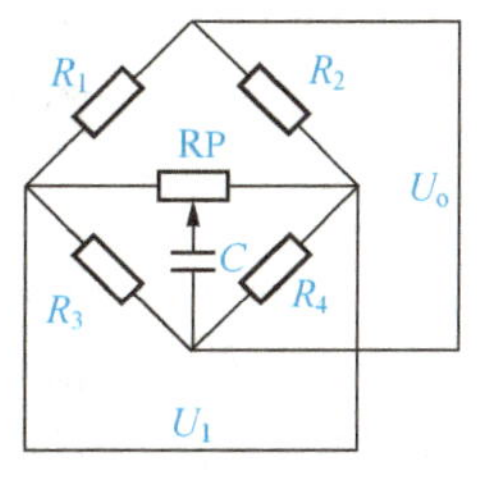

(b) 电容调零电路(一)

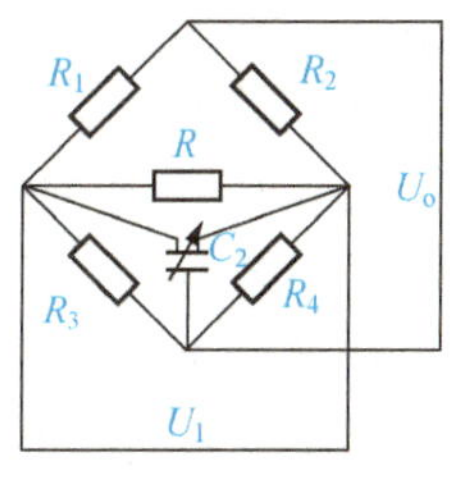

(c) 电容调零电路(二)

图 2-1-9　交流电桥电路平衡的调节

(3) 恒流源电桥。通过电桥各臂的电流不恒定，是产生非线性误差的重要原因。所以，供给电阻应变传感器（特别是半导体电阻应变传感器）电桥的电源一般采用恒流源，如图 2-1-10 所示。电桥恒流源电流为 I，通过各臂的电流为 I_1 和 I_2，若测量电路输入阻抗较高（忽略电桥桥臂对恒流源的负载效应），则由基尔霍夫电压定律和电流定律可得

$$I_1(R_1+R_2)=I_2(R_3+R_4) \qquad (2\text{-}1\text{-}14)$$
$$I=I_1+I_2$$

解上述方程组可得

$$\left.\begin{aligned} I_1&=\frac{R_3+R_4}{R_1+R_2+R_3+R_4}I \\ I_2&=\frac{R_1+R_2}{R_1+R_2+R_3+R_4}I \end{aligned}\right\} \qquad (2\text{-}1\text{-}15)$$

电桥电路的输出电压为

$$U_o=I_1R_1-I_2R_2=\frac{R_1R_4-R_2R_3}{R_1+R_2+R_3+R_4}I \qquad (2\text{-}1\text{-}16)$$

若 $R_1=R_2=R_3=R_4=R$，且 R_1 为电阻应变传感器，此时其值为 $R_1+\Delta R$，则电桥电路输出电压为

$$U_o=\frac{R\cdot\Delta R}{4R+\Delta R}I=\frac{1}{4}I\cdot\Delta R\frac{1}{1+\dfrac{\Delta R}{4R}} \qquad (2\text{-}1\text{-}17)$$

由式（2-1-17）可见，若 $\Delta R\ll R$，$\Delta R/4R$ 可忽略，电桥电路输出电压正比于电阻应变传感器的电阻变化量 ΔR。

2）电阻应变传感器补偿电路

电阻应变传感器对温度变化十分敏感。当环境温度变化时，因其中应变片的线膨胀系数与被测构件的线膨胀系数不同，且敏感栅的电阻值随温度的变化而变化，所以测得的应变（电阻变化量）将包含温度变化的影响，并不是完全反映构件的实际应变，因此在测量中必须设法消除温度变化对电阻应变传感器的影响。消除电阻应变传感器温度影响的措施是温度补偿，温度补偿方法主要有桥路补偿法和自补偿法两种。

(1) 桥路补偿法。常温环境下，用电阻应变传感器测量被测对象应变常采用桥路补偿法，这种方法简单、经济、补偿效果好。如图 2-1-10 所示，工作应变片 R_1 安装在被测试件上，另选一个特性与 R_1 相同的补偿应变片 R_B，安装在材料与试件相同的补偿件上，温度与试件相同，但不承受应变。R_1 与 R_B 接入电桥相邻臂上。由于相同温度变化造成 R_1 和 R_B 电阻变化 ΔR_{1t} 与 ΔR_{Bt} 相同，根据电桥理论可知，电桥输出电压与温度变化无关。

在某些应用中，可以通过巧妙地安装多个电阻应变片以达到温度补偿和提高测量灵敏度的双重目的。如图 2-1-11 所示，在等强度悬臂梁的上下表面对应位置粘贴 4 片相同的应变片接成全桥电路［图 2-1-7（c）］，当悬臂梁受压力 F 时，R_1 和 R_2 应变片受拉应变，阻值增加，R_3 和 R_4 应变片受压应变，电阻减小，电桥输出为单臂工作时的 4 倍。温度变化引起 4 片应变片的电阻变化相同，由电桥理论可知，温度变化不影响电桥输出。

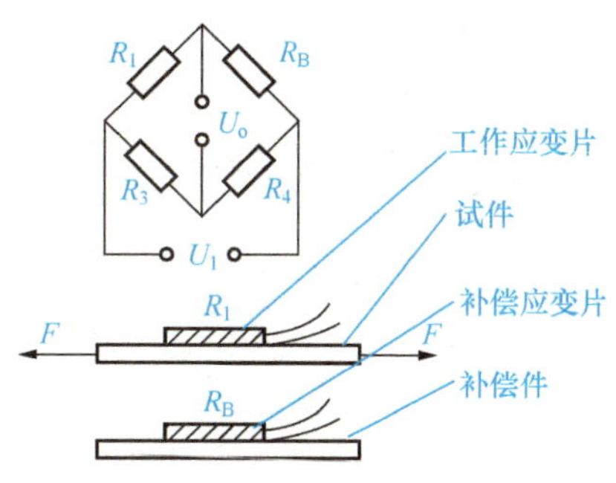

图 2-1-10　桥路补偿法

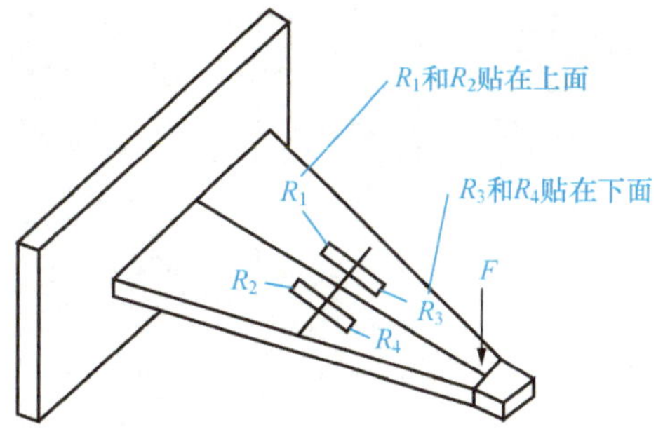

图 2-1-11　全桥电路温度补偿

（2）自补偿法。自补偿法分单丝自补偿和双丝组合自补偿。

① 单丝自补偿。造成应变片温度误差的原因主要有两个：一是敏感栅电阻随温度的变化引起的误差；二是试件材料与应变丝材料的线膨胀系数不同，使应变丝产生附加拉长（或压缩），引起电阻变化。则应变片总温度误差为

$$\left(\frac{\Delta R}{R}\right)_t=\left(\frac{\Delta R}{R}\right)_{t1}+\left(\frac{\Delta R}{R}\right)_{t2}=\alpha\Delta t+K(\beta_g+\beta_s)\Delta t \qquad (2\text{-}1\text{-}18)$$

式中：α——敏感栅材料电阻温度系数；

Δt——温度变化量；

K——应变片灵敏度系数；

β_g——试件膨胀系数；

β_s——应变片敏感栅材料线膨胀系数。

由式（2-1-18）可知，若能满足

$$\alpha+K(\beta_g+\beta_s)=0 \qquad (2\text{-}1\text{-}19)$$

则温度误差为零，电桥电路输出不受温度变化影响。在实际操作中，对于给定的试件，选择合适的应变片满足式（2-1-19），即可达到温度补偿的目的。单丝自补偿法应变片加工容易、成本低，缺点是只适用特定试件材料，温度补偿范围较小。

② 双丝组合自补偿。将两种不同电阻温度系数（一种为正值，一种为负值）的应变片串联组成敏感栅，如图 2-1-12（a）所示。两段敏感栅 R_1 与 R_2 由于温度变化而产生的电阻变化分别为 ΔR_{1t} 与 ΔR_{2t}，若使 $\Delta R_{1t}=-\Delta R_{2t}$，则可以达到温度补偿目的。

双丝组合自补偿的另一种方法是用两种同符号温度系数的应变丝串联敏感栅，在串接处焊出引线并接入电桥，如图 2-1-12（b）所示。适当调节 R_1 与 R_2 的长度比和外接电阻 R_B 的值，使之满足条件

$$\frac{\Delta R_{1t}}{R_1}=\frac{\Delta R_{2t}}{R_2+R_B} \qquad (2\text{-}1\text{-}20)$$

即可满足温度补偿的目的。

5　电阻应变传感器的应用

电阻应变传感器由于具有测量精度高、动态响应好、使用简单和体积小等优点，因而

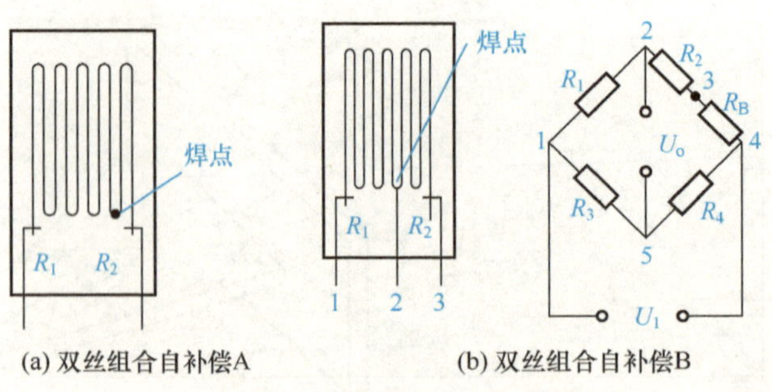

(a) 双丝组合自补偿A
(b) 双丝组合自补偿B

图 2-1-12　双丝组合自补偿

被广泛应用于应变、压力、弯矩、扭矩、加速度和位移等物理量的测量中。电阻应变传感器按应变片粘贴部位可分为两大类：一类是将应变片粘贴在弹性敏感元件上，由弹性元件在被测物理量（如力、压力、加速度等）的作用下，产生一个与之成正比的应变，然后由应变片作为传感元件将应变转换为电阻变化，通过测量电路检测出被测物理量，这样就可以组成各种专用的应变式传感器，在目前的传感器中，尤其是在称重测力传感器中占有重要的地位；另一类是直接将应变片粘贴在被测构件上，然后将其接到应变仪上就可以直接从应变仪上读到相应的应变值，如电阻应变仪就是这种应用的一个例子。为了测量获得最大灵敏度，应在弹性元件或被测构件上应变最大的部位粘贴应变片。

按照用途不同，电阻应变传感器可以分为应变式测力传感器、应变式压力传感器、应变式加速度传感器等。

1）应变式测力传感器

应变式测力传感器的组成包括两个部分：一个是弹性敏感元件，它将被测物理量（如力、扭矩、加速度、压力等）转换为弹性体的应变量；另一个是应变片，它作为转换元件将应变转换为电阻的变化。根据弹性敏感元件的形状，应变式测力传感器分为柱式力传感器和梁式力传感器。

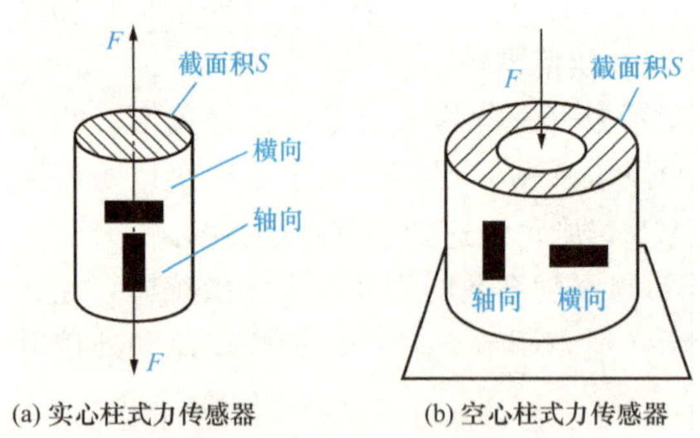

(a) 实心柱式力传感器
(b) 空心柱式力传感器

图 2-1-13　柱式力传感器

（1）柱式力传感器。柱式力传感器的弹性元件分为实心和空心两种，如图2-1-13所示。在轴向布置一个或几个应变片，在圆周方向布置同样数目的应变片，后者取符号相反的应变，从而构成了差动对，提高灵敏度，横向粘贴的应变片同时作为温度补偿。

柱式力传感器弹性元件上应变片的粘贴和电桥连接，应尽可能消除偏心和弯矩的影响。一般将应变片对称地贴在应力均匀的圆柱表面中部，构成差动对。如图 2-1-14 所示，轴向应变片 R_1 和 R_3、R_2 和 R_4 串联，且处于对臂位置，以减小弯矩的影响。横向粘贴的应变片具有温度补偿作用。

（2）梁式力传感器。梁式力传感器根据梁的结构可分为等截面梁、等强度梁、双端固定梁、弯曲梁等，如图 2-1-15 所示。

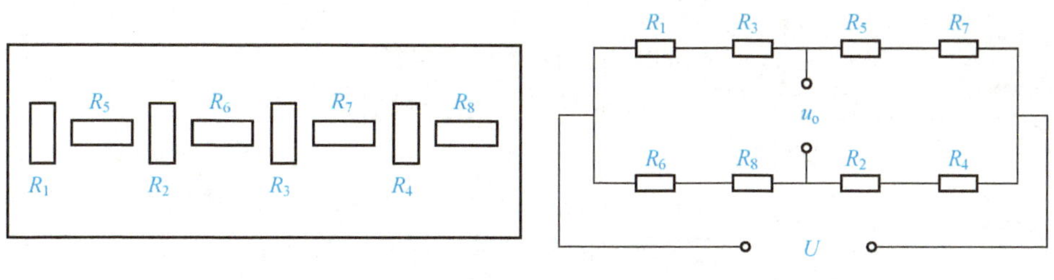

(a) 柱式力传感器柱面展开图　　(b) 柱式力传感器电桥电路连接

图 2-1-14　柱式力传感器应变片粘贴与电桥电路连接

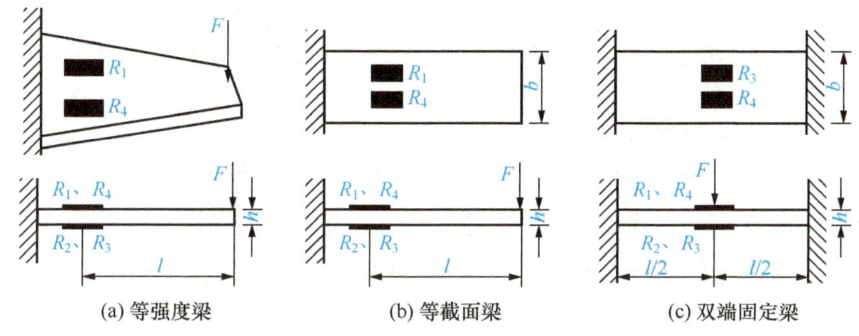

(a) 等强度梁　　(b) 等截面梁　　(c) 双端固定梁

图 2-1-15　主要梁式力传感器结构及应变片粘贴图

等强度梁如图 2-1-15（a）所示，梁厚为 h，梁长为 l，固定端宽为 b_0，自由端宽为 b。梁的截面为等腰三角形，集中力 F 作用在三角形顶点，梁内各横截面产生的应力是相等的，表面上任意位置的应变也相等，因此称为等强度梁。梁的各点由于应变相等，故粘贴应变片的位置要求不严格。

等截面梁是指梁的截面宽度相等，如图 2-1-15（b）所示。它的梁内各截面产生应力不同，梁表面各点应变不同，其应变公式为

$$\varepsilon = \frac{24Fl}{bh^2E} \tag{2-1-21}$$

式中：b——梁的宽度；

h——梁的厚度；

l——梁外端到应变片中心的距离。

弹性元件将此应变 ε 传递给粘贴在其上的应变片，应变片再将 ε 转换为电阻的变化量，由于 ε 与应变片粘贴位置有关，等截面梁必须精确计算应变片粘贴位置 l。

一般的悬臂梁一端固定，另一端自由，双端固定梁两端都固定，如图 2-1-15（c）所示。与等截面梁相似，双端固定梁表面各点应变不同，其应变公式为

$$\varepsilon = \frac{3Fl}{bh^2E} \tag{2-1-22}$$

式中各符号含义与式（2-1-21）相同，双端固定梁同样需要精确计算应变片粘贴位置 l。

在电子秤中广泛采用的悬臂梁是双弯曲梁，如图 2-1-16 所示。双弯曲梁是传感器的弹

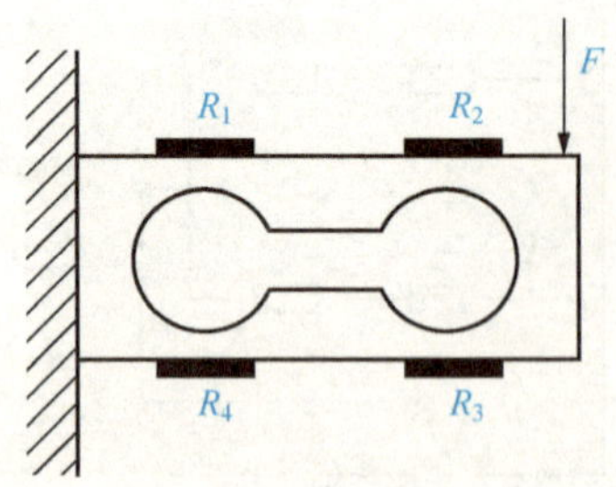

图 2-1-16 双弯曲梁

性元件，应变片分别粘贴在梁的上、下两个表面上，组成全桥电路，提高测量灵敏度。

2）应变式压力传感器

电阻应变压力传感器主要用于测量流体压力，有时也用于测量土壤压力。按传感器所用弹性元件可分为膜式和筒式压力传感器等，下面以筒式为例介绍压力传感器。

筒式压力传感器的弹性元件为薄壁圆筒，筒的底部较厚。这种弹性元件的特点是，圆筒受到被测压力后表面各处的应变是相同的，因此应变片的粘贴位置对所测应变没有影响，如图 2-1-17 所示。工作应变片 R_1、R_3 沿圆周方向粘贴在筒壁，温度补偿片 R_2、R_4 贴在筒底外壁上，并连接成全桥电桥电路，这种传感器适用于测量较大的压力。

3）应变式加速度传感器

电阻应变传感器不但可以用于测量力，还可以用于测量与力相关的，如加速度、扭矩等，那些可以转换成力的物理量。应变式加速度传感器先经过质量弹簧的惯性系统将加速度转换为力 F，再将力 F 作用于弹性元件上产生应变，通过应变片测量应变从而测量出加速度的大小。

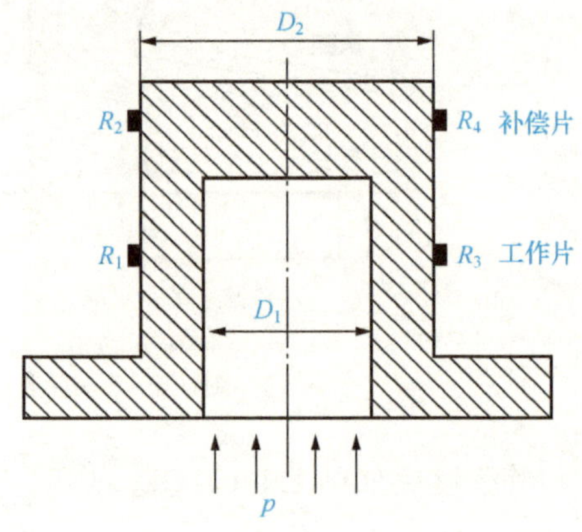

图 2-1-17 筒式压力传感器结构图

应变式加速度传感器的结构如图 2-1-18 所示，在等强度梁 2 的一端固定惯性质量块 1，梁的另一端用螺钉固定在壳体 6 上，在梁的上、下两面粘贴应变片 5，梁和惯性块的周围充满阻尼液，如硅油，用以产生必要的阻尼。测量时，将传感器壳体和被测对象刚性连接。当有加速度作用在壳体上时，由于梁的刚度很大，惯性质量也以同样的加速度运动，其产生的惯性力正比于加速度 a 的大小，$F=ma$，惯性力作用在梁的端部使梁产生变形，限位块 4 的作用是保护传感器在过载时不被破坏。这种传感器在低频振动测量中得到了广泛的应用。

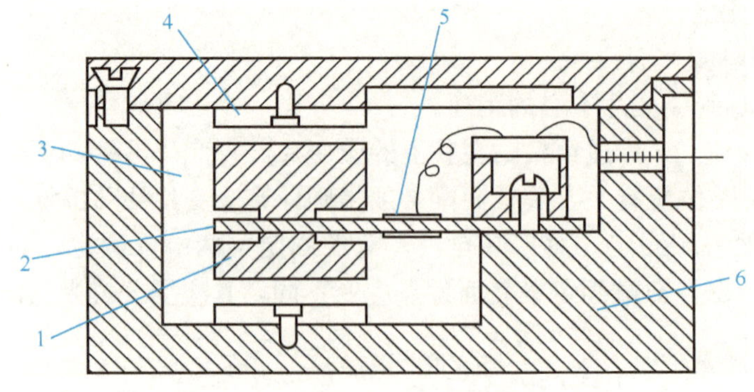

图 2-1-18 应变式加速度传感器结构图

1—惯性质量块；2—等强度梁；3—腔体；4—限位块；5—应变片；6—壳体

4）电阻应变仪

电阻应变仪是专门用于测量电阻应变片应变量的仪器。实际测量时，只要将应变片贴于被测点上，然后将其接入应变仪的测量电桥电路中，这样就可通过应变仪直接求得被测点的应变值。电阻应变仪有静态和动态两大类。如要测动态应变，则用动态电阻应变仪；如要测静态应变或变化较为缓慢的应变，则可用静态电阻应变仪。由于篇幅所限，下面仅介绍静态电阻应变仪的工作原理。

常规的静态电阻应变仪是将应变片与仪器内固定电阻相配合组成测量电桥，测量电桥和仪器内另一读数电桥反极性串联后接入放大器，放大器将它们的差值信号进行放大，放大后的信号经相敏检波之后由检流计显示出来。测量时，测量电桥因感受应变而输出一个不平衡电压，适当改变读数电桥的桥臂电阻值，使其失去平衡而输出一个幅值大小与测量电桥输出电压相等而相位相反的电压，当它们完全抵消时，检流计指示为零。读数电桥输出与转换开关位置有关，只要对其用应变值来标定，就可直接读取应变量。一般一台应变仪通过仪器内的转换开关可测多个测点。

随着集成电路、数字技术与计算机技术的不断发展，数字式应变仪应运而生，而且其功能日趋完善。测量时能定时、定点自动换点，测量数据可自动修正、存储、数字显示和打印记录。如配适当接口，还可以与计算机直接连接，进一步由计算机处理测量数据。

图 2-1-19 是数字式静态电阻应变仪的原理框图。振荡器产生一个 8000Hz 左右的方波信号，经分频器后成为 800Hz 左右的方波，然后放大、稳幅，稳幅后方波进行功率放大并由环形变压器耦合后输出给电桥。当有外力作用时，电桥不平衡，有电压输出。输出电压经放大器放大、检波、滤波后送入 A/D 转换器，A/D 转换后可直接数字显示，或者接入计算机进一步处理。

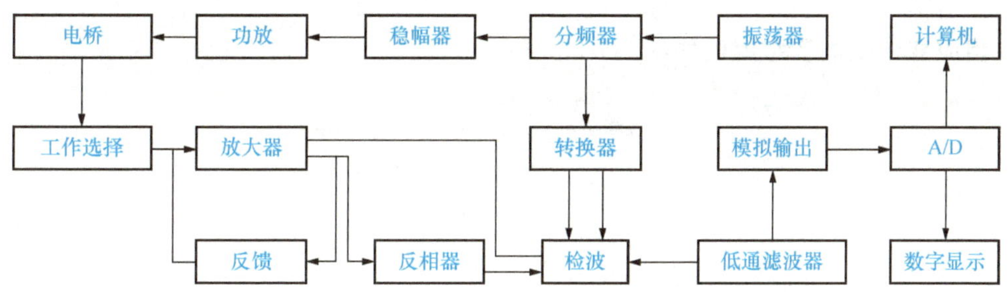

图 2-1-19　电阻应变仪原理框图

基本技能

技能目标

（1）会定性和定量检测电阻应变传感器。

（2）能连接各种电阻应变传感器的测试电路。

1　观察分析物体的应变效应

1）材料及仪器

（1）细金属丝 1 根。

（2）三位半数字式欧姆表（分辨率为 1/2000）1 块。

2）测试步骤

将细金属丝的两端接上欧姆表，记下其初始电阻值__________；用力拉长该金属丝，记录此时金属丝的电阻值__________。

2　搭接电阻应变片式传感器的外围电路

如图 2-1-20，分别连接成单臂、双臂和全桥三种接入方式。

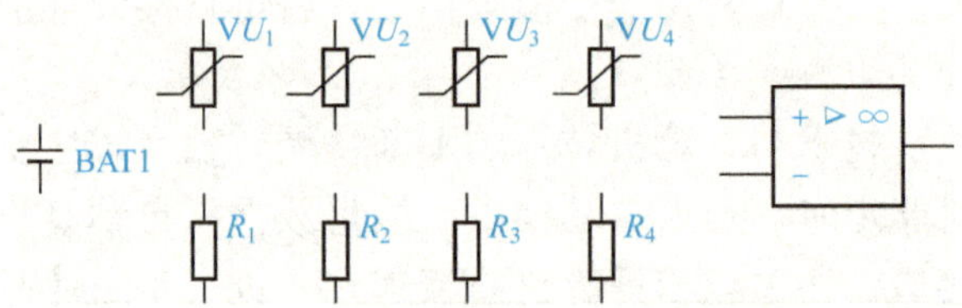

图 2-1-20　电阻应变片电桥接入电路

注：R_1～R_4 为固定电阻，VU_1～VU_4 为电阻应变片

3　用应变式传感器装置测量物体所受压力

传感器综合实验装置中电子称的机械结构如图 2-1-21 所示，桥臂上贴有 4 片电阻应变片。电阻应变传感器实验模板如图 2-1-22 所示。

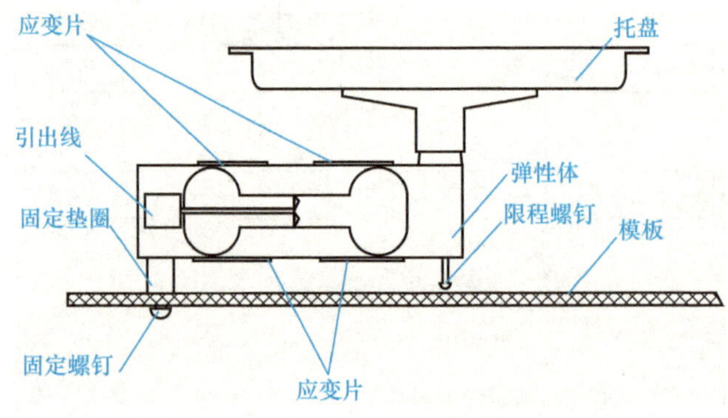

图 2-1-21　电子称的机械结构

（1）将电阻应变片连接成全桥方式接入差动放大器（为了从电桥获得较大的信号电平，注意受拉片与受压片的连接）。

（2）调节调零电位器 RP_1，使托盘上未放物体时差动放大器输出为 0（调零）。

（3）托盘上放置 200g 砝码，调节差动放大器放大电位器 RP_3，使差动放大器输出

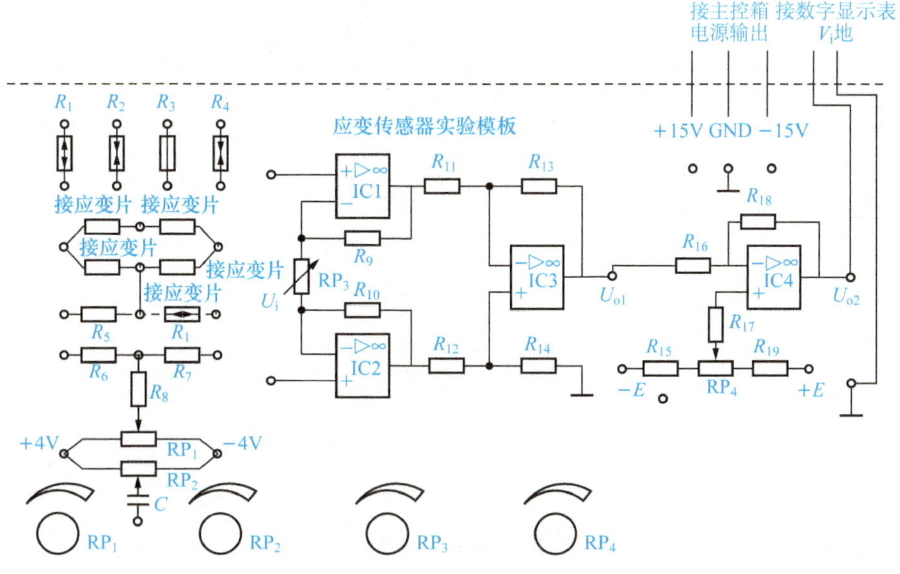

图 2-1-22　电阻应变传感器实验模板图

20mV（调节放大倍数）。

（4）保持 RP_1、RP_3 不变，按表 2-1-2 在托盘上放置砝码，读取差动放大器输出电压，完成表 2-1-2。

表 2-1-2　应变式传感器质量-电压表

质量/g	200	400	600	800	1000	1200	1400	1600	1800	2000
电压/mV	20									

（5）根据表 2-1-2 的实验资料，计算灵敏度 $L=\Delta U/\Delta W$，非线性误差 δ_{f2}。

（6）比较单臂、双臂、全桥测量电路的灵敏度和非线性度，得出相应的结论。

任务评价评分表

班级：＿＿＿＿＿＿　　姓名：＿＿＿＿＿＿　　成绩：＿＿＿＿＿＿

评价条目	评价内容与要求	分值	自我评价	教师评价	得分	扣分原因
基本知识	理解电阻应变传感器的工作原理	5				
	理解电阻应变传感器的组成与结构	10				
	掌握电阻应变传感器的测试电路	10				
	了解电阻应变传感器的温度补偿措施	5				
	了解电阻应变传感器的主要应用领域	10				
基本技能	能定性检测电阻应变传感器	10				
	会定量测量电阻应变传感器	15				
	会连接电阻应变传感器的测量电路	15				

续表

评价条目	评价内容与要求	分值	自我评价	教师评价	得分	扣分原因
职业素养	态度认真、按时出勤，不迟到、早退	5				
	安全意识强，操作规范	5				
	爱护工具设备，工具设备摆放整齐，操作工环境卫生良好	5				
	节约能源，节约原料	5				

复习与思考题

1. 知识总结

当物体受到外力的作用时，导致物体形状发生改变，如拉伸或压缩，从而造成物体的电阻发生变化的现象称为物体的电阻应变效应。应变式电阻传感器是利用物体的应变效应测量物体形变，从而检测物体受力的传感器。

电阻应变传感器根据应变片材料可分为金属电阻应变片和半导体应变片两大类。金属电阻应变片按照结构形式可以分为金属丝式、金属箔式和金属薄膜式三种；半导体应变片有体型、薄膜型和扩散型三种。

一般情况下，外力造成的物体形变很小，从而引起的物体电阻改变更加微小，为了能准确测量物体电阻的微小变化，需要专门的测量电路。常用的测量电路有直流电桥和交流电桥两种，直流电桥的优点是稳定度高，直流电源容易获得，电桥调节平衡电路简单，如果测量静态量，输出为直流量，精度较高；传感器及测量电路分布参数影响小。直流电桥的缺点是容易受到工频干扰，产生零点漂移。在动态测量时往往采用交流电桥。

电阻应变片对温度变化十分敏感，即温度变化也会造成其电阻发生变化，为了消除温度变化对测量的影响，需要采用专门的温度补偿方法。常温应变测量温度补偿方法有桥路补偿法和自补偿法。

电阻应变传感器主要用于测量物体所受的应力，包括重力、位移、加速度等，用电阻应变传感器制成的仪器设备主要有各种电子称、加速度仪、液压仪、液位仪等。

2. 思考题

1）填空题

（1）电阻应变传感器一般由____________和____________两部分组成。

（2）电阻应变传感器根据应变片材料可分为____________和____________两种。

（3）半导体电阻应变片根据结构分类可分为____________、____________和____________。

（4）电阻应变传感器常用的温度补偿方法有____________和____________。

(5) 电阻应变传感器主要用于测量____________、____________和____________。

2) 简答题

(1) 简述电阻应变传感器的工作原理。

(2) 简述电阻应变传感器按照材质的分类。

(3) 简述各种结构金属电阻应变片的特点。

(4) 电阻应变传感器采用哪些测量电路？请简述它们的优缺点及使用场合。

(5) 电阻应变传感器为什么需要温度补偿？

任务 2　电感式传感器

基本知识

知识目标

(1) 理解电感式传感器的种类、结构与工作原理。

(2) 掌握电感式传感器的测试电路。

(3) 了解电感式传感器主要应用领域。

1　认识电感式传感器

在生产流水线上经常需要用到一种分拣装置，流水线（图 2-1-23）上工件在输送带上移动，工件随输送带自左向右移动，当工件靠近电感式接近开关的检测范围时，电感式接近开关动作，触发分拣装置执行相应的处理，如对工件计数、加工或选取等，分拣装置实物模型如图 2-1-24 所示。在分拣装置中，主要部件是电感式接近开关，电感式接近开关是常用的电感式传感器。

图 2-1-23　流水线

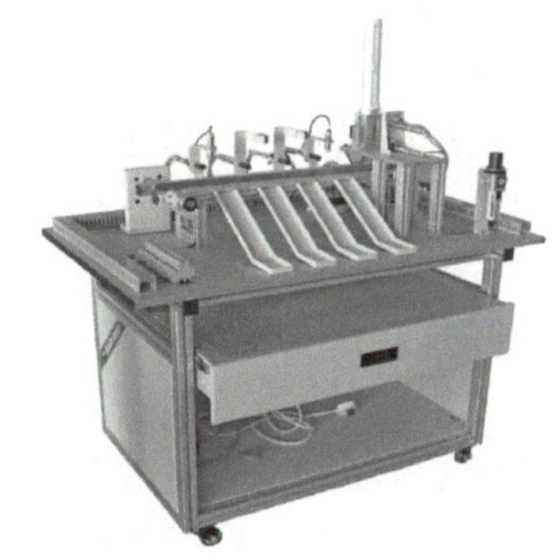

图 2-1-24　分拣装置模型

2　电感式传感器的原理与组成

电感式传感器是利用电磁感应原理通过衔铁位移将被测非电量（如位移、压力、流量、振动等参数）转换成线圈自感系数或互感系数的变化，进而通过测量电路将自感或互感系数转换为电压、电流或频率信号输出，电感式传感器的组成如图 2-1-25 所示。一般电感式传感器的衔铁与被测物体相连。当被测物体移动时，带动衔铁移动，气隙厚度 δ 和导磁面积 S 随之发生改变，从而引起磁路中磁阻的改变，进而导致线圈自感量发生变化。只要测出电感量的变化，就能确定衔铁（被测物体）位移量的大小和方向。

线圈电感量 L 的表达式：

$$L=\frac{N^2\mu_0 S}{2\delta^2} \tag{2-1-23}$$

式中：N——线圈匝数；

μ_0——真空磁导率；

S——气隙导磁截面积；

δ——气隙厚度。

当 N、μ_0 一定时，L 由 δ 与 S 决定，两个参数中任一个的变化都将引起电感量的变化。

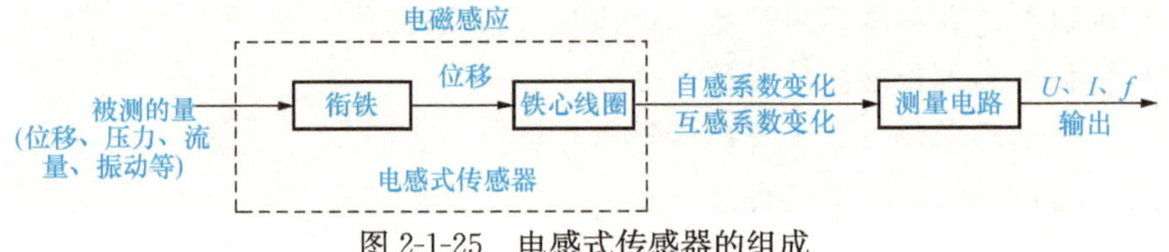

图 2-1-25　电感式传感器的组成

3　电感式传感器的种类与结构

常用的电感式传感器有自感式传感器、差动变压器和电涡流传感器等。下面以自感式传感器为例介绍电感式传感器，有关差动变压器和电涡流传感器在后续章节向大家介绍。

根据电感式传感器的工作原理，电感式传感器分为变气隙式、变面积式和螺线管式三种。

1）变气隙式电感式传感器

如式（2-1-23）所示保持 S 不变，而使 δ 发生改变即为变气隙式电感式传感器，电感式传感器的结构如图 2-1-26(a) 所示。由式(2-1-23) 可得，L 正比于 $1/\delta^2$，改变气隙式电感式传感器的输入与输出呈非线性关系，灵敏度和线性度都随 δ 的增大而减小，δ 通常取 0.1～0.5mm，为保证线性度，这种传感器只能用于微小位移的测量。

2）变面积式电感式传感器

如式(2-1-23) 所示保持 δ 不变，而使 S 发生改变，即铁心与衔铁之间相对覆盖面积随被测物体的变化而变化，从而导致线圈电感发生变化，这种电感式传感器称为变面积式电感式传感器，如图 2-1-26(b) 所示。由式(2-1-23) 可得，L 正比于 S，改变面积式电感式传感器的输入与输出呈线性关系。

3）螺线管式电感式传感器

螺线管式电感式传感器结构如图 2-1-26(c) 所示，它由一只螺线管和一根柱形衔铁组成，衔铁插入线圈中可来回移动。随着衔铁插入深度的变化而引起线圈中磁阻的变化，从而导致线圈电感发生变化，螺线管式电感传感器中活动衔铁随被测物体一起移动。因此，螺线管式电感式传感器虽然测量范围大（检测位移量可从几毫米到几百毫米），但是灵敏度低，可广泛应用于测量大量程的直线位移中。

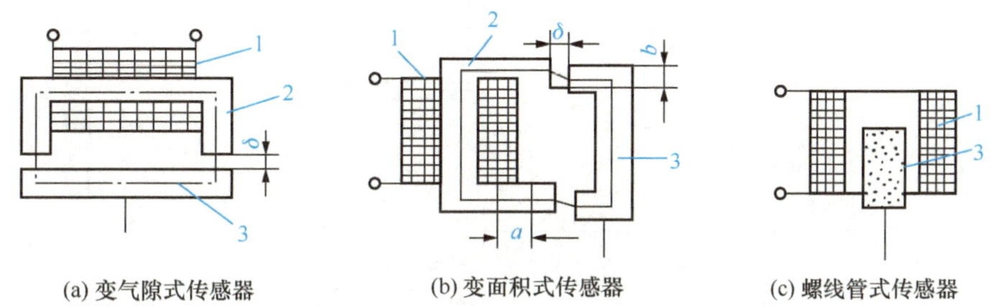

(a) 变气隙式传感器　　(b) 变面积式传感器　　(c) 螺线管式传感器

图 2-1-26　各种电感式传感器结构

1—线圈；2—铁心；3—衔铁

电感式传感器按组成方式可分为单一式电感传感器和差动式电感传感器。由于上述三种传感器的线圈均通有交流励磁电流，因而衔铁始终承受电磁吸力，会引起附加误差，且非线性误差较大。另外，外界的干扰（如电源电压、频率、温度的变化）也会使输出产生误差，所以在实际工作中常采用差动形式，这样既可以提高传感器的灵敏度，又可以减小测量误差。

两个完全相同，由单个线圈构成的电感式传感器共用一个活动衔铁就构成了差动式电感传感器。一般情况下，差动式电感传感器的两个线圈极性相反，当衔铁随被测量物体移动而偏离中间位置时，两个线圈的电感量一个增加，一个减小，形成差动，总的电感变化量与衔铁移动的距离成正比。通过分析计算可知，差动式电感传感器的灵敏度约为非差动式的两倍，而且线性度较好，灵敏度较高；对于外界的影响，如温度变化、电源频率变化等也基本上可以互相抵消；衔铁承受的电磁吸引力也较小，从而减小了测量误差，因此常被用于电感测微仪上。

常用电感式传感器的实物如图 2-1-27 所示。各类电感式传感器的结构与特点见表 2-1-3。

(a) 电感式振动传感器

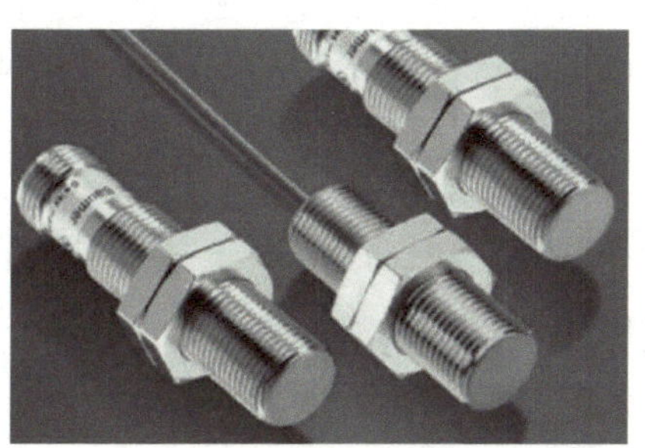

(b) 电感式位移传感器

(c) 电感式角度传感器

图 2-1-27　电感式传感器的实物图

表 2-1-3　电感式传感器的结构与特点

类型		变气隙式	变面积式	螺线管式
结构	单一结构	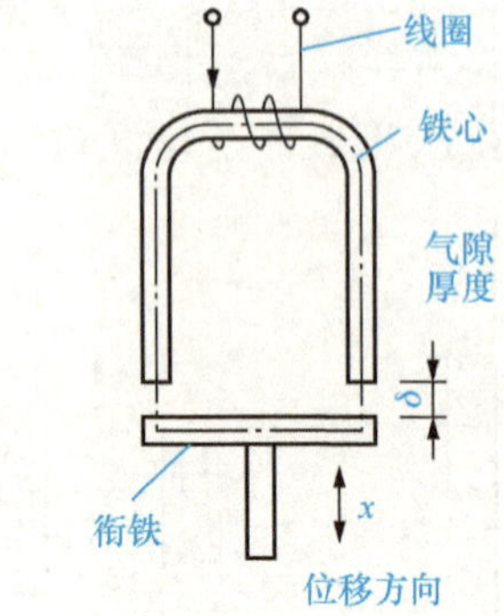 线圈 铁心 气隙厚度 δ 衔铁 x 位移方向	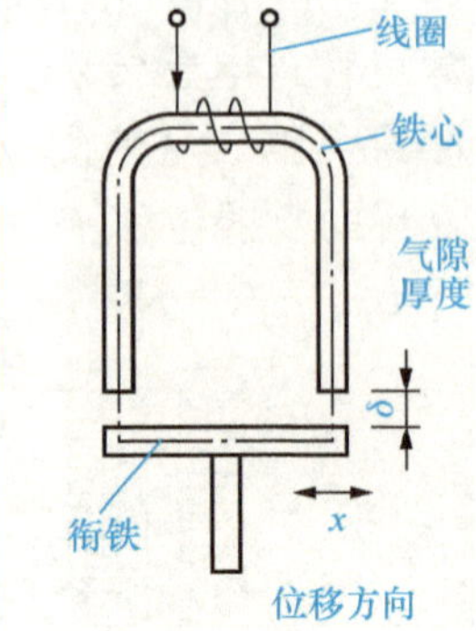 线圈 铁心 气隙厚度 δ 衔铁 x 位移方向	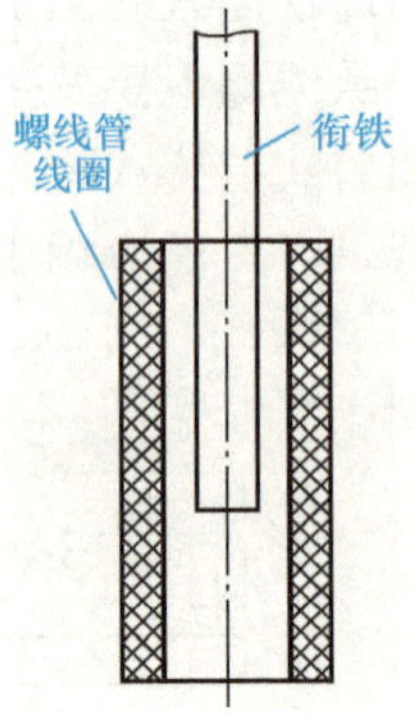 螺线管线圈 衔铁
结构	差动结构	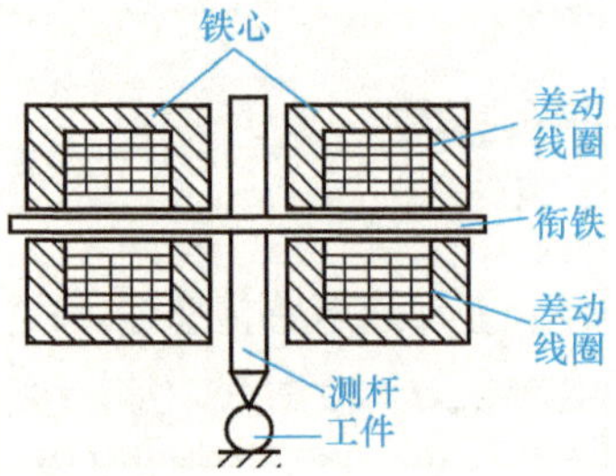 铁心 差动线圈 衔铁 差动线圈 测杆 工件	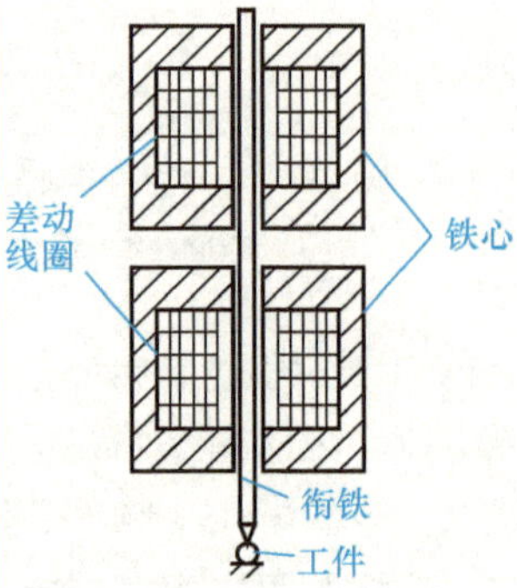 差动线圈 铁心 衔铁 工件	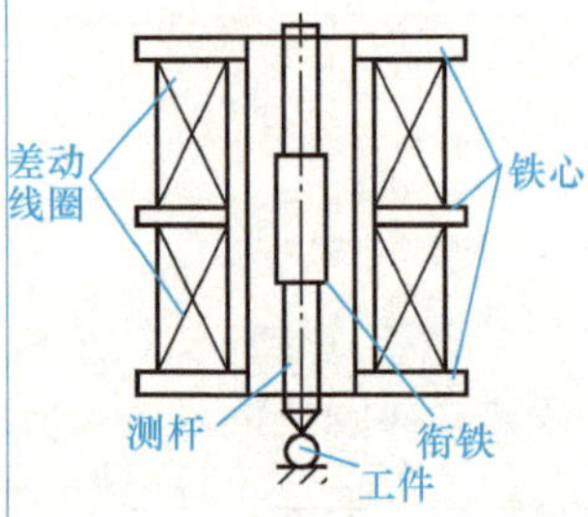 差动线圈 铁心 测杆 衔铁 工件
工作机理		气隙厚度 δ 的变化引起线圈的电感变化	气隙导磁截面积 S 的变化引起线圈的电感变化	衔铁插入螺线管中的长度变化引起线圈的电感变化
性能特点		输出非线性，灵敏度和非线性都随 δ 的增大而减小，δ 通常取 0.1～0.5mm	线性度好，但线性区域小，灵敏度较低	测量范围大，线性度好，结构简单，便于制作、集成，灵敏度较低
使用场合		只能用于微小位移的测量	不常用	用于测量大量程的直线位移

4　电感式传感器的测量与转换电路

前面已提到差动式结构可以提高灵敏度，改善线性，所以交流电桥多采用双臂工作形式。通常将传感器作为电桥的两个工作臂，电桥的平衡臂可以是纯电阻，也可以是变压器的二次绕组或紧耦合电感线圈，因此，电感式传感器的测量电路有交流电桥式、变压器式、谐振式等几种形式。

1）交流电桥测量电路

交流电桥电路是电感式传感器的主要测量电路之一，它的作用是将线圈电感的变化转换成电桥电路的电压或电流信号输出。交流电桥测量电路如图 2-1-28 所示，两个桥臂 Z_1、Z_2 为两个差动式电感传感器线圈，另外两个桥臂 Z_3、Z_4 一般用纯电阻代替。对于品质因数 Q（$Q=wL/R$）高的差动式电感传感器，其输出电压为

$$\dot{U}=\frac{1}{2}\frac{\Delta Z}{Z}\dot{U}_o=\frac{1}{2}\frac{j\omega\Delta L}{R+j\omega L_0}\dot{U}_o\approx\frac{\dot{U}}{2}\frac{\Delta L}{L_0} \quad (2\text{-}1\text{-}24)$$

2）变压器电桥测量电路

交流电桥电路（图 2-1-29）的测量精度与 Z_3、Z_4 阻抗一致性直接相关，由于元器件的一致性，以及电路的装配工艺问题，交流电桥电路的测量精度受到一定限制。人们在交流电桥电路提出变压器电桥电路，变压器电桥使用元件少、输出阻抗小、电桥开路时电路呈线性，因此应用较广。将交流电桥电路 Z_3、Z_4 两个桥臂用变压器的两个二次绕组替代，即变压器的二次绕组构成电桥的两臂，电桥的另外两臂由差动式电感传感器的两个线圈组成。

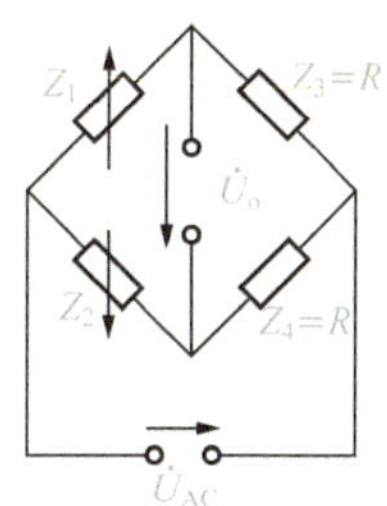

图 2-1-28　交流电桥电路

如图 2-1-29 所示，Z_1、Z_2 分别为差动式电感传感器的线圈阻抗。若衔铁处于线圈的中间位置，由于线圈完全对称，因此 $Z_1=Z_2$；而构成另外两个桥臂的变压器二次绕组匝数完全相等，故此时桥路平衡，输出电压 $U_o=0\text{V}$。当衔铁向下移动时，下线圈的阻抗增加，$Z_2=Z+\Delta Z$；上线圈的阻抗减少，$Z_1=Z-\Delta Z_o$。因为 Q 值很高，在忽略了线圈的直流电阻阻值的情况下，输出电压为

$$\dot{U}_o=\dot{U}_A-\dot{U}_B=\frac{Z_1}{Z_1+Z_2}\dot{U}-\frac{1}{2}\dot{U}=\frac{Z_1-Z_2}{Z_1+Z_2}\frac{\dot{U}}{2}\approx\frac{\Delta L}{2L}\dot{U} \quad (2\text{-}1\text{-}25)$$

同理，当衔铁向上移动时，输出电压为

$$\dot{U}_o=-\frac{\Delta L}{2L}\dot{U} \quad (2\text{-}1\text{-}26)$$

由式（2-1-25）和式（2-1-26）可得

$$\dot{U}_o=\pm\frac{\Delta L}{2L}\dot{U} \quad (2\text{-}1\text{-}27)$$

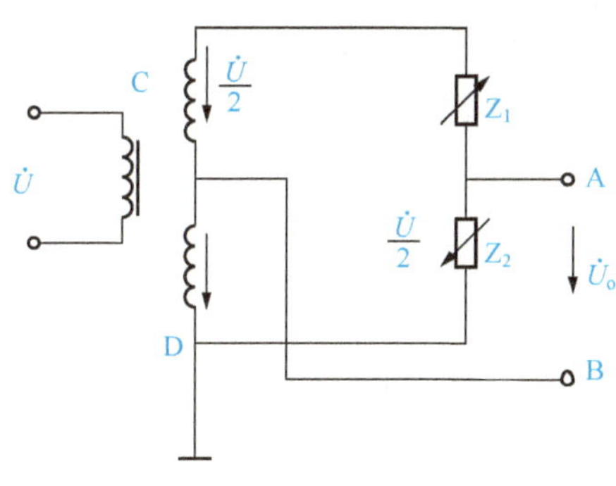

图 2-1-29　变压器电桥测量电路

式（2-1-27）中的“±”反映了衔铁移动的方向，移动的方向不同，输出电压的符号不同。由于电桥电路电源是交流电，因此若在转换电路的输出端接上普通仪表时无法判别输出的极性和衔铁位移的方向，必须经过适当电路（相敏检波电路）才能判别衔铁位移的大小及方向。

此外，当衔铁处于差动电感的中间位置时，可以发现，无论怎样调节衔铁的位置，均无法使测量转换电路的输出为零，总有一个很小的输出电压（零点几毫伏，有时甚至可达数十毫伏）存在，这种衔铁处于零点附近时存在的微小误差电压称为零点残余电压。

产生零点残余电压的具体原因有：差动电感两个线圈的电气参数、几何尺寸或磁路参数不完全对称；存在寄生参数，如线圈间的寄生电容及线圈、引线与外壳间的分布电容；电源电压含有高次谐波；磁路的磁化曲线存在非线性。

减小零点残余电压的方法通常有：提高框架和线圈的对称性；减小电源中的谐波成分；正确选择磁路材料，同时适当减小线圈的励磁电流，使衔铁工作在磁化曲线的线性

区；在线圈上并联阻容移相电路，补偿相位误差；采用相敏检波电路。

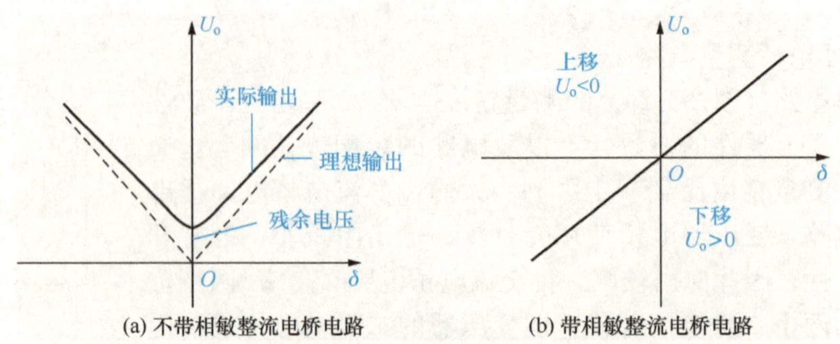

图 2-1-30 电感式传感器电桥电路输出特性曲线

图 2-1-30（a）所示为没有采用相敏检波电路的输出特性曲线，图中显示零点残余电压，衔铁左右移动，输出电压始终为正电压；图 2-1-30（b）采用了相敏检波电路，输出电压的正负与衔铁的移动方向有关，输出电压既反映位移的大小，又反映了位移的方向。

带相敏整流的交流电桥电路如图 2-1-31 所示，Z_1、Z_2 和两个 R 构成了交流电桥，差动式电感传感器的两个线圈 Z_1、Z_2 作为两个相邻的桥臂，平衡电阻 R 为另外两个桥臂；VD_1～VD_4 4 个二极管组成相敏整流电路。U_i 为交流电桥电路供电电压；U_o 为测量电路的输出电压，由零值居中的直流电压表指示输出电压的大小和极性。

当衔铁处于中间位置时，$Z_1=Z_2$，由于电桥电路结构对称，电桥处于平衡状态，故 $U_B=U_C$，则 $U_o=U_B-U_C=0$。

当衔铁上移时，Z_1 增大，Z_2 减小，即 $Z_1=Z+\Delta Z$，$Z_2=Z-\Delta Z$。如果输入交流电压为正半周，即 U_i 上正下负时（A 点电位为正，D 点电位为负），则电路中二极管 VD_1 和 VD_4 导通，VD_2 和 VD_3 截止，电流通路为 A→Z_1→VD_1→B→R→D，A→Z_2→VD_4→C→R→D，电流 I_1 和 I_2 的方向如图 2-1-31 所示。由于 $Z_1>Z_2$，故 $I_1<I_2$，此时：

$$U_o=U_B-U_C=U_{BD}+U_{DC}=I_1R-I_2R=R(I_1-I_2)<0 \qquad (2\text{-}1\text{-}28)$$

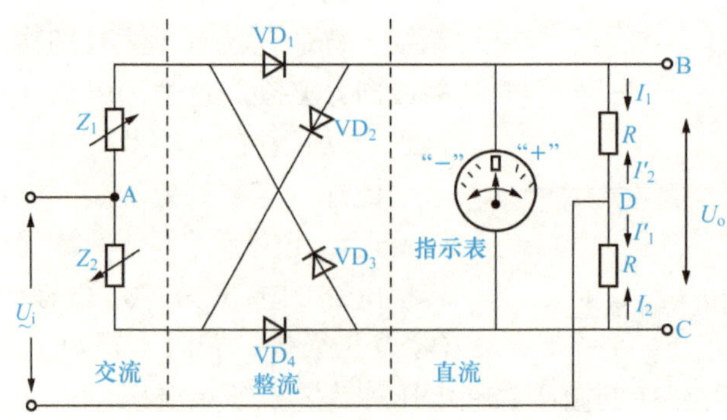

图 2-1-31 带相敏整流的交流电桥原理图

如果输入交流电压为负半周，即 U_i 上负下正时（D 点电位为正，A 点电位为负），则电路中二极管 VD_2 和 VD_3 导通，VD_1 和 VD_4 截止，电流通路为 D→R→C→VD_3→Z_1→

A，D→R→B→VD_2→Z_2→A。电流 I'_1 和 I'_2 方向如图 2-1-31 所示，同理可得 $U_o<0$。即当衔铁上移时，不论电桥交流电源在正半周还是负半周，测量电路输出电压 U_o 均小于 0，直流电压表反向偏转，读数为负。

当衔铁下移时，Z_1 减小，Z_2 增大，即 $Z_1=Z-\Delta Z$，$Z_2=Z+\Delta Z$。如果输入交流电压为正半周，即 U_i 上正下负时（A 点电位为正，D 点电位为负），则电路中二极管 VD_1 和 VD_4 导通，VD_2 和 VD_3 截止，电流通路为 A→Z_1→VD_1→B→R→D，A→Z_2→VD_4→C→R→D，电流 I_1 和 I_2 方向如图 2-1-31 所示，与衔铁上移情况相同，但由于此时 $Z_1<Z_2$，故 $I_1>I_2$，故

$$U_o=U_B-U_C=U_{BD}+U_{DC}=I_1R-I_2R=R(I_1-I_2)>0 \tag{2-1-29}$$

同理可得，当输入交流电压为负半周时，U_o 大于 0。即当衔铁下移时，不论电桥交流电源在正半周还是负半周，测量电路输出电压 U_o 均大于 0，直流电压表正向偏转，读数为正。

可见采用带相敏整流的交流电桥，得到的输出信号既能反映位移的大小，也能反映位移的方向，其输出特性如图 2-1-30（b）所示。测量电桥引入相敏整流后，输出特性曲线通过零点，输出电压的极性随位移方向而发生变化，同时消除了零点残余电压，还增加了线性度。

3）谐振式测量电路

谐振式测量电路有谐振式调幅电路和谐振式调频电路两种。

谐振式调幅电路原型是 LC 串联谐振电路，如图 2-1-32（a）所示，由电感式传感器线圈 L、谐振电容 C、变压器一次侧，以及交流电源 U 串联而成，变压器二次侧 U_o 是测量电路输出电压。测量电路输出电压 U_o 的频率与交流电源 U 相同，而其幅度随电感式传感器线圈电感 L 的变化而变化。测量电路输出电压 U_o 特性曲线如图 2-1-32（b）所示，即为 LC 串联谐振幅频特性曲线，其中 L_0 是串联谐振谐振点的电感量，从图中可以看出，这种测量电路灵敏度高，但是线性度差，适用于对线性度要求不高的场合。

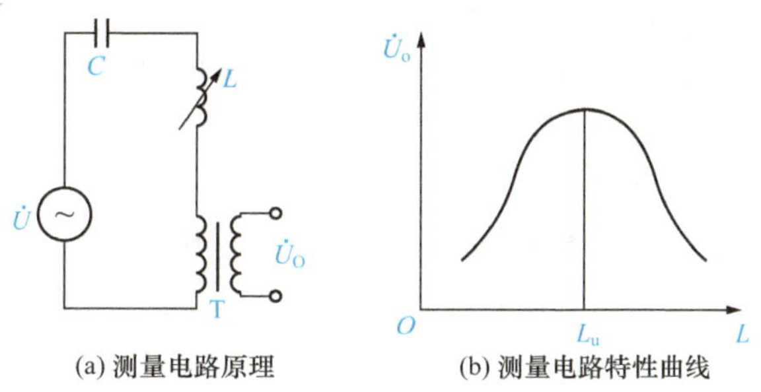

图 2-1-32 谐振式调幅测量电路

谐振式调频电路原型是 LC 振荡电路，如图 2-1-33（a）所示，由电感式传感器线圈 L、振荡电容 C 和放大器 G 组成，LC 作为放大器的反馈网络，组成正反馈，构成振荡电路。LC 振荡电路的振动频率为

$$f=\frac{1}{2\pi\sqrt{LC}} \tag{2-1-30}$$

当电感式传感器线圈 L 发生变化时，振荡电路的输出频率 f 也随之发生变化，其输出

特性曲线如图 2-1-33（b）所示，故根据频率 f 的大小可测出被测量的值，与谐振式调幅电路相似，从特性曲线上看 f-L 之间是非线性的，故适合对线性度要求不高的应用场合。

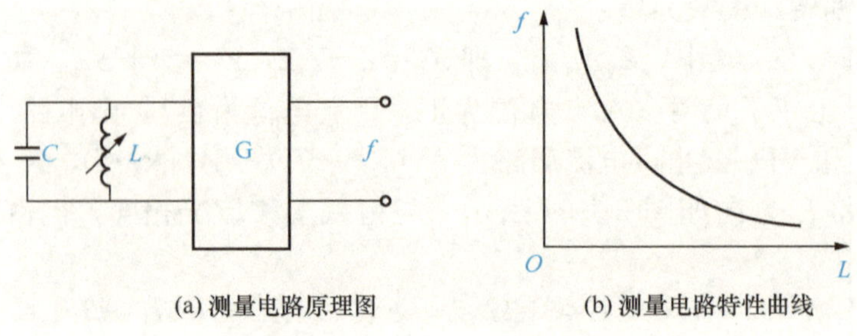

(a) 测量电路原理图　　(b) 测量电路特性曲线

图 2-1-33　谐振式调频测量电路

5　电感式传感器的应用

电感式传感器是被广泛采用的一种电磁机械式传感器，它可以直接用于测量直线位移、角位移的静态量和动态量外，还可以它为基础，做成多种用途的传感器，用于测量力、压力、转矩等参数。

本小节讲述的自感式电感传感器具有较好灵敏度（可测 0.1μm 的直线位移）、输出信号比大、信噪比较高、工艺要求不高、加工容易等优点，但是存在非线性、消耗功率较大、测量范围较小等缺点。自感式电感传感器一般用于接触测量，可用于静态和动态测量，它主要用于位移测量，也可用于振动、压力、荷重、流量、液位等参数测量。其他电感式传感器（如电涡流传感器）的特点和应用在后续章节里介绍。

1）电感式位移传感器

电感式位移传感器内部结构示意图如图 2-1-34 所示，可换测端 10 用螺钉拧在测杆 8 上，测杆 8 可在导轨 7 上做轴向移动，测杆 8 上端固定着衔铁 3，当测杆 8 移动时，带动衔铁 3 在线圈 4 中移动，线圈 4 放在铁心 2 中，双线圈配置成差动形式，即当衔铁 3 由中间位置向左移动时，左边线圈的电感增加，右边线圈的电感减少。两个线圈用引线电缆 1 引出，以便接入测量转换电路。测量力由弹簧 5 产生，防转销 6 用来限制测杆 8 的转动，密封套 9 用来防止灰尘等进入可换测端 10 内。导轨 7 用于减少和消除测杆 8 等移动部件的径向间隙，提高测量精度，增加灵敏度和使用寿命。电感式位移传感器广泛应用于几何量测量领域，如测量位移、工件的尺寸（如转轴的直径），以及零件的受热变形等。

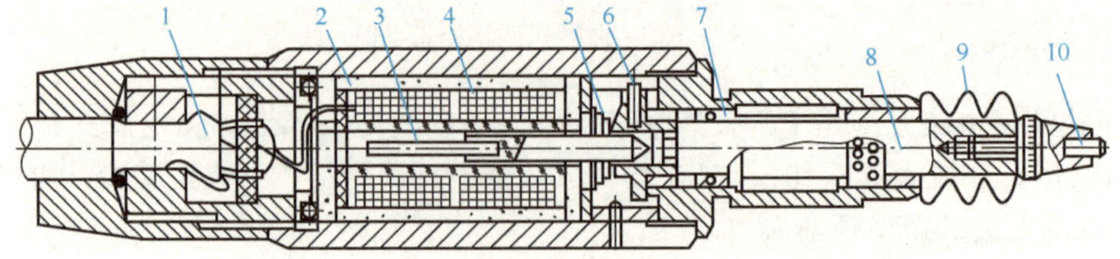

图 2-1-34　电感式位移传感器内部结构示意图

1—引线电缆；2—铁心；3—衔铁；4—线圈；5—弹簧；6—防转销；
7—导轨；8—测杆；9—密封套；10—可换测端

电感式位移传感器应用面广，在一些应用场合，如电感式测微仪，需要有较高的测量精度，其测量电路一般采用带相敏整流的交流电桥电路。带相敏整流的交流电桥电路原理如图 2-1-31 所示，为提高检测系统的功能和性能，实际带相敏整流的交流电桥电路如图 2-1-35 所示，该电路基本工作原理与图 2-1-31 完全相同，其中 $R_1 \sim R_4$ 为温度补偿电阻，用于减小 4 个整流二极管的温度误差；R_5 为调零电阻，传感器使用前通过调节 R_5，使输出为零；R_6 为灵敏度电阻，通过调节电流表串联电阻，来调整传感器的灵敏度；C_1 和 C_2 为固定桥臂；C_3 为滤波电容，滤除整流后的交流分量。

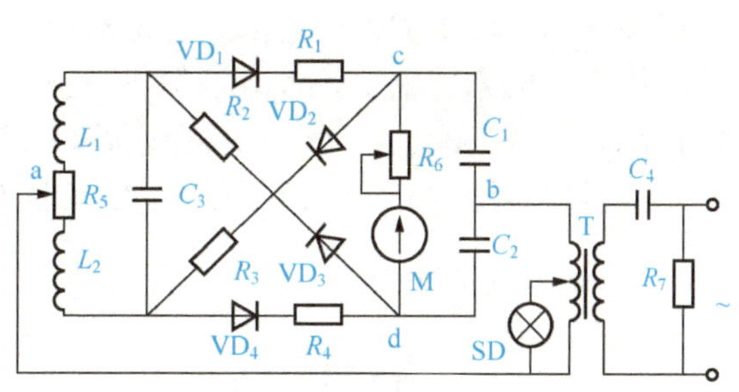

图 2-1-35 带相敏整流的交流电桥实际电路

2）电感式压力传感器

电感式压力传感器结构示意图如图 2-1-36 所示，它采用了变隙式电感传感器，主要由 C 形弹簧管、衔铁、铁心和线圈（差动式双线圈结构）等组成。当被测压力 P 进入 C 形弹簧管时，C 形弹簧管产生变形，其内部自由端发生位移，带动与自由端连接成一体的衔铁运动，使线圈 1（图中 2-1）和线圈 2（图中 2-2）的电感量产生大小相等、符号相反的变化，即一个电感增大，另一个电感减小。这种电感的变化通过电桥电路转换成电压输出，再通过相敏检波电路等电路处理，使输出信号与被测压力之间成正比关系，即输出信号的大小取决于衔铁位移的大小，输出信号的相位取决于衔铁移动的方向。使用前，通过调节调零螺钉 5 调整衔铁 3 在铁心 1 中的位置，使衔铁 3 处于上下铁心（1-1 和 1-2）的中间，上下线圈（2-1 和 2-2）的电感量相等，从而使测量电桥输出为零。

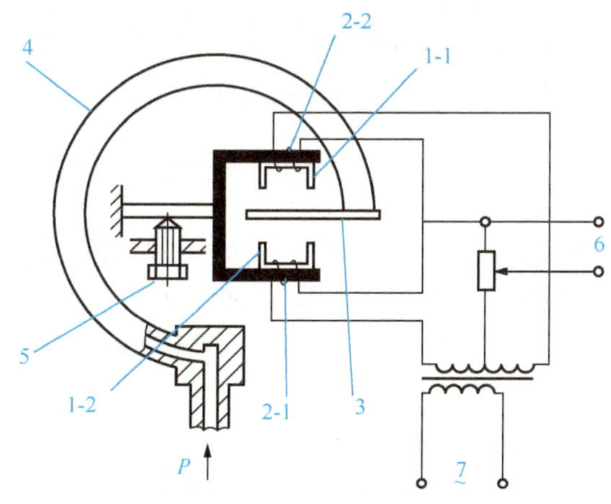

图 2-1-36 电感式压力传感器结构示意图

1—铁心（包括 1-1 和 1-2）；2—线圈（包括 2-1 和 2-2）；
3—衔铁；4—C 形弹簧；5—调零螺钉；6—输出端；7—电源端

3）电感式圆度仪

电感式圆度仪测量零件的圆度、波纹度、同心度、同轴度、平面度、平行度、垂直度、偏心、轴向跳动和径向跳动，并能进行谐波分析、波高波宽分析，现已广泛应用于汽车、摩托车、机床、轴承、油泵油嘴等行业工厂的车间和计量部门。电感式圆度仪如图 2-1-37 所示，图 2-1-37（a）所示为圆度仪检测系统，图 2-1-37（b）所示为该系统中的旁向式电感传感器，图 2-1-37（c）所示为圆度仪的工作原理示意图。

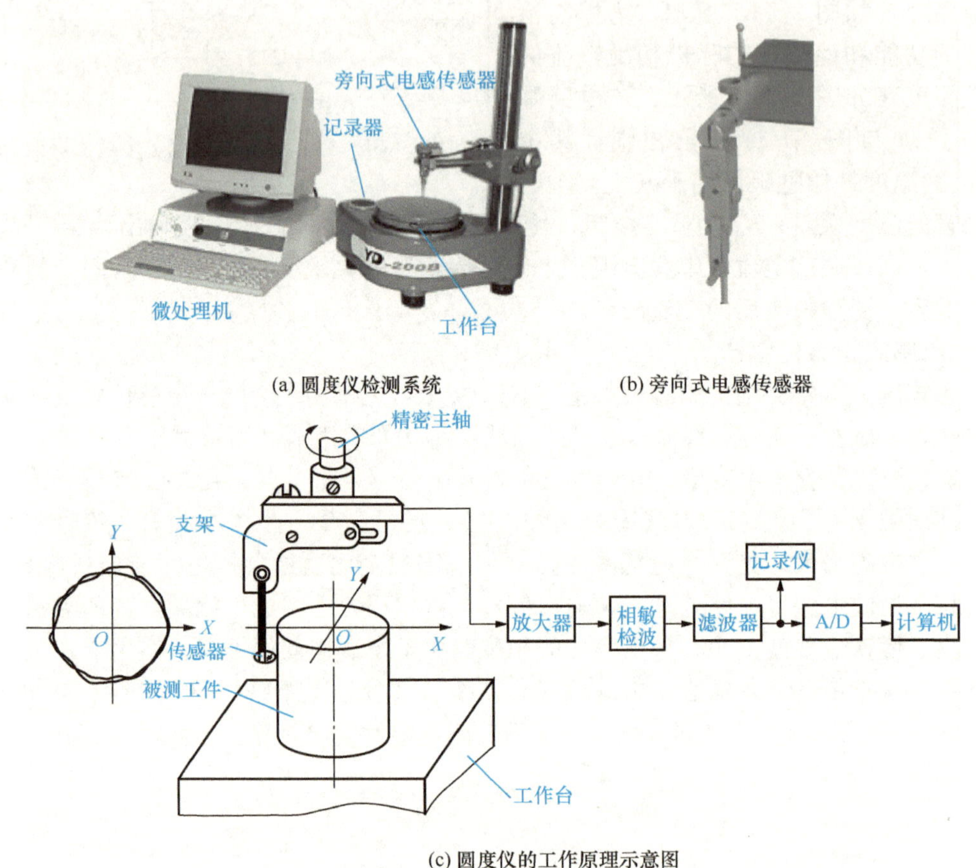

(a) 圆度仪检测系统　(b) 旁向式电感传感器

(c) 圆度仪的工作原理示意图

图 2-1-37　电感式圆度仪

如图 2-1-37 所示，传感器与精密主轴一起回转，由于主轴的精度很高，因此在理想情况下可认为它回转运动的轨迹是“真圆”。在传感器测杆的一端装有金刚石触针，测量时将触针搭在工件上，与被测工件的表面垂直接触。当被测工件有圆度误差时，必定相对于“真圆”产生径向偏差，触针在被测工件的表面滑行时，将产生径向移动，此径向移动经支点使传感器的衔铁做同步运动，从而使包围在衔铁外面的两个差动电感线圈的电感量发生变化，电感量的变化经传感器转换成反映被测工件半径偏差信息的电信号，然后经放大、相敏检波、滤波、A/D 转换后送入计算机处理，最后显示出被测工件的圆度误差，或用记录仪记录被测工件的轮廓图形（径向偏差）。

基本技能

技能目标

(1) 会拆装常用的电感式传感器。

(2) 了解电感式传感器选择的基本原则。

(3) 会用差动变压器传感器装置测量物体的位移。

1 观察电感式传感器的结构

从市场上购买变气隙式、变面积式和螺线管式电感式传感器，小心拆开，找出铁心、线圈和衔铁，观察分析各种类型电感式传感器的结构。

2 了解电感式传感器选择的原则

电感式传感器可用于测量物体的位移、振动、形状、压力等参数，故其应用领域较为广泛。在各个应用领域中，电感式传感器的形状也多种多样。从总体上讲，电感式传感器的选择应从以下几个方面考虑。

1）电气特性

选择电感式传感器首选需要考虑其技术指标，如测量范围、测量误差、分辨率、重复误差、时漂、温漂、使用环境等是否满足应用场合。其次，电感式传感器与测量、转换电路密不可分，在选择电感式传感器的同时，需要考虑采用怎样的测量、转换电路。表 2-1-4 是通用圆柱形接近开关技术指标。

表 2-1-4 通用圆柱形接近开关技术指标

产品大小形状		通用圆柱形接近开关				
		M5	M8	M12	M18	M30
		屏蔽/非屏蔽	屏蔽/非屏蔽	屏蔽/非屏蔽	屏蔽/非屏蔽	屏蔽/非屏蔽
检测距离		1mm/1.5mm	2mm/3mm	4mm/5mm	5mm/10mm	10mm/18mm
应差距离		检测距离的 15%以下				
检测物体		金属				
标准检测物体		金属 12mm×12mm×1mm	金属 18mm×18mm×1mm	金属 45mm×45mm×1mm	金属 30mm×30mm×1mm	金属 70mm×70mm×1mm
频率		1kHz	0.5kHz	0.4kHz	0.25kHz	0.1kHz
电源电压		DC12～24V 脉动 10%以下（DC10～30V）				
消耗电流		0.8mA 以下				
控制输出	开关容量	3～100mA				
	残留电压	5V 以下（负载电流 100mA、导线长 2m 时）				

续表

<table>
<tr><td colspan="2" rowspan="3">产品大小形状</td><td colspan="5">通用圆柱形接近开关</td></tr>
<tr><td>M5</td><td>M8</td><td>M12</td><td>M18</td><td>M30</td></tr>
<tr><td>屏蔽/非屏蔽</td><td>屏蔽/非屏蔽</td><td>屏蔽/非屏蔽</td><td>屏蔽/非屏蔽</td><td>屏蔽/非屏蔽</td></tr>
<tr><td colspan="2">显示灯</td><td colspan="5">1 型：动作显示（红）、设定显示（绿）；2 型：动作显示（红）</td></tr>
<tr><td colspan="2">保护回路</td><td colspan="5">脉冲吸收、负载短路保护</td></tr>
<tr><td colspan="2">环境温度</td><td colspan="5">动作时：－25～＋70℃；保存时：－40～＋85℃（不结冰、结露）</td></tr>
<tr><td colspan="2">相对湿度</td><td colspan="5">35％～95％RH</td></tr>
<tr><td colspan="2">温度的影响</td><td colspan="5">－25～＋70℃的温度范围内＋23℃时，±15％检测距离</td></tr>
<tr><td colspan="2">电压的影响</td><td colspan="5">±15％额定电源电压范围、±1％检测距离</td></tr>
<tr><td colspan="2">绝缘阻抗</td><td colspan="5">50MΩ（DC500V 兆欧表）</td></tr>
<tr><td colspan="2">耐电压</td><td colspan="5">AC1000V 50/60Hz</td></tr>
<tr><td colspan="2">振动</td><td colspan="5">10～55Hz 双振幅 1.5mm，X、Y、Z 各方向 2h</td></tr>
<tr><td colspan="2">冲击</td><td colspan="5">1000m/s^2 X、Y、Z 各方向 10 次</td></tr>
<tr><td colspan="2">保护构造</td><td colspan="5">IP67 ［IP67g（耐浸型、耐油型）］</td></tr>
<tr><td colspan="2">连接方式</td><td colspan="5">2m</td></tr>
<tr><td>材质</td><td>外壳</td><td colspan="5">黄铜镀镍</td></tr>
</table>

再次，电感式传感器一般需要交流供电，需要选择电源电压与频率。对于调幅电路来讲，电感式传感器灵敏度与电源电压大小成正比，为了提高电感式传感器灵敏度可适当增大电源电压；但电源电压增大会带来一些负面效应，如线圈发热、磁路饱和、电磁引力（机械影响）等。电感式传感器交流供电频率提高，可提高线圈的品质因数、测量灵敏度，还有利于放大电路的设计，同样频率过高也会带来一些负面效应，如铁心涡流增加、导线集肤效应增加导致灵敏度下降，寄生电容增加导致电磁干扰增加等。

2）机械特性

电感式传感器需要安装、固定，甚至需要安装在运动部件上，所以其机械特性选择至关重要。首先，外形选择在满足其他性能条件情况下，如满足量程要求、机械强度情况下，一般选择体积较小的电感式传感器，如在测微仪中用到的电感式传感器一般做成细长形，其外径一般选用 ϕ28mm、ϕ15mm 或 ϕ8mm 以方便安装在标准台架上使用。某些应用场合为方便安装，也可将电感式传感器做成方形。

3 用差动变压器式传感器装置测量物体位移

差动变压器是根据变压器的基本原理制成的，主要由衔铁、一次绕组和两个二次绕组组成，一次绕组和二次绕组间的互感量会随着衔铁的移动而发生变化。由于两个二次绕组在使用时反向串接，以差动方式输出，因此称为差动变压器式传感器，简称差动变压器。由于两个反向差动输出，增加了传感器的灵敏度。

差动变压器的等效电路如图 2-1-38 所示，给一次绕组 N_1 施加励磁电压 u_i，根据变压器的工作原理，在两个二次绕组 N_{21} 和 N_{22} 中产生感应电动势 E_{21} 和 E_{22}，由于两个二次绕组反向串接，因此，差动输出电压 $u_o = E_{21} - E_{22}$。

如果在工艺上保证两个二次绕组完全对称，那么，当衔铁处于线圈中心位置时，两个二次绕组与一次绕组间的互感相同，产生的感应电动势也相同，即 $E_{21} = E_{22}$，并且 $u_o = 0$V。当衔铁随着被测物体移动时，一个二次绕组产生的感应电动势增加，而另一个二次绕组产生的感应电动势减少，则

$E_{21} \neq E_{22}$，$u_o \neq 0$V，u_o 与衔铁的位移 X 成正比，即

$$u_o = KX \qquad (2\text{-}1\text{-}31)$$

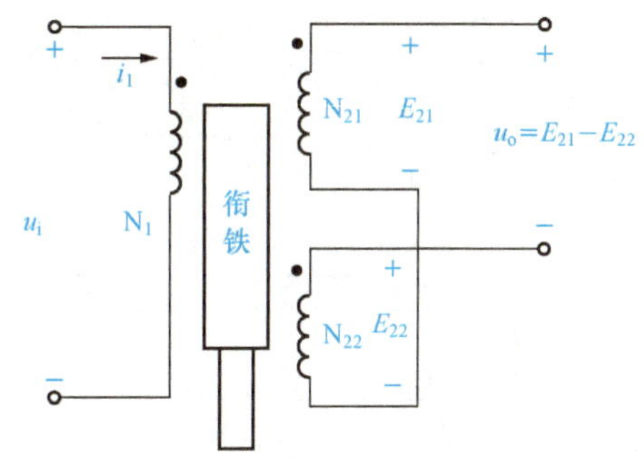

图 2-1-38　差动变压器的等效电路

由式（2-1-31）可知，根据 u_o 的值即可确定被测物体的位移量，根据 u_o 的正负即可确定被测物体的移动方向。

式（2-1-31）中的 K 是差动变压器的灵敏度，该灵敏度与差动变压器的结构及材料有关，在线性范围内可看作常量，线性范围约为线圈骨架长度的 1/10。由于差动变压器中间部分的磁场均匀且较强，因此只有中间部分线性较好。为了提高灵敏度，应尽量提高励磁电压，取测量范围为线圈骨架长度的 1/10～1/4；电源频率采用中频，以 400Hz～10kHz 为佳。

在实际应用中，由于差动变压器两个二次绕组的等效参数不对称，一次绕组的纵向排列不均匀，铁心磁化特性为非线性等，因此铁心处于差动线圈中心位置时的输出电压并不为零，该电压称为零点残余电压。零点残余电压是差动变压器在零位移时的输出电压，是衡量差动变压器性能的主要指标之一。零点残余电压会造成传感器在零位附近的灵敏度降低，分辨率变差，测量误差增大。消除方法如下：

（1）在工艺上保证两个二次绕组对称（几何尺寸、电气参数、磁路）；在结构上可采用可调端盖机构。另外，衔铁和导磁外壳等磁性材料必须经过热处理以消除内部残余应力，使其磁性能具有较好的均匀性和稳定性。

（2）采用导磁性能良好、磁损小的导磁材料制作传感器壳体，并兼顾屏蔽作用以抗外界干扰，同时设置静电屏蔽层。

（3）工作区域设定在铁心磁化曲线的线性段，减小三次谐波。

（4）选用相敏检波器电路作为测量电路。

传感器系统综合实验装置中物体位移测量平台结构如图 2-1-39 所示。将传感器引线插头插入实验模块的插座中，按图 2-1-40 接线，1、2 接音频信号，3、4 为差动变压器输出，音频信号由振荡器的“0°”处输出，打开主控台电源，调节音频信号输出的频率和幅度，使输出信号频率为 4～5kHz，幅度为 $V_{p-p} = 2$V。用电压表或毫伏表监测差动变压器的输出。

旋动测微头，使毫伏表读数最小，这时可以左右位移，假设其中一个方向为正位移，另一个方向位称为负，从 V_{p-p} 最小开始旋动测微头，每隔 0.2mm 读取毫伏表读数，填入表 2-1-5，再从毫伏表读数最小处反向位移做实验，在实验过程中，注意左、右位移时，一次、二次波形的相位关系。

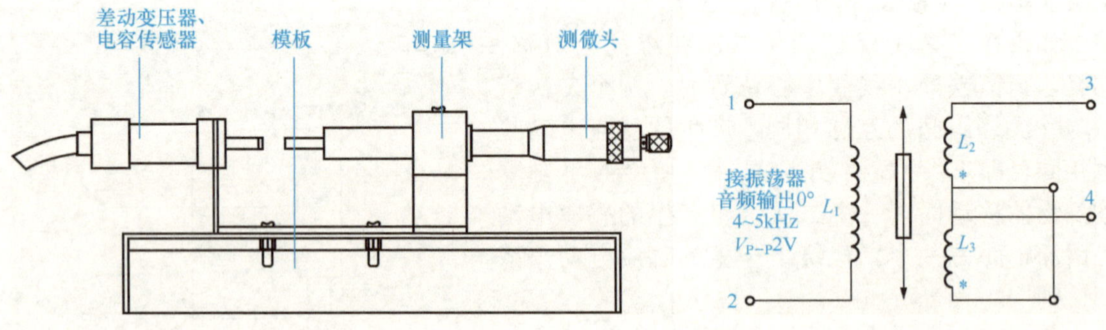

图 2-1-39　物体位移测量平台结构

图 2-1-40　差动变压器物体位移测量接线图

表 2-1-5　差动变压器位移 *X* 值与输出电压 *V* 数据表

V/mV										
X/mm										

任务评价评分表

班级：__________　　姓名：__________　　成绩：__________

评价条目	评价内容与要求	分值	自我评价	教师评价	得分	扣分原因
基本知识	了解电感式传感器的组成与分类	10				
	理解电感式传感器的工作原理	10				
	掌握电感式传感器的测试电路	10				
	了解电感式传感器的主要应用	10				
基本技能	熟悉常见电感式传感器的结构，能拆装常见电感式传感器	15				
	了解电感式传感器的选用规则	10				
	会用差动变压器传感器测量物体位移	15				
职业素养	态度认真、按时出勤，不迟到、早退	5				
	安全意识强，操作规范	5				
	爱护工具设备，工具设备摆放整齐，操作工环境卫生良好	5				
	节约能源，节约原料	5				

复习与思考题

1. 知识总结

电感式传感器通过被测物体带动衔铁位移从而改变电感大小，再由测量电路将其转换成电压、电流、频率等信号输出。电感传感器主要由铁心、线圈和衔铁组成，根据结构的不同，自感式电感传感器分为变气隙式和变面积式两种，螺线管式传感器属于变面积式，与变面积式仅是有不同的结构。

电感传感器的测量电路有交流电桥式、变压器式、紧耦合式等几种形式。交流电桥电路是电感式传感器的主要测量电路，它的作用是将线圈电感的变化转换成电桥电路的电压或电流信号输出。变压器交流电桥使用元件少，输出阻抗小，电桥开路时电路呈线性，因此应用较广。紧耦合电感臂电桥可以消除与电感臂并联的分布电容对输出电压的影响，使电桥平衡稳定，另外，它还简化了接地和屏蔽的问题。

电感式传感器测量的基本量是位移，一般用于接触测量，也可用于振动、压力、荷重、流量、液位等参数的测量。

2. 思考题

1）填空题

（1）电感传感器是利用被测量的变化引起线圈__________或__________的变化，从而导致线圈__________改变来实现测量的。电感式传感器可以分为__________和__________两大类。其中自感式电感传感器按照结构形式可以分为__________、__________和__________三种。

（2）电感传感器主要由__________、__________和__________组成。

（3）电感式传感器的测量电路有__________、__________和__________等几种形式。

（4）电感式传感器测量的基本量是__________，一般用于__________，也可用于__________、__________、__________等参数的测量。

（5）电感测微仪由__________、__________、__________、__________、__________、__________及__________等组成。

2）简答题

（1）试说明电感式传感器的工作原理。

（2）根据结构，电感传感器分成哪几类？分别说明它们的工作机理、性能特点和使用场合。

（3）试说明电感式传感器式变压器电桥电路的工作原理、优缺点和使用场合。

（4）试说明电感式圆度仪的作用、组成结构和基本工作原理。

（5）试说明差动变压器测量位移的基本工作原理。

任务3 电容式传感器

基本知识

知识目标

(1) 理解电容式传感器的种类、结构与工作原理。

(2) 掌握电容式传感器的测试电路。

(3) 了解电容式传感器的主要应用领域。

1 认识电容式传感器

近年来随着电子技术的发展，特别是计算机技术的发展，人类已经进入了后PC时代，各种专用计算机已经普及到我们日常生活中，比较典型的实例是智能手机和便携式计算机，2004年非智能手机的市场占有仅10%左右，很多地方已经买不到非智能手机。有别于传统PC，这些智能手机、便携式计算机等手持设备普遍采用触摸屏作为输入、输出设备，触摸屏有两种类型：电阻式触摸屏和电容式触摸屏，由于电容式触摸屏使用寿命长、成本低、用户体验优良等特点，目前绝大多数场合都采用电容式触摸屏。

电容式触摸屏（Capacity Touch Panel，CTP）是利用人体的电流感应进行工作的。电容式触摸屏是一块四层复合玻璃屏，如图2-1-41所示，玻璃屏的内表面和夹层各涂有一层ITO（Indium Tin Oxides，纳米铟锡金属氧化物，具有很好的导电性和透明性，可以切断对人体有害的电子辐射、紫外线及远红外线），最外层是一薄层矽土玻璃保护层，夹层ITO涂层作为工作面，四个角上引出四个电极，内层ITO为屏蔽层以保证良好的工作环境。

当手指触摸在金属层上时，由于人体电场，用户和触摸屏表面形成一个耦合电容，对于高频电流来说，电容是直接导体，于是手指从接触点吸走一个很小的电流。这个电流分别从触摸屏的四角上的电极中流出，并且流经这四个电极的电流与手指到四角的距离成正比，控制器通过对这四个电流比例的精确计算，得出触摸点的位置。电容式触摸屏实物如图2-1-42所示，图2-1-42（a）为手机触摸屏，图2-1-42（b）为便携式计算机触摸屏。

2 电容式传感器的原理与组成

电容式传感器以各种类型的电容器作为传感元件。以经典的平行极板电容器为例，如图2-1-43所示，由物理学可知，当忽略电容器边缘效应时，其电容量为

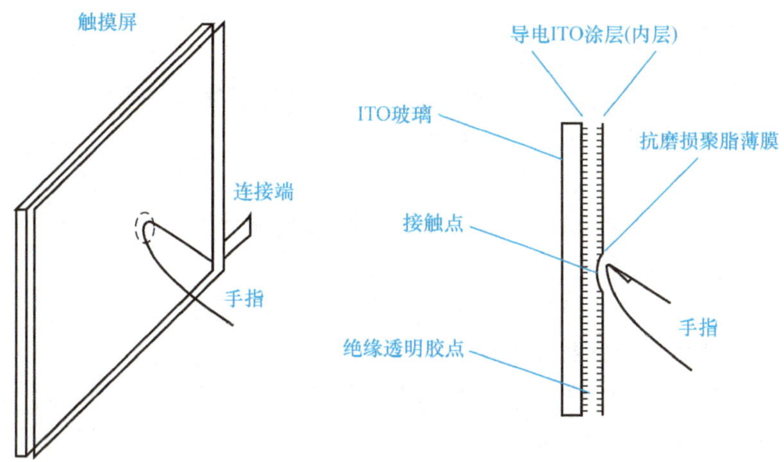

图 2-1-41　电容式触摸屏结构图

(a) 手机触摸屏　　(b) 便携式计算机触摸屏

图 2-1-42　电容式触摸屏

$$C=\frac{\varepsilon S}{d}\text{ 时，}\qquad(2\text{-}1\text{-}32)$$

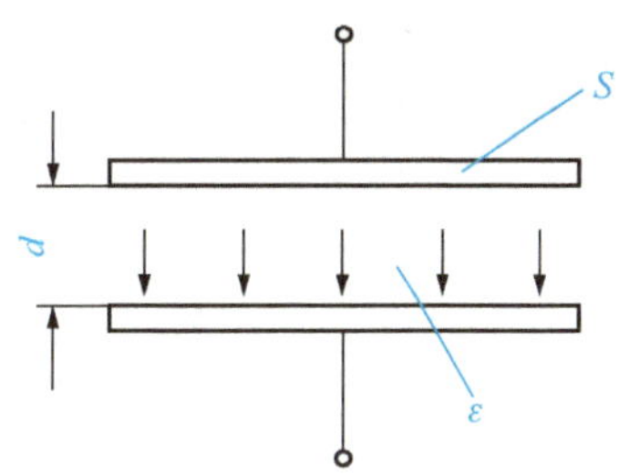

图 2-1-43　平板电容器结构

式中：S——两极板相对有效面积，m^2；

d——两极板间的距离，m；

ε——两极板间介质的介电常数，F/m。

当被测量的变化使电容器的 S、d 或者 ε 任一参数发生变化时，电容器的电容量随之发生变化，通过测量电容量的变化，从而测量出被测量的变化。

电容式传感器以电容器为传感元件，通过传感元件将被测物理量的变化转换为电容量的变化，随后由测量电路将电容的变化量转换为电压、电流或频率信号输出，完成对被测物理量的测量。电容式传感器的组成框图如图 2-1-44 所示。

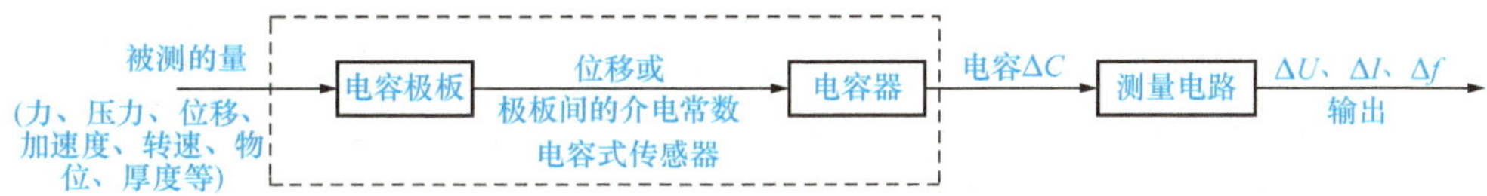

图 2-1-44　电容式传感器的组成框图

3 电容式传感器的种类与结构

由式（2-1-32）可知平板电容器的电容量与两极板相对面积（S），两极板间距（d）和两极板间介质的介电常数（ε）三个参数有关。若被测量的变化使上述三个参数中一个发生变化，而维持其他两个参数保持不变，故电容式传感器根据改变的参数不同可分为变面积型电容式传感器、变极距型电容式传感器和变介电常数型电容式传感器。

1）变面积型电容式传感器

被测量的变化使电容器两极板相对面积发生变化，而电容器两极板间距和介质介电常数保持不变，这种电容式传感器称为变面积型电容式传感器。常见变面积型电容式传感器的结构如图 2-1-45 所示。图 2-1-45（a）为平板形结构，主要用于测量线位移；图 2-1-45（b）为扇形结构，主要用于测量角位移；图 2-1-45（c）为圆筒形结构，主要用于测量轴位移。

由式（2-1-32）可得，变面积型电容式传感器的灵敏度为

$$K=\frac{\Delta C}{\Delta S}=\frac{\varepsilon}{d} \tag{2-1-33}$$

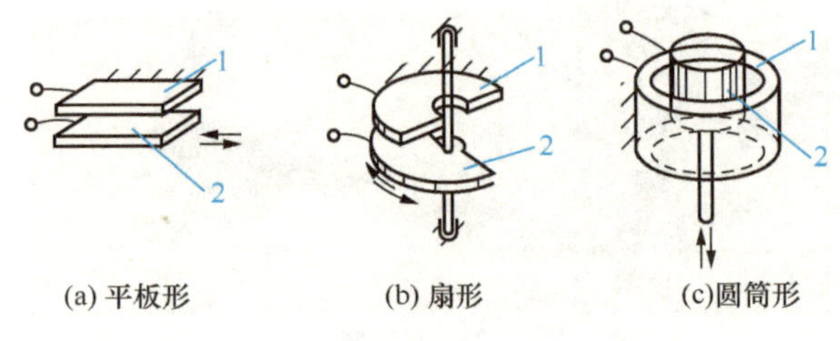

图 2-1-45 变面积型电容式传感器
1—定极板；2—动极板

若保持 ε 和 d 不变，则灵敏度 K 为常数，由此可见，变面积型电容式传感器的输出特性是线性的，适合测量较大的位移，增大极板间介电常数 ε 或减小间距 d，可使灵敏度提高。

2）变极距型电容式传感器

被测量的变化使电容器两极板间距离发生变化，而电容器两极板相对面积和介质介电常数保持不变，这种电容式传感器称为变极距型电容式传感器。变极距型电容式传感器的结构如图 2-1-46 所示，上面定极板固定不动，下面动极板随被测量的运动而移动。根据式（2-1-32），电容量的变化量为

$$\Delta C=C-C_0=\frac{\varepsilon S}{d_0+\Delta d}-\frac{\varepsilon S}{d_0}=\frac{\varepsilon S}{d_0}\times\frac{\Delta d}{d_0+\Delta d}=C_0\frac{\Delta d}{d_0+\Delta d} \tag{2-1-34}$$

由式（2-1-34）可得，变极距型电容式传感器的灵敏度为

$$K=\frac{\Delta C}{\Delta d}=\frac{C_0}{d_0+\Delta d} \tag{2-1-35}$$

由式（2-1-35）可得，变极距型电容式传感器的灵敏度并不是常数，而是与 Δd 成反比。变极距型电容式传感器的电容量与极距间关系如图 2-1-47 所示，从图 2-1-47 可以看出，电容 C 的变化量 ΔC 与位移 Δd 之间呈现的是一种非线性关系，只有在 $\Delta d/d_0$ 很小时，才有近似的线性输出。从式（2-1-35）可以看出，要提高灵敏度，应减小初始极距 d_0，但 d_0 的减小同时降低了电容器的击穿电压，而且也提高了加工精度的要求；而非线性误差随着相对位移（$\Delta d/d_0$）的增加而增加，减小 d_0 相应地增大了非线性。为限制非线性误差，变极距型电容式传感器通常在较小的极距变化范围内工作，以使输入/输出比特性保持近似的线性关系。通常，变极距型电容式传感器取极距变化范围 $\Delta d/d_0\leqslant 0.1$。

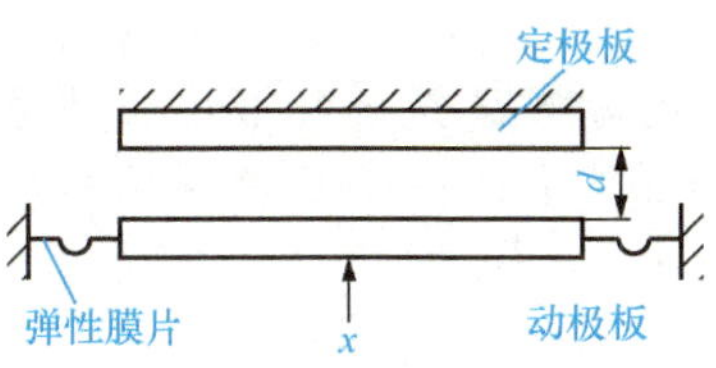

图 2-1-46　变极距型电容式传感器结构示意图

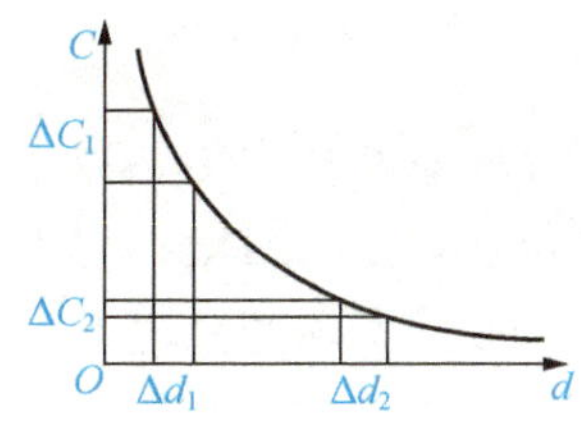

图 2-1-47　变极距型电容式传感器电容量与极距关系曲线

为防止 d_0 导致电容器耐压过低，在实际工作中造成电容器击穿或者短路，可考虑在电容器两极板间插入高介电常数的绝缘介质，如云母、塑料膜等，插入绝缘介质的变极距型电容式传感器结构如图 2-1-48 所示。以云母为例，云母的相对介电常数是空气的 7 倍（$\varepsilon_g=7$，$\varepsilon_0=1$），其击穿电压不小于 1000kV/mm，而空气的击穿电压只有 3kV/mm，故在相同的极距下，带绝缘介质的变极距型电容式传感器的耐压远远高于普通变极距型电容式传感器。

实际应用中，为改善传感器的特性和减少外界因素的影响，提高传感器的灵敏度，电容式传感器常制成差动式结构，如图 2-1-49 所示。动极板与被测对象相连，随着被测对象的运动而移动，动极板的移动使差动式电容式传感器的两个电容 C_1 和 C_2 的电容量发生大小相等、方向相反的改变，通过差动式电桥电路使输出灵敏度增加 1 倍，同时可以抵消环境因素（如温度）对测量的影响。

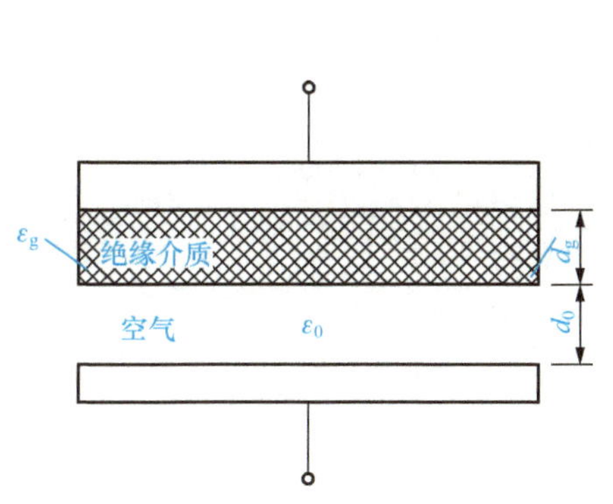

图 2-1-48　带绝缘介质的变极距型电容式传感器

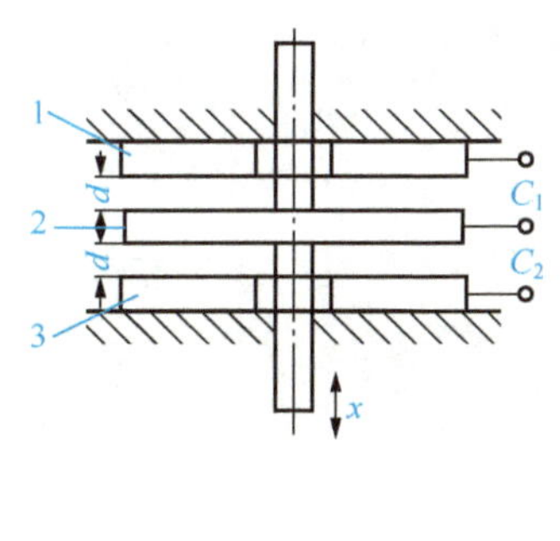

(a) 变极距型差动式电容传感器

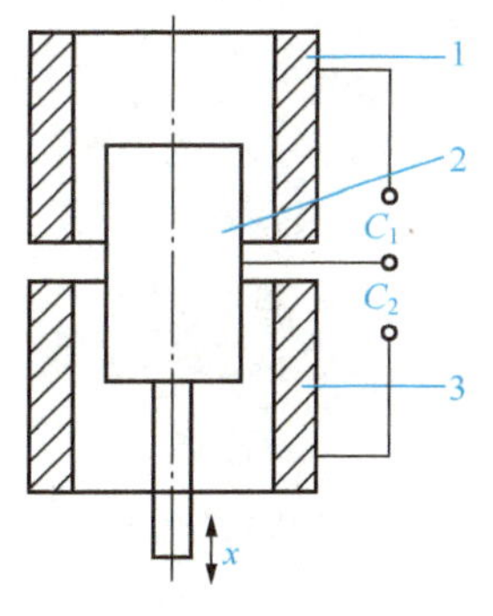

(b) 变面积型差动式电容传感器

图 2-1-49　差动式电容式传感器

1，3—定极板；2—动极板

3）变介电常数型电容式传感器

被测量的变化使电容器两极板间介质的介电常数发生变化，而电容器两极板相对面积和距离保持不变，这种电容式传感器称为变介电常数型电容式传感器。介电常数型电容式传感器的结构如图 2-1-50 所示，介质材料的厚度、位置随着被测量的变化而变化，从而造成电容量的变化。根据式（2-1-32）可知，电容量的变化量为

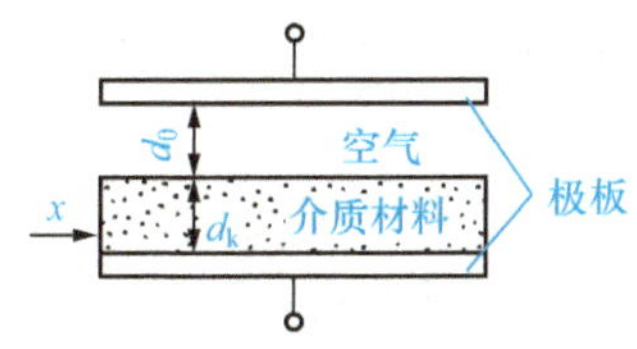

图 2-1-50　变介电常数型电容式传感器的结构示意图

$$\Delta C=\frac{\Delta\varepsilon\cdot S}{d} \tag{2-1-36}$$

变介电常数型电容式传感器主要用来测量介质的厚度、位移和液位、液量，还可根据极间介质的介电常数随温度、湿度、容量的改变而变化的规律来测量介质材料的温度、湿度、容量等，常见实际变介电常数型电容式传感器的结构如图 2-1-51 所示。

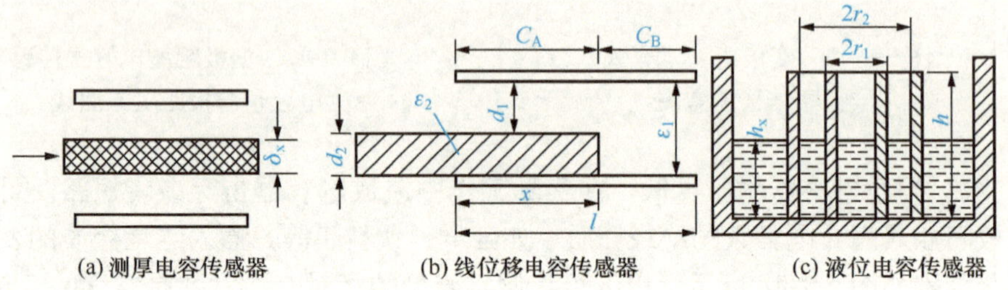

图 2-1-51 常见实际变介电常数型电容式传感器的结构

在变介电常数型电容式传感器中，常用介质及其介电常数见表 2-1-6，表中列出的是介质的相对介电常数 ε_r，即介质介电常数与真空介电常数的比值。

表 2-1-6 常用介质介电常数

介质名称	相对介电常数 ε_r	介质名称	相对介电常数 ε_r
真空	1	玻璃釉	3～5
空气	略大于 1	SiO_2	38
其他气体	1～1.2	云母	5～8
变压器油	2～4	干的纸	2～4
硅油	2～3.5	干的谷物	3～5
聚丙烯	2～2.2	环氧树脂	3～10
聚苯乙烯	2.4～2.6	高频陶瓷	10～160
聚四氟乙烯	2.0	低频陶瓷、压电陶瓷	1000～10 000
聚偏二氟乙烯	3～5	纯净的水	80

4 电容式传感器测量电路

电容式传感器将被测非电量转换为电容的变化量后，由于电容值非常小，一般为几皮法至几十皮法，这样微小的电容值不能直接用现有的显示仪表来显示，也难于传输，因此，还需要用测量电路把电容量的变化转化成与其成正比的电压（电流或频率）等电信号，以便显示、记录或传输。适用于电容式传感器的测量电路种类繁多，常用的有电桥电路、调频电路、运算放大电路、二极管双 T 型电桥电路和差动脉冲宽度调制电路等。

1）桥式电路

将电容式传感器接入交流电桥（由于电容器对于直流电路相当于开路，故只能采用交流电桥）作为电桥的一个臂或两个相邻臂，另外的两臂可以是电阻、电容或电感，如

图 2-1-52所示。其中，图 2-1-52（a）采用半桥单臂形式，灵敏度较差；图 2-1-52（b）～（d）采用半桥双臂形式，灵敏度相对较好。在设计和选择电桥形式时，除了考虑灵敏度外，还应考虑输出电压是否稳定（即受外界干扰的影响大小），输出电压与电源电压间的相移大小，电源与元件所允许的功率及结构上是否容易实现等。在实际的电桥电路中，还附加有零点平衡调节、灵敏度调节等环节。

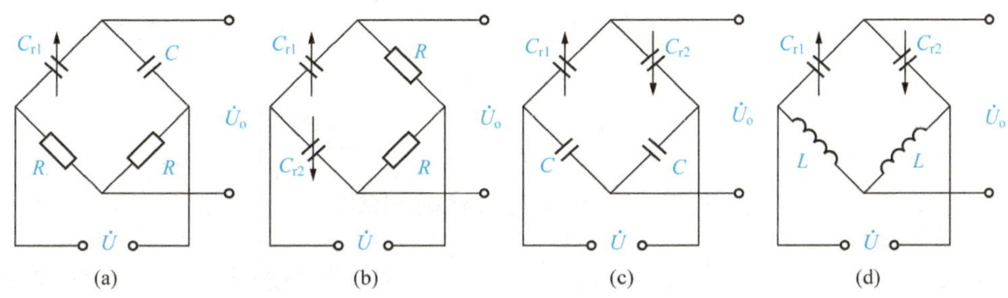

图 2-1-52　常用电容式传感器电桥电路

在实际电容式传感器电桥测量电路中使用较多的是变压器电桥电路，如图 2-1-53（a）所示，变压器电桥电路使用元件最少，桥路内阻最小。差动式电容传感器接入变压器式电桥，当后接放大器输入阻抗极大时，对任何类型的电容式传感器，电桥输出电压与输入位移均为线性关系。不过由于电桥输出电压与电源电压成比例，为了使电桥输出电压尽可能稳定，以提高测量精度，要求电源电压波动尽可能小，故在电桥电源上需采取稳幅、稳频等措施。在要求精度很高的场合，可采用自动平衡电桥。传感器必须工作在平衡位置附近，否则电桥非线性增大。接有电容式传感器的交流电桥输出阻抗很大（一般达几兆欧至几十兆欧），输出电压幅值又小，所以必须后接高输入阻抗的放大器将信号放大后才能测量。实际测量电路如图 2-1-53（b）所示。

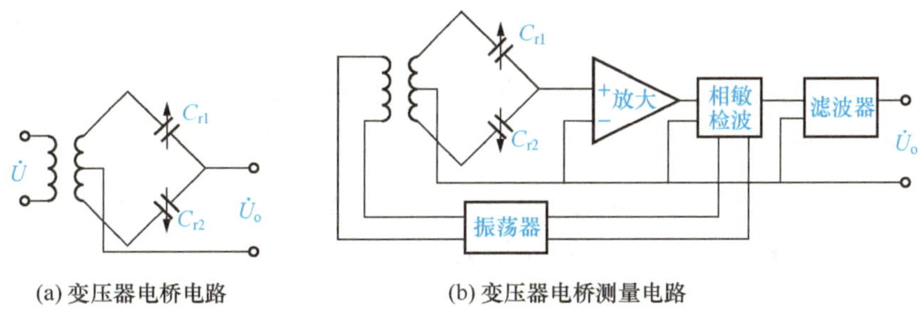

图 2-1-53　变压器电桥测量电路

2）调频电路

调频电路将电容式传感器作为 LC 振荡器振荡回路的一部分。当被测量发生变化时，电容 C_x 随之变化，使得振荡器频率 f 产生相应的变化，测量仪器测得频率 f 的变化就可算得 C_x 的数值。由于振荡器输出频率受电容式传感器电容量 C_x 控制，故这种测量电路称为调频电路。调频电路原理框图如图 2-1-54 所示。LC 振荡器的输出频率为

$$f = \frac{1}{2\pi\sqrt{LC}} \tag{2-1-37}$$

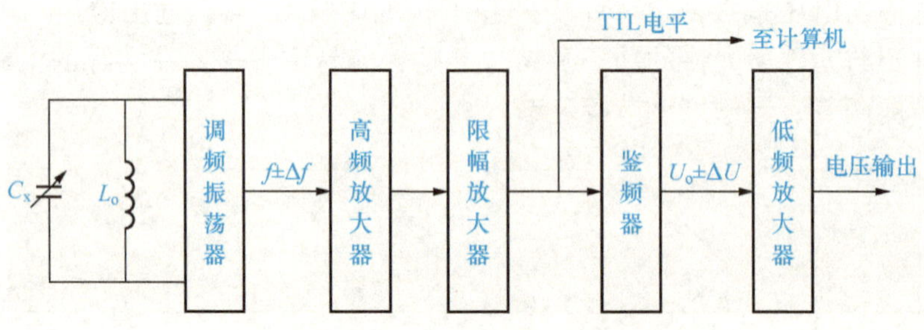

图 2-1-54 调频电路的原理框图

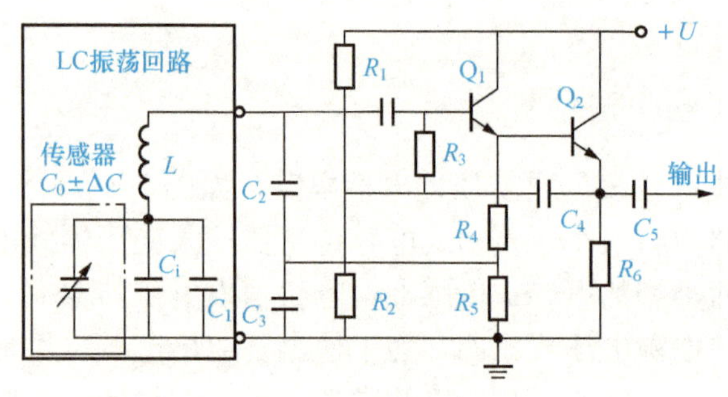

图 2-1-55 调频电路图

LC 振荡器输出的是一个受电容 C_x 控制的高频调频波，调频波经限幅放大器放大后在鉴频器中转换为电压信号输出，由仪表指示出来；或者调频波经限幅放大器放大后转换成 TTL 电平送计算机处理。调频电路的抗干扰能力强，可远距离传输不受干扰；具有较高的灵敏度，可以测量小至 0.01μm 级的位移变化量。其缺点是线性度较差，可通过鉴频器（F/V 转换）转化为电压信号后进行非线性补偿。

实际调频电路如图 2-1-55 所示，L、C_0、C_1 和 C_i 构成 LC 振荡回路，与晶体管 Q_1 组成调频振荡器，晶体管 Q_2 组成射极跟随电路起隔离作用，防止后续放大电路对调频振荡器的影响。图 2-1-55 输出接限幅放大器。

3）运算放大电路

由于运算放大电路的放大倍数很大，输入阻抗很高，输出电阻小，因而采用运算放大电路作为电容式传感器的测量转换电路是比较理想的。运算放大电路的原理图如图 2-1-56 所示，图中，C_x 为电容式传感器的电容，$\dot{U}_i$ 为交流电源电压，$\dot{U}_o$ 为输出信号电压。由理想运算放大器的虚断，$\dot{I}_i=0$，以及基尔霍夫电流定律可得

$$\left.\begin{aligned} \dot{U}_i &= \frac{\dot{I}_{Ci}}{j\omega C} \\ \dot{U}_o &= \frac{\dot{I}_{Cx}}{j\omega C_x} \\ \dot{I}_{Ci} &= -\dot{I}_{Cx} \end{aligned}\right\} \tag{2-1-38}$$

解上面方程组可得

$$\dot{U}_o = -\frac{C}{C_x}\dot{U}_i \tag{2-1-39}$$

将式（2-1-32）代入式（2-1-39）得

$$\dot{U}_o = -\frac{C}{\varepsilon S} d\dot{U}_i \tag{2-1-40}$$

由式（2-1-40）可见，运算放大器的输出电压与板间距离 d 成正比。运算放大电路解决了变极距型电容传感器极距与电容量之间的非线性问题。但式（2-1-40）是在理想运放条件下推出的，实际运放的放大倍数和输入阻抗并非无穷大，故该测量电路仍然存在一定的非线性。

4）二极管双 T 型电桥电路

二极管双 T 形电桥电路的原理图如图 2-1-57 所示。对于单电容式传感器的单臂工作的情况，可以使其中一个为固定电容，另一个为电容式传感器的电容。图中 R_L 为负载电阻，VD_1、VD_2 为理想二极管，R_1、R_2 为固定电阻。

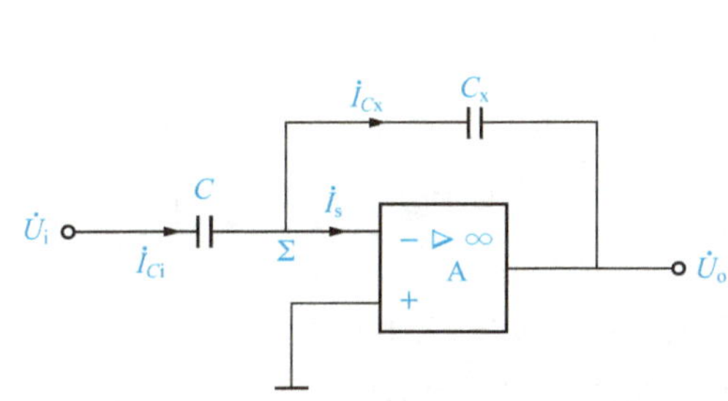

图 2-1-56 运算放大电路原理图

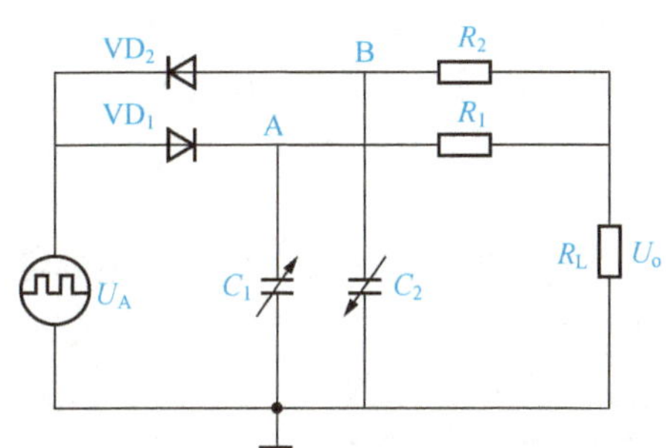

图 2-1-57 二极管双 T 型电桥电路原理图

当电源电压 U_A 为正半周时，VD_1 导通，VD_2 截止，C_1 开始充电；当电源电压 U_A 为负半周时，VD_1 截止，VD_2 导通，这时 C_2 开始充电，C_1 上的电荷开始通过 R_1、R_L 放电，此时流过 R_L 的电流为 i_1。到了下一个正半周，VD_1 导通，VD_2 截止，这时 C_1 又被充电，而 C_2 上的电荷开始通过 R_2、R_L 放电，此时流过 R_L 的电流为 i_2。如果选择特性相同的二极管，并且 $R_1=R_2=R$，$C_1=C_2$，则流过 R_L 的电流 i_1 和 i_2 大小相等、方向相反，在一个周期内流过 R_L 的平均电流为零，R_L 上无电压输出。若 C_1 或 C_2 变化，则在一周期内流过 R_L 的平均电流不为零，因此，有电压信号输出，输出电压在一个周期内的平均值为

$$\dot{U}_o = \dot{I}_L R_L = \frac{1}{T}\int_0^T [\dot{I}_1(t) - \dot{I}_2(t)] dt R_L$$

$$\approx \frac{R(R+2R_L)}{(R+R_L)^2} R_L \dot{U}_A f(C_1 - C_2) \tag{2-1-41}$$

在实际电路中 R_L 为常数，则 $\frac{R\ (R+2R_L)}{(R+R_L)^2} R_L$ 也是常数，令其为 K，则

$$\dot{U}_o = K\dot{U}_A f(C_1 - C_2) \tag{2-1-42}$$

由式（2-1-42）可见，当电源电压 U_A 和频率 f 为定值时，输出电压 U_o 与电容式传感器的电容量变化值 C_1-C_2 成正比。为了提高测量精度，要求电源电压和频率尽可能稳定。

5）差动脉冲宽度调制电路

差动脉冲宽度调制电路是利用对传感器电容的充、放电，使电路输出脉冲的宽度随传感器电容值的变化而变化，通过低通滤波器得到对应被测量变化的直流信号。差动脉冲宽度调制电路如图 2-1-58 所示，它由比较器（IC_1、IC_2）、双稳态触发器 IC_3 及电容充放电回路组成。

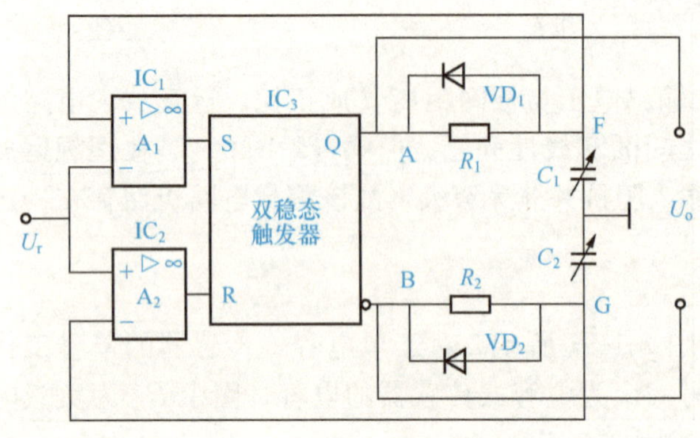

图 2-1-58　差动脉冲宽度调制电路

图 2-1-58 中，C_1、C_2 为差动式传感器的两个电容；U_R 为其参考电压。输出电压 U_o 即为 A、B 两点间的电压，若 $R_1=R_2=R$，则

$$U_o=\frac{C_1-C_2}{C_1+C_2}U_R=\frac{\Delta C}{C_1+C_2}U_R \tag{2-1-43}$$

从式（2-1-43）可以看出，电路输出的直流电压（U_o）与传感器两电容差值（ΔC）成正比。

由图 2-1-58 可知，当双稳态触发器 Q 端输出为 1 时，即 $U_A=1$，VD_1 截止，通过 R_1 对 C_1 充电，U_F 逐渐增加，直到 $U_F=U_R$ 时，双稳态触发器 Q 端输出为 0，此时 $U_A=0$，C_1 通过 VD_1 放电，U_F 逐渐降低；当 $U_A=0$ 时，$U_B=1$，通过 R_2 对 C_2 充电，U_G 逐渐增加，直到 $U_G=U_R$ 时，双稳态触发器 Q 端输出为 1，$U_A=1$，同时 $U_B=0$，电容 C_1 充电而 C_2 放电。如此循环往复，A、B 端输出的矩形波经低通滤波器后，即可输出较大的直流电压。各点的电压波形图如图 2-1-59 所示。

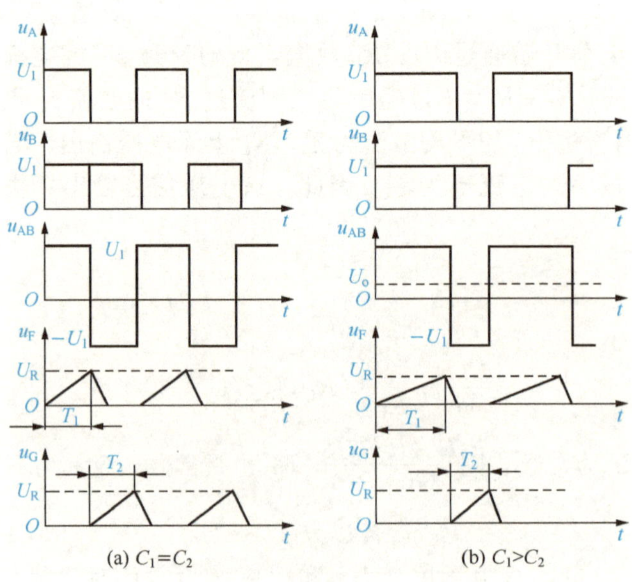

图 2-1-59　差动脉冲宽度调制电路各点的电压波形图

差动脉冲宽度调制电路适用于所有的差动式电容传感器，不论是变面积式或变极距式均能获得线性输出；该电路采用直流电源，电压稳定度高，不存在稳频、波形纯度的要求；不需要相敏检波与解调等，对输出矩形波的纯度要求也不高。实际差动脉冲宽度调制电路一般输出端接低通滤波电路，以获得稳定的直流信号。

5 电容式传感器的应用

电容式传感器具有结构简单、灵敏度高和分辨率高等优点，并且无反作用力、动态响应好，能实现非接触测量，可以在恶劣环境下工作，应用十分广泛。而且，随着新工艺、新材料的问世，特别是电子技术的发展，干扰和寄生电容等问题不断得到解决，因此越来越广泛地应用于各种测量中。电容式传感器可用来测量直线位移、角位移、振动振幅（可测至 0.05μm 微小振幅），尤其适合测量高频振动振幅、精密轴系回转精度和加速度等机械量，可用来测量压力、差压力、液位、料面、成分含量（如油、粮食中的含水量）、非金属材料的涂层和油膜等的厚度，测量电介质的湿度、密度和厚度等，在自动检测和控制系统中也常常作为位置信号发生器使用。

1）电容式差压变送器

电容式差压变送器如图 2-1-60 所示，它的核心部分是一个差动变极距式电容传感器。图 2-1-60（a）所示为电容式压力变送器实物图，图 2-1-60（b）所示为电容压力传感器的结构示意图，图 2-1-60（c）所示为电容压力传感器的典型转换电路。

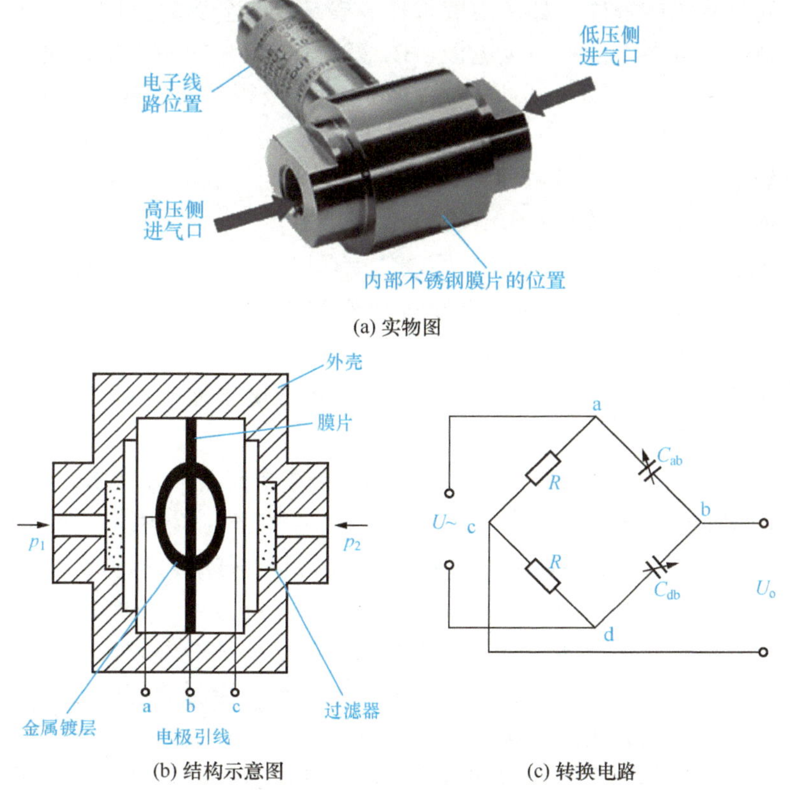

图 2-1-60 电容式差压变送器

固定电极为传感器中间凹曲玻璃表面上的镀金属层，动电极为圆形薄金属膜片。动电极膜片作为压力的敏感元件，它位于两个固定电极之间，构成差动式电容传感器。当被测压力 p_1、p_2 由两侧的内螺纹压力接头通过过滤器进入空腔时，动电极膜片由于受到来自两侧的压力之差而凸向压力小的一侧，这一位移引起动电极膜片和两个固定电极间的电容 C_1、C_2 发生变化，一个电容器的容量增大而另一个相应减小。当两极板的间距很小时，压力与电容的变化成正比，电容的变化经过测量转换电路可以转换成相应的电压或电流输出。

2）电容式液位计

电容式液位计是通过两个电极之间电容的变化来对液位进行测量的液位仪表，在化工等工业领域应用较广，如图 2-1-61 所示。图 2-1-61（a）所示为电容式液位计的实物图，图 2-1-61（b）所示为液位计的安装示意图。

电容式液位计在使用时要根据介质的特点进行。当被测液体是一些黏稠度较低的非导电液体时，可以将一个金属电极外部套上一个金属管，金属管和金属电极保持同轴状态，相互绝缘并进行固定，这样可以将被测量的介质作为中间的绝缘物质，由此形成一个同轴套筒形的电容器，如图 2-1-61（c）所示。

当测量黏稠度高的非导电溶液时，可以采用将金属电极直接插入圆筒形容器的中央、仪表线与容器相连的测量方法。这样，容器就可以作为外电极而液体作为绝缘介质以形成圆筒形电容，实现液位的测量，如图 2-1-61（d）所示。

当被测介质是导电的液体（如水溶液）且液罐是导电金属时，即可插入金属棒作为一个电极，而将液体和容器作为另一个电极，以绝缘套管作为中间介质，使三者形成圆筒形电容器，如图 2-1-61（e）所示，这时，内、外电极的极距是聚四氟乙烯套管的壁厚。

电容式液位计的典型应用——电容式油量表如图 2-1-61（f）所示。当油箱无油时，设电容式感器电容量 $C_x=C_0$，$R_3=R_4$；调节 RP=0，电桥平衡，电桥输出 U_o 为 0，伺服电动机不转动，油量表指针偏转角 $\theta=0$。

当油箱中加满油时，液位上升至 h 处，$C_x=C_{x0}+\Delta C_x$，而 ΔC_x 与 h 成正比，电桥失去平衡，电桥输出电压 U_o 经放大后驱动伺服电动机转动，再由减速箱减速后带动指针顺时针偏转，同时带动 RP 的滑动臂移动（表盘指针与 RP 滑动臂联动），从而使 RP 阻值增大。当 RP 阻值达到一定值时，电桥又达到新的平衡，电桥输出电压 $U_o=0$，于是伺服电动机停转，指针停留在转角 θ_h 处。

当油箱油位降低时，伺服电动机反转，指针逆时针偏转（示值减小），同时带动 RP 的滑动臂移动，使 RP 阻值减小。当 RP 阻值达到一定值时，电桥又达到平衡状态，$U_o=0$，于是伺服电动机再次停转，指针停留在与该液面相对应的转角 θ_h 处。

3）电容式接近开关

在数控机床或自动化生产线上常常需要对某一可动部件的动作位置进行精确定位，此时只需用开关型传感器判断其位置或状态即可，提供这类检测的传感器称为接近开关。接近开关又称为无触点行程开关，当某个物体靠近接近开关并达到一定距离时，接近开关就会“感知”并发出“动作”信号，告知该物体所处的位置。接近开关的种类很多，电容式接近开关就属于一种具有开关量输出的位置传感器，如图 2-1-62 所示。图 2-1-62（a）所

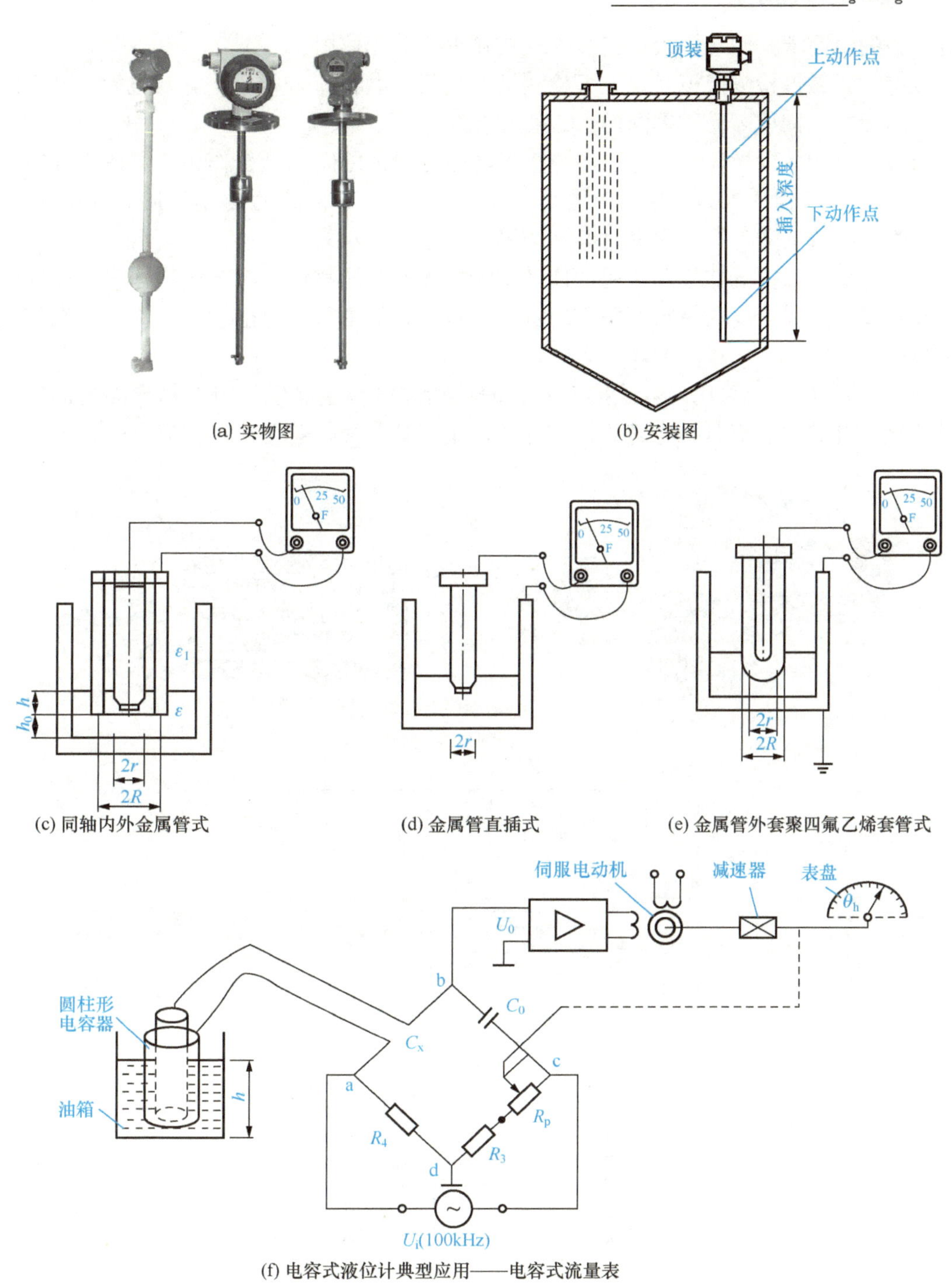

(a) 实物图　(b) 安装图

(c) 同轴内外金属管式　(d) 金属管直插式　(e) 金属管外套聚四氟乙烯套管式

(f) 电容式液位计典型应用——电容式流量表

图 2-1-61　电容式液位计

示为接近开关的实物图，图 2-1-62（b）所示为接近开关的内部结构图，图 2-1-62（c）所示为原理框图，图 2-1-62（d）为电容式接近开关应用实例——谷物高度测量。

电容式接近开关的核心是以电容极板作为检测端的 LC 振荡器。两块检测极板设置在接近开关的最前端，测量转换电路板安装在接近开关壳体内。

没有物体靠近检测极板时，上下检测极板之间的电容 C 非常小，它与电感 L（在测量转换电路板中）构成高品质因数的 LC 振荡电路。

当被检测物体为导体时，上下检测极板经过与导体之间的耦合作用，形成变极距式电容 C_1、C_2。电容值比未靠近导体时增大了许多，引起 LC 回路的 Q 值下降，输出电压 U_o 随之下降，Q 值下降到一定程度时振荡器停振。

电容式接近开关既能检测金属物体，也能检测非金属物体，对金属物体可以获得最大的动作距离，对非金属物体动作距离决定于材料的介电常数，介电常数越大，可获得的动作距离越大。

图 2-1-62（d）为采用电容式接近开关的谷物高度测量装置，当谷物界面的高度达到电容式接近开关的底部时，电容式接近开关产生报警信号，关闭输谷管道阀门。

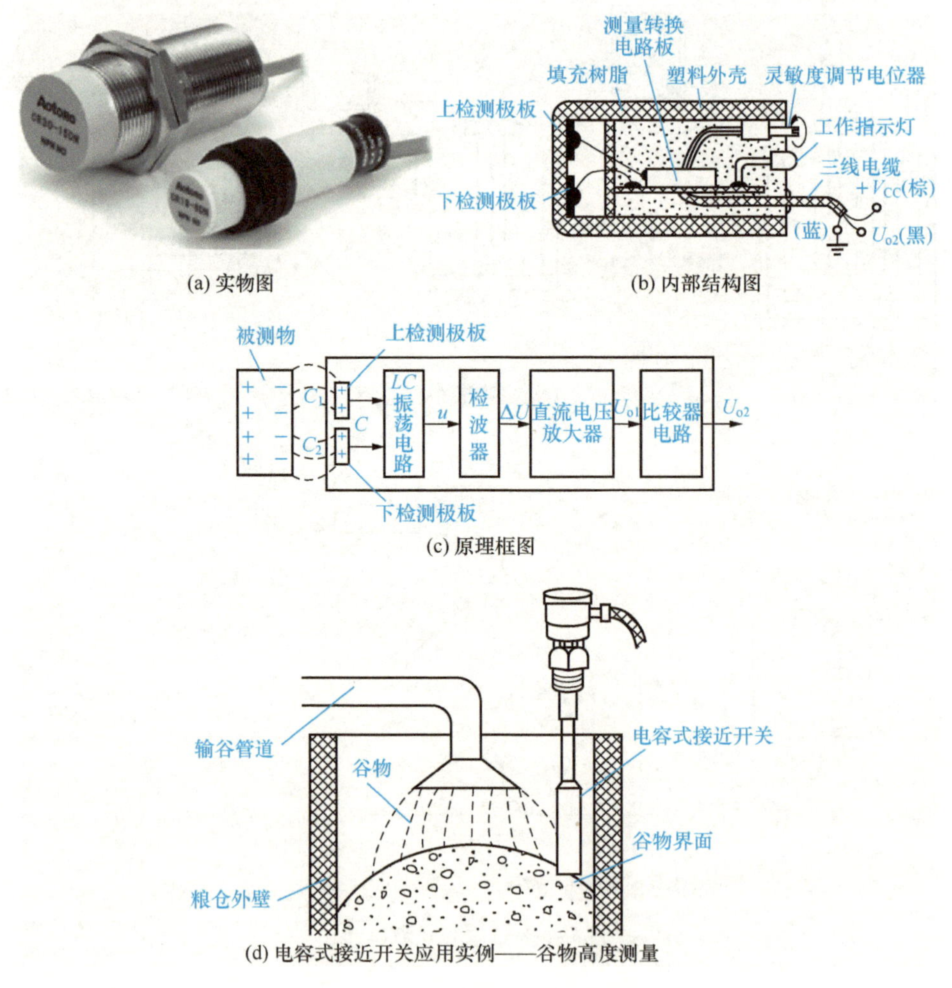

(a) 实物图　　(b) 内部结构图

(c) 原理框图

(d) 电容式接近开关应用实例——谷物高度测量

图 2-1-62　圆柱形电容式接近开关

4）电容式位移传感器

电容式位移传感器的突出优点是它的超高分辨力和稳定性。现在，电容式位移传感器的应用使得加工可以具备超高的机械加工精度，在具有良好的信号屏蔽措施情况下可以达到纳米级的精度。

采用电容式位移传感器制成的振幅仪如图 2-1-63（a）所示，将电容式位移传感器固定在底座上，靠近被测物体，被测物体的振动转换为电容式位移传感器的位移，通过测量传感器的电容量的变化即可测量被测物体的振动。

采用电容式位移传感器制成的测轴仪如图 2-1-63（b）所示，被测轴固定在支架上，其上方和侧面安装电容式位移传感器，若轴心偏移，随着被测轴的转动，它与传感器的距离发生变化，传感器的电容量随之改变。通过测量传感器的电容量变化，可以计算出被测轴与传感器间距离的变化，从而可以测量被测轴的轴心偏摆或者回转精度。

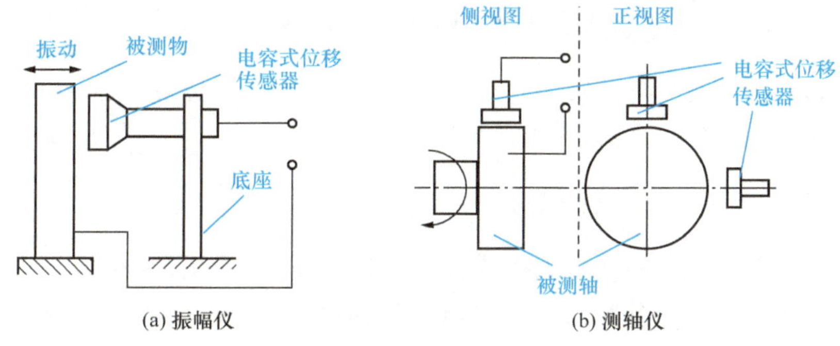

图 2-1-63　电容式位移传感器的应用

5）电容式测厚仪

电容式测厚仪可以用来测量金属带材在轧制过程中的厚度，如图 2-1-64 所示。其中，图 2-1-64（a）所示为测厚仪实物图，图 2-1-64（b）所示为装置示意图。在被测金属带材的上下两侧各放置一块面积相等且与带材距离相等的极板（C_1、C_2），这样，C_1、C_2 极板与带材之间就形成了两个电容器。把两块极板用导线连接起来成为一个极板，金属带材就是电容器的另一个极板，其总电容 $C_x=C_1+C_2$。当带材厚度发生变化时，就会引起电容值的变化，用交流电桥将电容的变化量检测出来并放大，即可显示出带材厚度的变化。

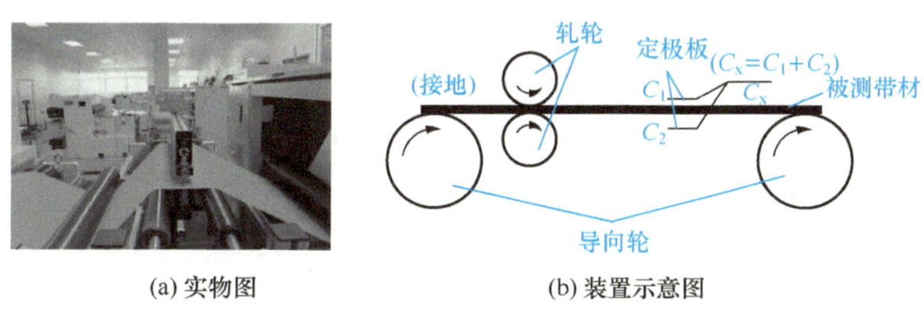

图 2-1-64　电容式测厚仪

基本技能

技能目标

(1) 会拆装常用电容式传感器。

(2) 掌握电容式接近开关的接线图，会用电容式接近开关控制信号灯、继电器。

(3) 会用电容式位移传感器测量物体位移。

1 观察电容式位移传感器及其装置结构

从市场上购买电容式位移传感器，小心拆开，找出上、下极板、导电介质等部件，分析该传感器是如何通过变容来测量位移的。

2 连接电容式接近开关控制线路

电容式接近开关电气符号及接线图如图 2-1-65 所示，根据输出线数分二线制、三线制和四线制，其中 NO 代表常开触头；NC 代表常闭触头。以二线制接近开关为例，接近开关控制信号灯如图 2-1-66 所示，接近开关控制继电器如图 2-1-67 所示。三线制、四线制接近开关控制信号灯、继电器，请读者结合图 2-1-66 和图 2-1-67 自行设计。

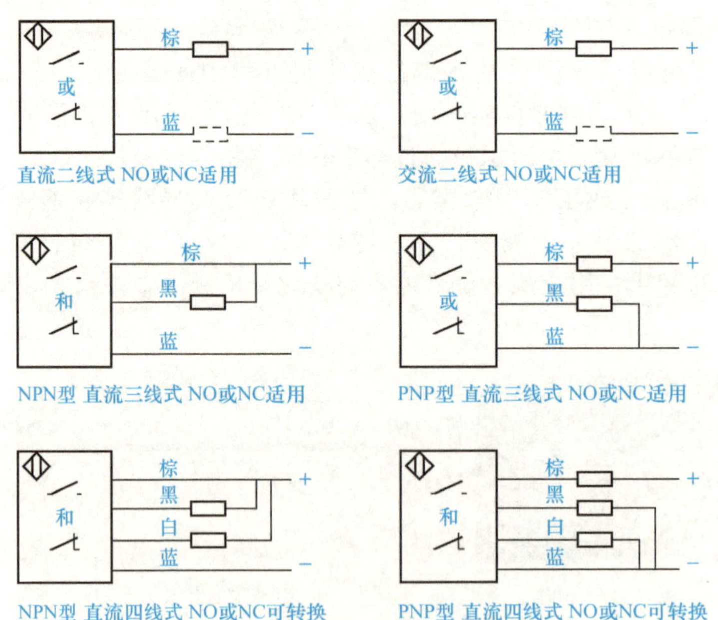

图 2-1-65 电容式接近开关接线示意图

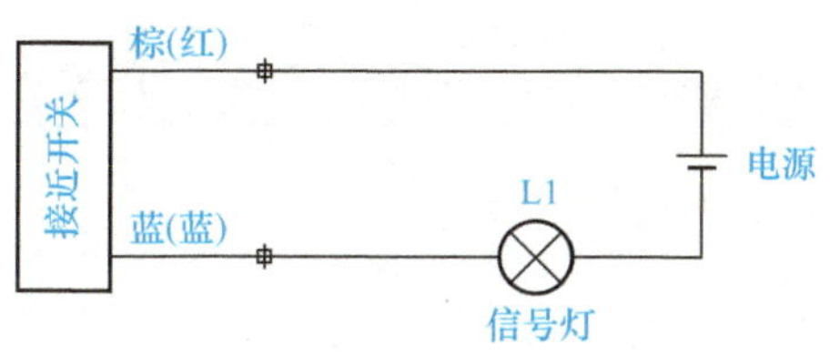

图 2-1-66　接近开关直接控制信号灯

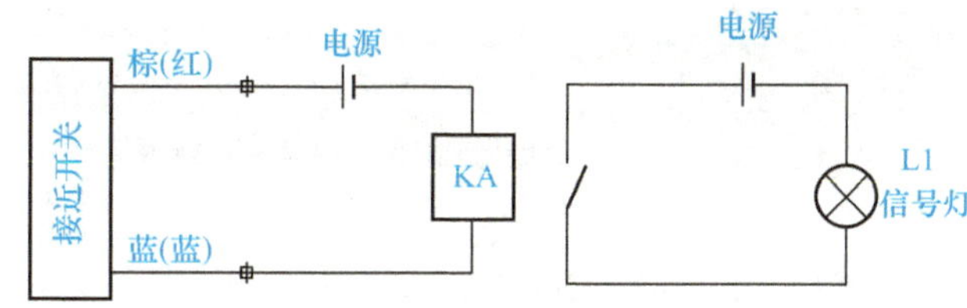

图 2-1-67　接近开关控制继电器

3　用电容式位移传感器检测相关装置的位移

图 2-1-68 为传感器实验装置位移测量装置结构，将电容式传感器安装在电容式传感器模块上，将传感器引线插入实验模块插座中，电容式传感器输出接电压表。接入±15V 电源，合上主控台电源开关，将电容式传感器调至中间位置，调节 RP，使得电压表显示为 0V。旋动测微头推进电容式传感器的共享极板（下极板），每隔 0.2mm 记下位移量 X 与输出电压值 V 的变化，填入表 2-1-7。

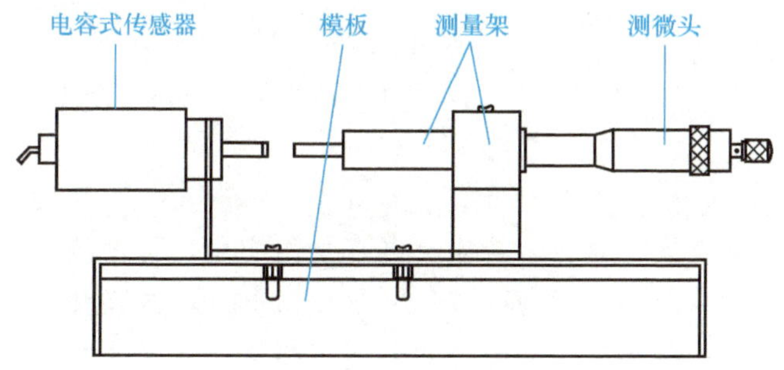

图 2-1-68　电容式传感器位移测量实验装置结构

表 2-1-7　电容式传感器位移 X 值与输出电压 V 数据表

X/mm										
V/mV										

任务评价评分表

班级：__________　　姓名：__________　　成绩：__________

评价条目	评价内容与要求	分值	自我评价	教师评价	得分	扣分原因
基本知识	了解电容式传感器的组成与结构	10				
	理解电容式传感器的工作原理	10				
	掌握电容式传感器的测试电路	10				
	了解电容式传感器的主要应用	10				

续表

评价条目	评价内容与要求	分值	自我评价	教师评价	得分	扣分原因
基本技能	熟悉常见电容式传感器的结构，能拆装常见电容式传感器	10				
	了解电容式接近开关的接线，会用电容式接近开关控制信号灯、继电器	15				
	会用电容式传感器测量物体位移	15				
职业素养	态度认真、按时出勤，不迟到、早退	5				
	安全意识强，操作规范	5				
	爱护工具设备，工具设备摆放整齐，操作工环境卫生良好	5				
	节约能源，节约原料	5				

复习与思考题

1. 知识总结

电容式传感器将被测物理量变化转换为电容量的变化，再由测量电路将电容量的变化转换为电压、电流或频率信号。根据电容公式（2-1-31），电容量 C 是 S、d、ε 的函数。固定三个参量中的两个可以做成三种类型的电容传感器：变极距型传感器、变面积型传感器、变介电常数型传感器。

电容式传感器的测量电路有桥式电路、调频电路、差动脉冲宽度调制电路、运算放大电路、二极管双T型电桥电路等。

电容式传感器不仅用于位移、振动、角度、加速度等机械量的精密测量，还广泛用于压力、差压、液位、物位或成分含量等方面的测量。

2. 思考题

1）填空题

(1) 电容式传感器以________作为传感元件，通过传感元件将被测物理量转换为________变化，随后由________将电容的变化量转换为________、________或________信号输出，完成对被测物理量的测量。

(2) 根据结构形式的不同，电容式传感器可分为三种类型：________、________、________。

(3) 电容式传感器的测量电路有________、________和________等几种形式。

(4) 电容式传感器不仅用于__________、__________、__________、__________等机械量的精密测量，还广泛用于__________、__________、__________、__________或__________等方面的测量。

(5) 圆柱形电容式接近开关由__________、__________、__________、__________及__________等组成。

2) 简答题

(1) 试写出电容量基本公式，说明电容式传感器的工作原理。

(2) 根据结构，电容式电感传感器分成哪几类？分别说明它们的工作机理、性能特点和使用场合。

(3) 画出电容式传感器调频测量电路原理框图，并说明其工作原理和优缺点。

(4) 画出电容式传感器脉冲宽度调制测量电路原理图，并说明其工作原理和优缺点。

(5) 试说明电容式测厚仪的工作原理。

项 目 2

发电型传感器

项目导入语

发电型传感器是指将非电信号直接转换成电压或电流信号的传感器，由于发电型传感器输出的电压或电流信号非常微弱，一般需要专门的测量电路放大信号，以备后续仪器仪表或测控系统使用。另外，绝大多数传感器的输入信号与输出信号之间的函数关系是非线性的，为减少测量误差，提高测量准确性，还需对传感器输出信号进行非线性补偿。

通过本项目的学习，使大家了解和掌握发电型传感器的组成结构、工作原理、测试电路，以及实际应用。

压电式传感器

基本知识

知识目标

(1) 理解压电式传感器的结构与工作原理。

(2) 掌握压电式传感器的测试电路。

(3) 了解压电式传感器的主要应用领域。

1 认识压电式传感器

压电式传感器是利用物体的压电效应制成的，压电效应是一种能实现机械能与电能互相转换的效应，由皮埃尔·居里和雅克·居里在1880年发现。当外力作用于石英等晶体上时，晶体产生机械形变，同时在晶体表面产生一定电荷；反之，当在晶体上施加一定的电压时，晶体将产生机械形变，这就是压电效应及其逆效应。由于压电晶体输出阻抗很大，在其发现后的60～70年间没有高输入阻抗的放大器来放大压电信号而无法商业应用。直到20世纪40年代后，晶体管的发明，特别是运算放大器的发明，使压电晶体及相关产品开始商业应用。

常见的压电式传感器应用有玻璃破碎报警器、蜂鸣器等。在博物馆、展览馆等安全性要求较高的场合我们能看到一种叫玻璃破碎报警器的装置，它粘贴于保护的玻璃表面，当被保护玻璃破碎时，它能通过各种途径，发出各种警报。玻璃破碎报警器如图2-2-1所示，其中图2-2-1（a）为实物外形图，图2-2-1（b）为内部结构图，玻璃破碎报警器核心部件是玻璃破碎传感器，如图2-2-1（c）为BS-D2玻璃破碎传感器外形和内部结构，它由压电晶体及并联的15～20kΩ电阻组成。使用时，玻璃破碎报警器用胶粘贴在玻璃上。当玻璃遭暴力打碎的瞬间，产生几千赫兹至超声波（高于20kHz）的振动，压电晶体感受到这种剧烈的振动波，便在其表面产生电荷 Q；传感器的两个输出引脚之间产生窄脉冲报警信号；带通滤波器使玻璃振动频率范围内的输出电压信号通过，其他频段的信号滤除；比较器的作用是当传感器的输出信号高于设定的阈值时输出报警信号，以驱动报警执行机构工作，如进行声光报警，信号处理过程如图2-2-1（d）所示。

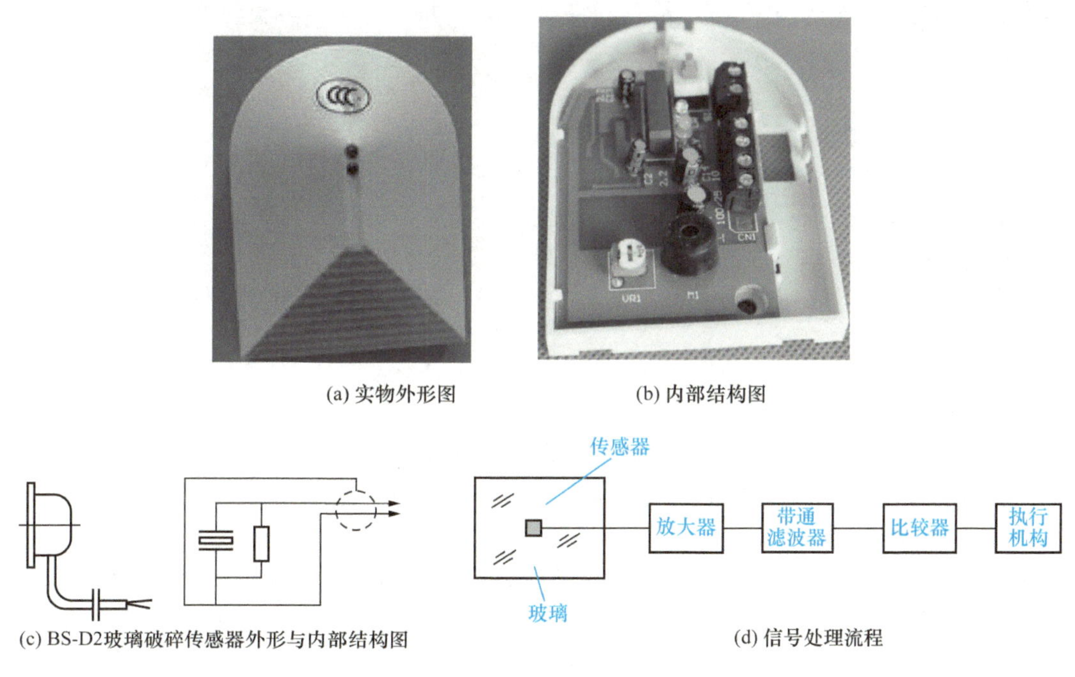

(a) 实物外形图　(b) 内部结构图

(c) BS-D2玻璃破碎传感器外形与内部结构图　(d) 信号处理流程

图2-2-1　玻璃破碎报警器

2　压电式传感器的原理与组成

压电式传感器的核心部件是压电元件。压电元件受到一定方向的外力而产生变形，内部产生了电荷极化的现象，在元件的上下两个表面便产生极性相反、大小相等的电荷，且电荷量和所受到压力的大小成正比。当外力的方向改变时，电荷的正负极性也随之发生变化。去掉外力，元件又恢复到原来不带电状态，这种现象称为压电效应或正压电效应。如图 2-2-2 所示为某种压电元件在各种受力条件下所产生的电荷情况，从图中可以看出，元件表面电荷的极性与受力的方向有关。图 2-2-2 所示为上下受力情况，左右受力与前后受力情况相似。

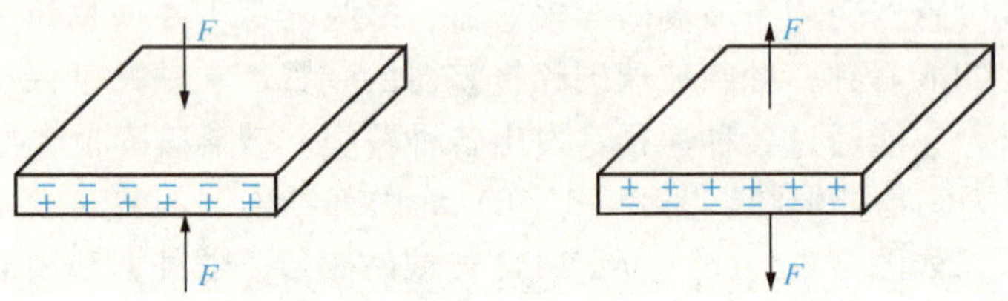

图 2-2-2　压电元件压电效应示意图

压电效应把机械能转换为电能，反之，若在压电元件的极化方向上施加交变电场或电压，它就会产生机械变形；当去掉电场时，压电元件的变形随之消失。这种现象称为“逆压电效应”或者“电致伸缩效应”，逆压电效应把电能转换为机械能，如图 2-2-3 所示。

压电式传感器是一种力敏传感器，能够测量力或转换为力的物理量，如应力、压力、加速度、位移等。利用压电效应，传感器将压电元件所受的外力转换为电压信号。压电式传感器的组成如图 2-2-4 所示。

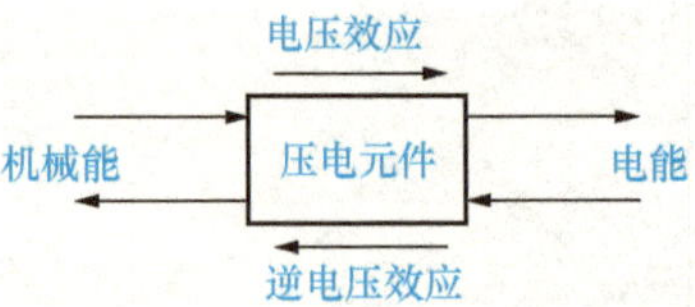

图 2-2-3　压电效应与逆压电效应

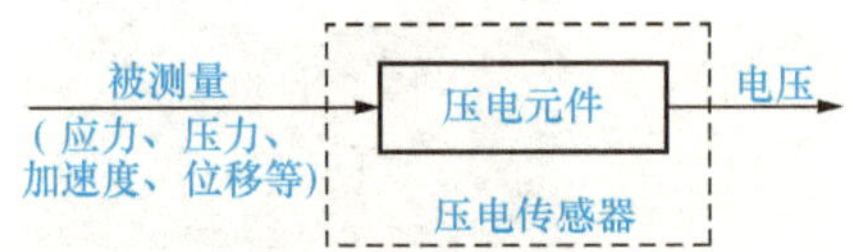

图 2-2-4　压电式传感器的组成

3　压电式传感器的种类与结构

压电式传感器的结构比较简单，如图 2-2-4 所示，其核心就是压电元件。压电元件根据其材料分为压电晶体、压电陶瓷、压电半导体和高分子压电材料等。

1）压电晶体

压电晶体主要包括石英晶体（SiO_2）和水溶性压电晶体。石英晶体是最早发现的压电元件，它具有良好的压电特性，其压电系数、居里点温度，以及介电常数的温度稳定性都相当好。压电系数又称压电耦合系数，是指压电元件把机械能转变成电能或把电能转变成机械能的转变系数，反映压电材料弹性性能与介电性能之间的耦合关系。简单地说，压电系数是指在压电元件上施加单位力（N，牛顿），压电元件所产生的电荷数（C，库伦），是衡量压电元件性能的最主要指标。一般压电元件随着温度升高压电特性下降，以石英晶体为例，在 20～200℃，温度每升高 1℃，压电系数下降 0.0016%，居里点温度是指压电元件完全失去压电特性时的温度，石英晶体的居里点温度为575℃。

石英晶体性能稳定、机械强度高、绝缘性能也相当好。但石英材料价格昂贵，且压电系数也比压电陶瓷低不少。因此，一般仅用于标准仪器或要求较高的传感器中。

另外，石英晶体是一种各向异性晶体，按不同方向切割的晶片，其物理性能（如弹性、压电效应、温度特件等）差距很大。因此，设计石英晶体传感器时，需根据不同使用要求正确地选择石英片的切型。

最早发现的水溶性压电晶体是酒石酸钾钠（$NaKC_4H_4O_6 \cdot 4H_2O$），它属于单斜晶系，有很高的压电系数和高的介电常数，压电系数高达3×10^{-9}C/N，但是它易于受潮、机械强度低、电阻率也低，因此，只限于室温（小于45℃）且湿度低的环境下应用。常见的水溶性压电晶体还有酒石酸乙烯二铵（$C_6H_4N_2O_5$）、磷酸二氢钾（KH_2PO_4）、磷酸二氢氨（$NH_4H_2PO_4$）等。

2）压电陶瓷

压电陶瓷是人造多晶系压电材料。它们的压电系数比石英晶体高，如钴酸钡的压电系数为190×10^{-12}C/N，但介电常数、机械性能不如石英晶体好。由于它们品种多，性能各异，可根据它们各自的特点制作出各种不同的压电传感器，是一种很有发展前途的压电元件。常用的压电陶瓷有钛酸钡、锆钛酸铅、铌酸盐系压电陶瓷等。

钛酸钡（$BaTiO_3$）是由碳酸钡（$BaCO_3$）和二氧化钛（TiO_2）按1∶1分子比例在高温下合成的压电陶瓷。它具有很高的介电常数和较大的压电系数（约为石英晶体的50倍）。不足之处是居里点温度低（120℃），温度稳定性和机械强度不如石英晶体。

锆钛酸铅（PZT）是由$PbTiO_3$和$PbZrO_3$组成的固溶体$Pb(Zr、Ti)O_3$，与钛酸钡相比，它的压电系数更大，居里点温度在300℃以上，各项机电参数受温度影响小，时间稳定性好。此外，还可在锆钛酸中添加一种或两种其他微量元素（如锐、锑、锡、锰、钨等），以获得不同性能的PZT材料。因此，锆钛酸铅系压电陶瓷是目前压电式传感器中应用最广泛的压电材料。

3）压电半导体

压电半导体元件有ZnO、CdS、CdTe等，它们具有灵敏度高、响应时间短等优点。此外，用ZnO作为声表面波振荡器的压电元件，可检测力和温度等参数。

4）高分子压电材料

某些合成高分子聚合物薄膜经延展拉伸和电场极化后具有一定的压电性能，这类薄膜称为高分子压电薄膜。目前出现的压电薄膜有聚二氟乙烯PVF_2、聚氟乙烯PVF、聚氯乙烯PVC、聚γ甲基—L谷氨酸酯PMG等。高分子压电材料是一种柔软的压电材料，不易破碎，可以大量生产和制成较大的面积。如果将压电陶瓷粉末加入高分子化合物中，可以制成高分子-压电陶瓷薄膜，它既保持了高分子压电薄膜的柔软性，又具有较高的压电系数，是一种很有发展前景的压电材料。

常见压电元件及其参数如表2-2-1所示。

表 2-2-1 常用压电元件及其参数

压电材料			压电陶瓷					压电晶体	
			钛酸钡 $BaTiO_3$	锆钛酸铅系列			铌镁酸铅 DMN	铌酸锂 $LiNbO_3$	石英 SiO_3
				PZT-4	PZT-5	PZT-8			
性能参数	压电系数/(pC/N)	d_{15}	260	410	670	410		2220	
		d_{31}	−78	−100	−185	−90	−230	−25.9	$d_{11}=2.31$
		d_{33}	190	200	4.5	200	700	487	$d_{14}=0.73$
	相对介电常数 ε_r		1200	1050	2100	1000	2500	3.9	4.5
	居里点温度/℃		115	310	260	300	260	1210	573
	密度/(10^3kg/m^3)		5.5	7.45	7.5	7.45	7.6	4.64	2.65
性能参数	弹性模量/(10^8N/m^2)		110	83.3	117	123		24.5	80
	机械品质因数		300	2500	80	≥800		105	105～106
	最大安全应力/(10^6N/m^2)		81	76	76	83			95～100
	体电阻率/(Ω·m)		10^{10}	10^{10}	10^{10}				$>10^{12}$
	最高允许温度/℃		80	250	250				550

由于单片压电元件产生的电荷量甚微，输出电量很少，因此，在实际使用中常采用两片或者多片同型号的压电元件组合在一起。因为压电材料产生的电荷是有极性的，因此，压电传感器中压电元件的接法有两种：串联和并联，如图 2-2-5 所示。所谓串联是将多片压电元件首尾（正负）相连，最后将首片正极引出作为传感器正极，将尾片的负极引出作为传感器负极，如图 2-2-5（a）所示。所谓并联是将多片压电元件的所有正极连在一起作为传感器正极，所有负极连在一起作为传感器负极，如图 2-2-5（b）所示。

对于串联连接，由图 2-2-5（a）可知，输出总电荷等于单片元件电荷，而输出电压为单片元件电压的 n 倍，输出电容为单片元件电容的 $1/n$，即

$$Q_{串} = Q, U_{串} = nU, C_{串} = C/n \tag{2-2-1}$$

对于并联连接，由图 2-2-5（b）可知，输出总电荷为单片元件电荷的 n 倍，而输出电压等于单片元件电压，输出电容为单片元件电容的 n 倍，即

$$Q_{并} = nQ, U_{并} = U, C_{并} = nC \tag{2-2-2}$$

由此可见，并联接法虽然输出电荷大，但由于本身电容也大，故时间常数大，只适宜测量缓变信号，并且是以电荷作为输出量的场合；串联接法输出电压高，本身电容小，适用于以电压作为输出信号，且测量电路输入阻抗很高的场合。

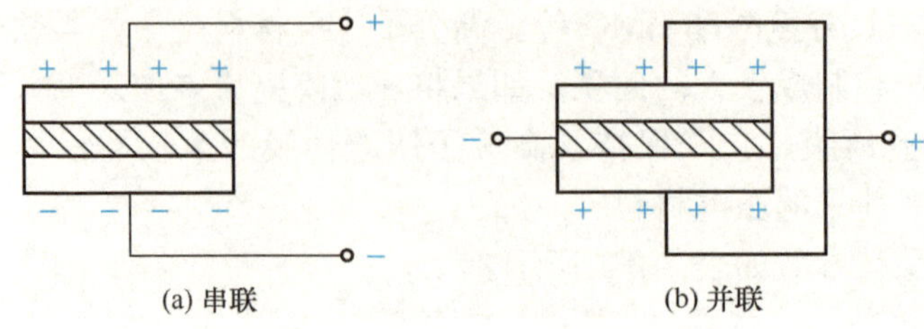

图 2-2-5 压电元件连接方式

4 压电式传感器的等效电路与测量电路

1）等效电路

压电传感器中的压电元件在受到外力作用时，会在一个电极表面聚集正电荷，而在另一个表面聚集负电荷，因此，压电式传感器可以看成一个电荷发生器或者看成一个电容器 C。若已知压电片面积为 S，压电片厚度为 b，压电材料的相对介电常数为 ε，等效电容器的电容量为

$$C=\frac{\varepsilon S}{b} \tag{2-2-3}$$

压电元件两极电荷的开路电压可等效为一个电压源与电容串联（戴维南定律），如图 2-2-6（a)所示，或等效为一个电荷源和电容并联（诺顿定律），如图 2-2-6（b）所示。电容上的电压 U、电荷 Q 与等效电容 C 三者关系为

$$U=\frac{Q}{C} \tag{2-2-4}$$

实际应用中，压电式传感器在连接测量电路时，还要考虑连接电缆的等效电容 C_e、传感器泄漏电阻 R_a，以及前置放大器输入电阻 R_i 和输入电容 C_i 的影响。压电传感器泄漏电阻 R_a 与前置放大器输入电阻 R_i 并联，为保证传感器具有一定的低频响应，要求传感器的泄漏电阻在 $10^{12}\Omega$ 以上，使 R_aC_a 足够大。与此相适应，测试系统应有较大的时间常数 τ，要求前置放大器有相当高的输入阻抗。压电式传感器电压源与电流源的实际等效电路如图 2-2-6所示。

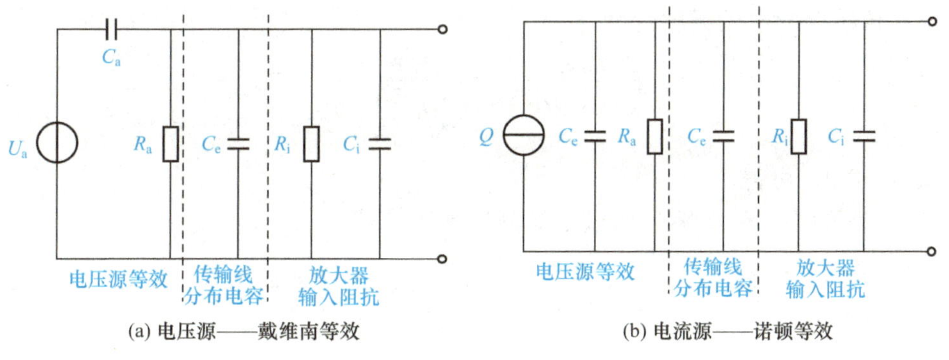

图 2-2-6 压电式传感器等效电路

2）测量电路

压电式传感器的输出信号很弱且内阻很高，需要低噪声电缆传输，要求前置放大器有相当高的输入阻抗。前置放大电路有两个作用，一是放大微弱的信号，二是阻抗变换（将传感器高阻输出变换为低阻输出）。根据等效电路，压电元件输出可以看成电压源，也可以看成电荷源。因此，前置放大电路有两种形式，即电压放大电路和电荷放大电路。

（1）电压放大电路。电压放大电路如图 2-2-7 所示，图 2-2-7（a）为等效电路，图 2-2-7（b）为简化电路。

在图 2-2-7（a）中，U_i 为放大器的输入电压，C_a、C_c、C_i 分别为压电元件的固有电

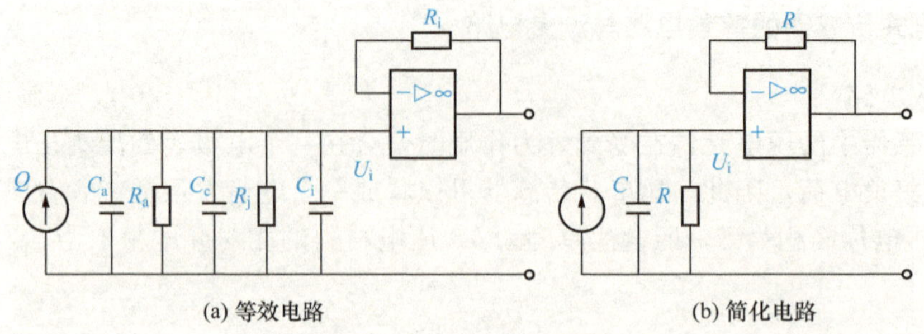

图 2-2-7 电压放大电路

容、导线的分布电容及放大器的输入电容；R_a 和 R_i 分别为传感器泄漏电阻和前置放大器输入电阻。则简化电路图 2-7（b）中的电容为

$$C = C_c + C_i + C_a \tag{2-2-5}$$

电阻为

$$R = \frac{R_a R_i}{R_a + R_i} \tag{2-2-6}$$

若压电式传感器所受的力按照正弦规律 $f = F\sin\omega t$ 变化，压电元件的压电系数为常数 d，则压电元件在力 F 作用下产生的电荷 Q 为

$$Q = d \times F = dF\sin\omega t \tag{2-2-7}$$

压电元件输送到放大器输入端的电压为

$$U_i = dF\frac{j\omega R}{1 + j\omega RC} \tag{2-2-8}$$

压电式传感器的电压灵敏度为

$$S_V = \left|\frac{U_i}{F}\right| = \frac{d\omega R}{\sqrt{1 + (\omega RC)^2}} = \frac{d}{\sqrt{\frac{1}{(\omega R)^2} + (C_a + C_c + C_i)^2}} \tag{2-2-9}$$

由式（2-2-9）可得

① 当 ω 为零时，S_V 为零，所以不能测量静态信号。

② 当 $\omega R \gg 1$ 时，$S_V = \frac{d}{\sqrt{(C_a + C_c + C_i)^2}}$，与输入频率 ω 无关，故电压放大电路高频特性良好。

③ S_V 与 C_c 有关，C_c 改变时 S_V 也改变，所以，不能随意更换传感器出厂时的连接电缆的长度；另外，连接电缆也不能过长，过长的连接电缆将降低灵敏度。

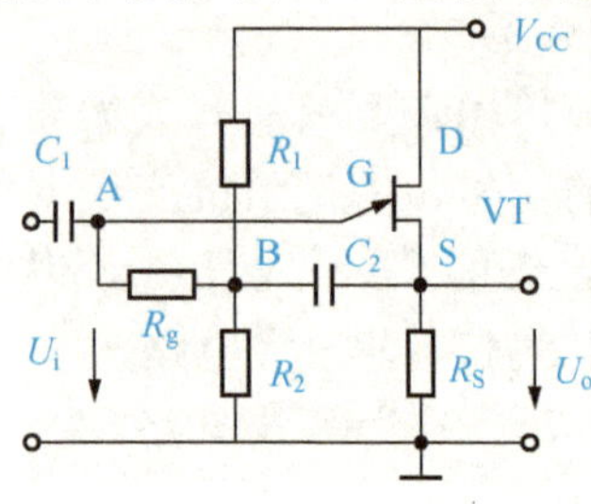

图 2-2-8 场效应管放大电路

电压放大电路结构简单，元件便宜；但电缆长度对测量精度影响较大，限制了其应用。随着集成运放价格的降低，在 20 世纪 90 年代以后生产的仪器中，电压放大器电路得到越来越多的使用。

图 2-2-7 为集成运放电压放大电路，在实际工程中也经常采用场效应晶体管（简称场效应管）放大电路，如图 2-2-8 所示，用场效应管实现的高阻抗匹配放大自举反馈电路，实

质是一个阻抗变换电路。VT 场效应管构成跟随器，R_1、R_2 分压经输入电阻 R_g 耦合作场效应管偏置。观察 R_g 两端电压，信号经 C_1 耦合到 R_g 的 A 端，由于场效应管的跟随作用，使 S（源）G（栅）间电压大小近似相等并相位相同，即 A 点与 S 极几乎同电位，S 极的信号再经电容 C_2 耦合到 B 点，从而使 B 点的电位与 A 点很接近，故 R_g 上的电流很小，整个场效应管放大电路的输入阻抗很大，由式（2-2-9）可以看出，它作为压电式传感器的前置放大器有利于传感器的高频响应和灵敏度的提高。

（2）电荷放大电路。为解决压电式传感器电缆分布电容对传感器灵敏度的影响和低频响应差的缺点，可采用电荷放大电路。压电式传感器与电荷放大电路连接的等效电路如图 2-2-9 所示。电荷放大电路实际上是一个具有深度负反馈的高增益运算放大电路。图 2-2-9 中 C_f 和 R_f 分别为电荷放大电路的反馈电容和反馈电阻。理想情况下，运算放大器的输入电阻和反馈电阻都等于无穷大。因此，可以忽略 R_a、R_i 和 R_f，电荷放大器输出电压近似为反馈电容 C_f 上的电压，即

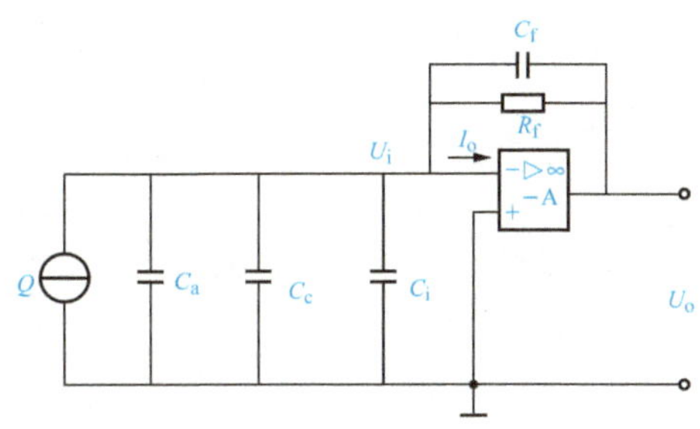

图 2-2-9 电荷放大电路

$$U_o = -U_i A \approx U_{Cf} \tag{2-2-10}$$

根据密勒定理，将反馈电容 C_f 折合到输入端，其等效为 $C'_f=(1+A)C_f$，其连接与 $(C_a+C_i+C_c)$ 并联，求得电荷放大电路输出电压为

$$U_o \approx -\frac{-AQ}{C_a+C_c+C_i+(1+A)C_f} \tag{2-2-11}$$

由于运算放大器的开环增益 A 非常大（一般都在 10^6 以上），满足 $(1+A)C_f>10(C_a+C_c+C_i)$，则式（2-2-11）可简化为

$$U_o \approx -\frac{Q}{C_f} \tag{2-2-12}$$

从式（2-2-12）可以看出，电荷放大电路的输出电压 U_o 与压电式传感器电荷量 Q 成正比，与反馈电容 C_f 成反比。并且输出电压与电缆电容 C_c 无关，电缆电容变化不影响传感器灵敏度，这是电荷放大电路的优点，使用电荷放大电路时电缆长度变化的影响可忽略，并允许使用长电缆，但实际的电荷放大电路复杂、价格较贵。

5 压电式传感器的应用

凡是利用压电元件的各种物理效应构成的各种传感器，都可称为压电式传感器，它们已被广泛应用在工业、军事和民用等领域。表 2-2-2 给出了其主要应用场合。在这些应用场合中，力敏检测应用最多。可直接利用压电式传感器测量应力、压力、加速度、位移等物理量。

1）压电式加速度传感器

加速度是物体运动速度的变化率，不能直接测量。为了获得较高的灵敏度，通常利用测量质量块随被测物体做加速运动时所表现出的惯性力来确定其加速度。根据牛顿第二定律，$F=ma$（力=质量×加速度），在质量已知且不变的情况下，测量惯性力就可以获得

表 2-2-2　压电式传感器的主要应用场合

传感器类型	生物功能	转　换	用　　途	压电材料
力敏	触觉	力→电	微拾音器、声纳、应变仪、点火器、血压计、压电陀螺、压力和加速度传感器	SiO_2、ZnO、$BaTiO_8$、PZT、PMS
热敏	触觉	热→电	温度计	$BaTiO_3$、PZO、TGS、$LiTiO_3$
光敏	视觉	光→电	热电红外探测器	$LiTaO_3$、$PbTiO_3$
声敏	听觉	声→电 声→压	振动器、微音器、超声探测器、助听器	SiO_2、压电陶瓷
		声→光	声光效应器	$PbMoO_4$、$PbTiO_3$、$LiNbO_3$

加速度值。压电式加速度计种类多，结构也各不相同，但它们一般由外壳、质量块、力敏感元件（压电元件）和限制质量块与外壳之间相对运动的弹簧构成。测量时，外壳与被测物体固定在一起运动，质量块也在限动弹簧的作用下随之运动。弹簧作用力的大小即等于质量块的惯性力，可由压电元件测出。

压电式加速度传感器是一种常用的加速度传感器，占各类加速度传感器的 80%以上。因其固有频率高，有较好的频率响应（几千赫兹几十千赫兹），如果配以电荷放大器，低频响应也很好（可低至零点几赫兹）。另外，压电式加速度传感器体积小、质量轻。其缺点是需要经常校正灵敏度。

压电加速度传感器的结构形式主要有压缩式、剪切式和复合式。

（1）压缩式压电加速度传感器。压缩式压电加速度传感器如图 2-2-10 所示，图 2-2-10（a）为实物图，图 2-2-10（b）为结构示意图，图 2-2-10（c）为简化模型。

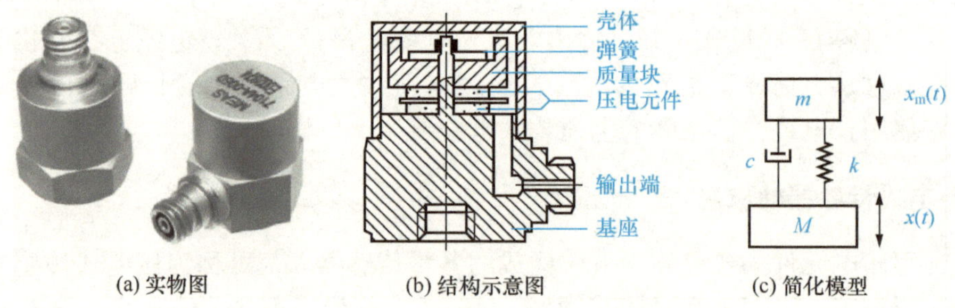

图 2-2-10　压缩式压电加速度传感器

常见的压电式加速度传感器的结构一般是利用压电陶瓷的纵向效应，将压电陶瓷和质量块通过螺母连接在一起，质量块对压电陶瓷预先加载，使之压紧在压电陶瓷上，对压电陶瓷片加预应力。压电元件一般由两片压电片组成，采用并联接法。测量时，将传感器基座与被测对象牢牢紧固在一起。压电元件上放一块相对密度较大的质量块，然后用弹簧和螺柱、螺母对质量块预加载荷，从而对压电元件施加预应力。整个组件装在一个厚基座的金属壳体中，其目的是隔离试件的任何应变传递到压电元件上去，避免产生虚假信号的影响。

若被测物体的运动频率远低于传感器的固有频率，传感器的输出电荷（电压）与作用力成正比，亦即与试件的加速度成正比。输出电量由传感器的输出端引出，输入到前置放大器后就可以用普通的测量仪器测出被测物体的加速度。如果在放大器中加进适当的积分电路，就可以测出被测物体的振动速度或位移。

（2）剪切式压电加速度传感器。剪切式压电加速度传感器的结构如图 2-2-11 所示，这种传感器采用剪切应力来实现压电的转换。剪切式压电加速度传感器的管式压电元件紧套在金属圆柱上，而质量块又套在压电元件上。若剪切式压电加速度传感器感受到向上的运动，则金属圆柱将向上运动，由于惯性质量块有滞后现象，因而压电元件就会受到剪切应力的作用，从而在压电元件的两个极面上产生电荷；若剪切式压电加速度传感器感受到向下的运动，则金属圆柱将向下运动，从而使压电元件两个极面上的电荷极性相反。这种结构形式的传感器不但灵敏度较高，而且能减小基座应变的影响。

剪切式压电加速度传感器具有很高的固有频率，其频率响应范围较宽，适合测量高频振动，因此，可以将它制作成小型传感器。但是由于压电元件、金属圆柱及质量块之间粘贴较为困难，因此，装配成功率非常低，另外，这种传感器过载能力差；由于粘接剂会随温度增高而变软，因此，最高工作温度较低；同时，温度变化后的热胀冷缩效应影响测量精度。

（3）复合式压电加速度传感器。复合式压电加速度传感器泛指具有组合结构、差动结构或者复合材料的压电式加速度传感器，如剪切压缩复合式、组合一体化压电加速度传感器等。组合一体化压电加速度传感器集传感器与测量电路于一身，使传感器输出的微弱信号能就近处理，经放大后再传输至测量仪器设备，这样一方面可以减少信号传输线的干扰，另一方面增加传输距离。复合式压电加速度传感器的结构如图 2-2-12 所示。

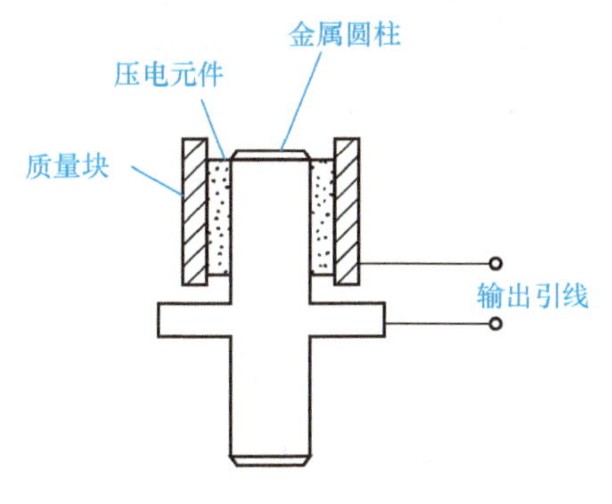

图 2-2-11 剪切式压电加速度传感器的结构示意图

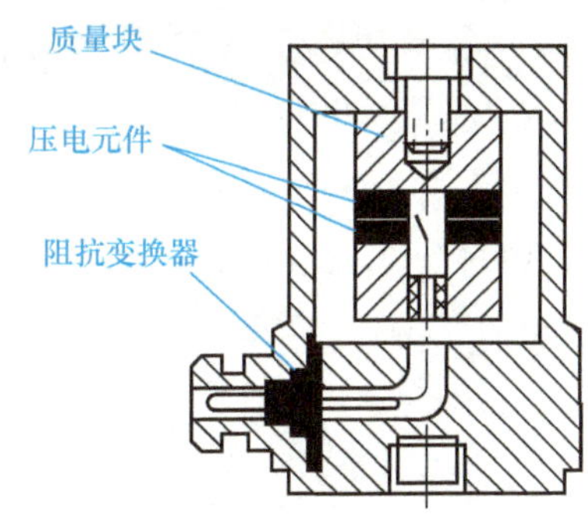

图 2-2-12 组合一体化压电加速度传感器结构图

压电式加速度传感器应用广泛，它在航空、航天、兵器、造船、纺织、农机、车辆、电气等各种系统中用于振动和冲击测试、信号分析、机械动态实验、环境模拟实验、振动校准、模态分析、故障诊断等。铣床振动信号的采集是由压电式加速度传感器进行的，经 DLF 系列多通道电荷电压滤波积分放大器转换为电压信号，用 INV310 大容量数据自动采集系统和DASP软件进行信号处理，测试系统结构如图2-2-13所示。

图2-2-13 铣床振动测试系统框图

2）压电式力传感器

压电式力传感器的结构如图2-2-14所示，图2-2-14（a）为结构图，图2-2-14（b）为实物图。被测力通过传力上盖使压电元件在沿电轴方向受压力作用而产生电荷，两块压电片沿电轴反方向叠起，其间是一个片形电极，它收集负电荷。两压电晶片的正电荷侧分别与传感器的传力上盖及底座相连。因此，两块压电片被并联起来，提高了传感器的灵敏度。片形电极通过电极引出插头将电荷输出。这种压电式力传感器属于单向力传感器，主要用于变化频率中等的动态力的测量，如车床动态切削力的测量，其中典型型号YDS-78I型压电式单向力传感器的测力为0～5000N，非线性误差小于1%，电荷灵敏度为3.8～44μC/N，固有频率为数十千赫兹。

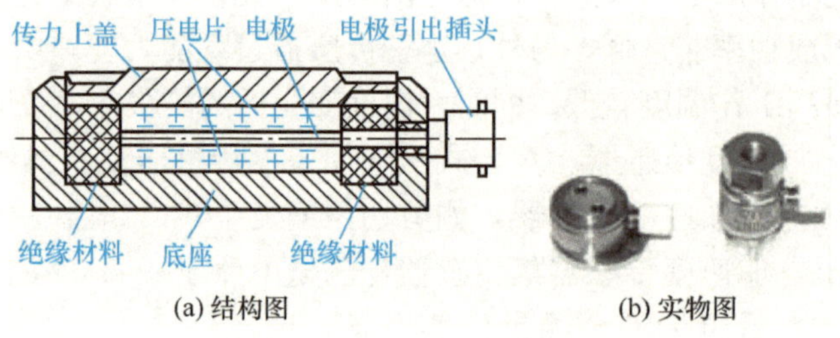

(a) 结构图 (b) 实物图

图2-2-14 压电式力传感器

采用YDS-781型压电式力传感器车床切削力测试示意图如图2-2-15所示，压电传感器安装在车削刀具的下端。当工件旋转，车刀开始切削工件时，垂直方向的车削力F_y作用于刀具上，并通过刀具传递到压电传感器上，通过测试压电传感器输出的电压或者电荷，就可以计算出车床的切削力。

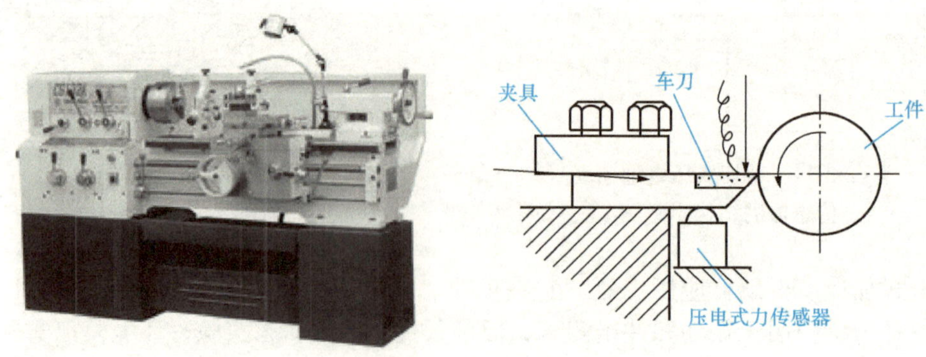

图2-2-15 压电式力传感器的车床切削力测量

3）压电式声传感器

压电式声传感器可以将电场能转换为机械能或将机械能转换为电场能。这类器件多数是可逆的，既可用作发射声信号，也可用作接收声信号。在空气中，常将发射换能器称为扬声器，俗称喇叭；将接收换能器称为微音器，也音译为麦克风，俗称话筒。在水声中，常将接收器件称为水听器。在超声中，常将其称为探头。

压电式声传感器的种类很多，图2-2-16所示为一种压电式声传感器的结构示意图，其核心部件是压电陶瓷片。在压电陶瓷片的前后两个表面粘贴上两块金属组成夹心型振子。头部用轻金属铝做成喇叭形，中部为压电陶瓷环，环中间穿过螺钉固定。尾部用重金属做成锥形。这种结构增大了辐射面积，增强了振子与介质耦合作用。当交变信号加在压电陶瓷片两个端面时，由于压电陶瓷的逆压电效应，陶瓷片会在电极方向产生周期性的伸长和缩短，即压电陶瓷片产生机械振动，成为声波源而发射一定频率的声信号。这时的声传感器就是声频信号发射器。当一定频率的声频信号加在传感器上时，传感器的压电陶瓷片受到外力作用产生伸缩变形，由于压电陶瓷的正压电效应，压电陶瓷上将出现充、放电现象，即将声频传号转换成了交变电信号。这时的声传感器就是声频信号接收器。

在电子产品中，如计算机控制微波炉、计算机控制电饭煲等，经常使用一种发声元件叫做蜂鸣器，如图2-2-17所示，它的内部核心部件是压电陶瓷片。根据内部结构不同，蜂鸣器分为有源和无源两种：无源蜂鸣器内部只有压电陶瓷片，没有驱动电路，所以要是无源蜂鸣器发声必须给其交流信号；有源蜂鸣器内部有驱动电路（即振荡电路），只要给其加入直流电源，内部振荡电路工作，产生交流信号驱动蜂鸣器发声。

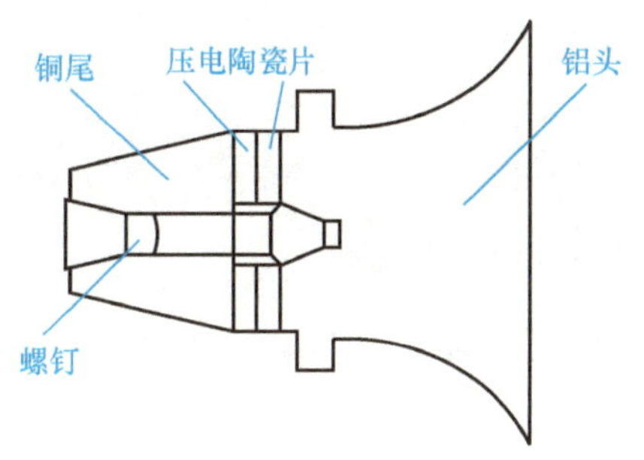

图2-2-16 压电式声传感器

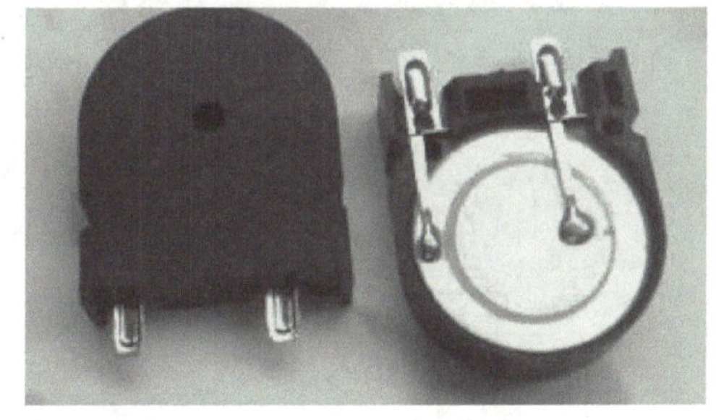
图2-2-17 蜂鸣器内部结构

4）交通检测

将高分子压电电缆PVDF埋在公路上，可以进行车速、载荷分布、车型等的判定。当车通过高分子压电电缆时，高分子压电电缆受到瞬时的压力而产生电荷，对电荷进行分析可以得出车型及车是否超速。采用压电电缆测速的示意图如图2-2-18所示，设公路上两根PVDF电缆A、B间距离为L，检测仪器显示屏显示PVDF电缆A、B信号的时间差为t，则汽车的速度为$S=L/t$。同时，通过检测仪器显示屏显示PVDF电缆A、B信号的强度计算汽车的载重或车型。

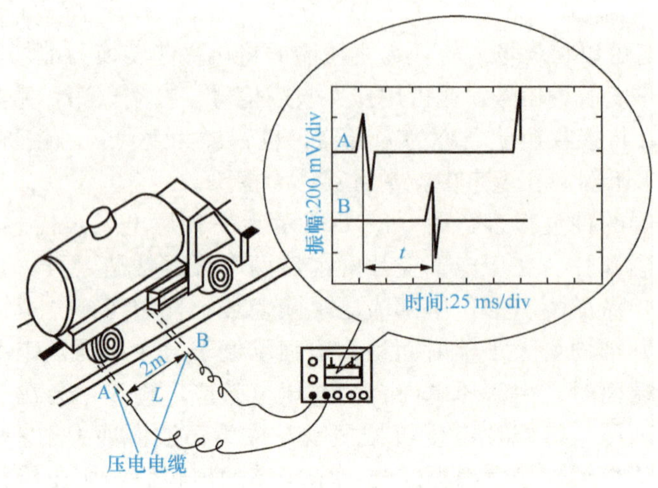

图 2-2-18 压电电缆交通监测示意图

基本技能

技能目标

(1) 了解压电传感器测量振动频率和幅值关系。

(2) 会识别压电陶瓷片，掌握压电陶瓷片测试。

(3) 能用压电陶瓷片制作压电式力传感器。

1 观察石英晶体的压电效应

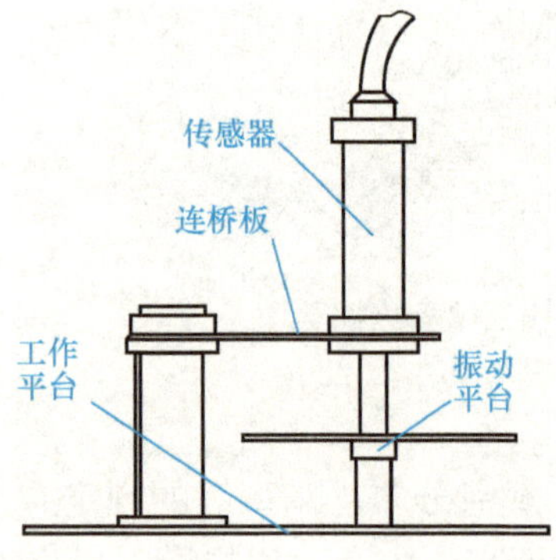

图 2-2-19 振动器实验装置示意图

(1) 将压电传感器安装在振动梁的圆盘上，如图 2-2-19 所示。

(2) 将振荡器的“低频输出”接到三源板的“低频输入”，合上主控台电源开关，调节低频调幅到最大、低频调频到适当位置，使振动梁的振幅最大（达到共振）。

(3) 将压电传感器的输出端接到压电传感器模块的输入端 U_{i1}，如图 2-2-20 所示。用示波器观察压电传感器的输出波形 U_o。

(4) 改变低频输出信号的频率，记录振动源不同振幅下压电传感器输出波形的频率和幅值。

2 识别和检测压电陶瓷片

压电陶瓷片是常见的压电传感器，它是在铜质金属圆盘上覆盖一层压电陶瓷，在陶瓷

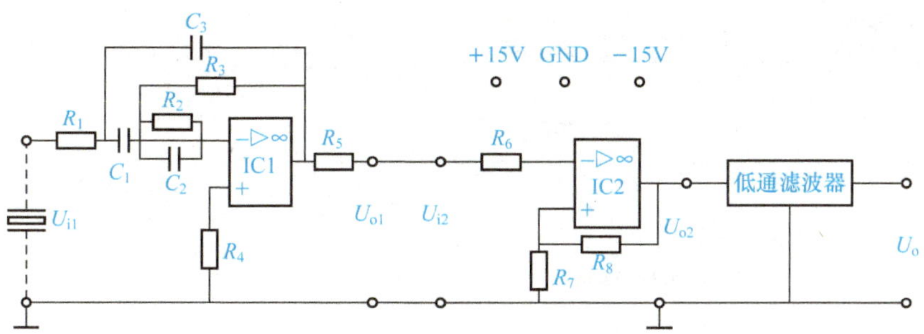

图 2-2-20　压电传感器接线图

片上再涂一层银制成的，如图 2-2-21 所示。

压电陶瓷片能将压力转换成电压，压电陶瓷片基本测试如图 2-2-22 所示，将压电陶瓷片平放在桌面上，将其两个引线分别连接万用表表笔，万用表置于最小电流挡，用长条形橡皮（或其他长条形软质材料）轻轻压在陶瓷片上，观察万用表指针，若万用表指针有明显摆动，则说明压电陶瓷片正常。

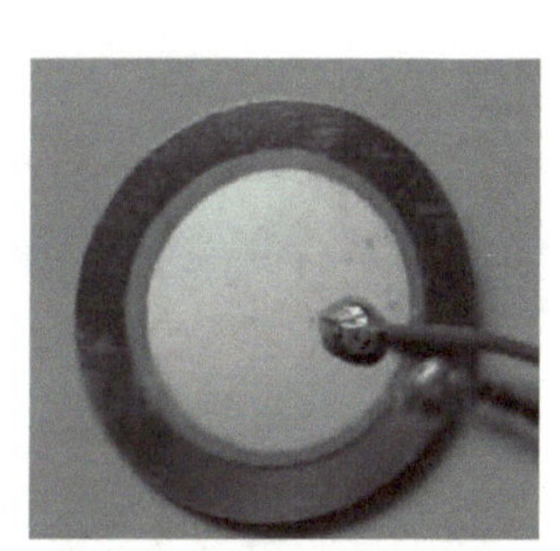

图 2-2-21　压电陶瓷片实物图

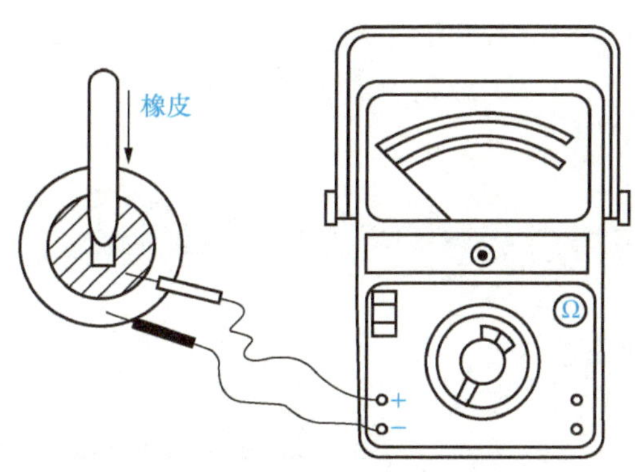

图 2-2-22　压电陶瓷片测试

3　分析制作压电式力传感器

压电式力传感器的电路如图 2-2-23 所示，SP 为压电陶瓷片，VT 是结型耗尽型场效应管。压电陶瓷片 SP 未受压时，SP 输出电压为 0V，电容 C 电压为 0V，VT 和发光二极管 D_1 将如何？若小物体，如小橡皮，从几厘米高度落到压电陶瓷片 SP 输出交变电压，电容 C 上的电压如何？VT 和 D_1 又如何？请读者自行分析电路的工作原理，并按照此电路制作压电式力传感器，测试该电路，并写出实验报告。

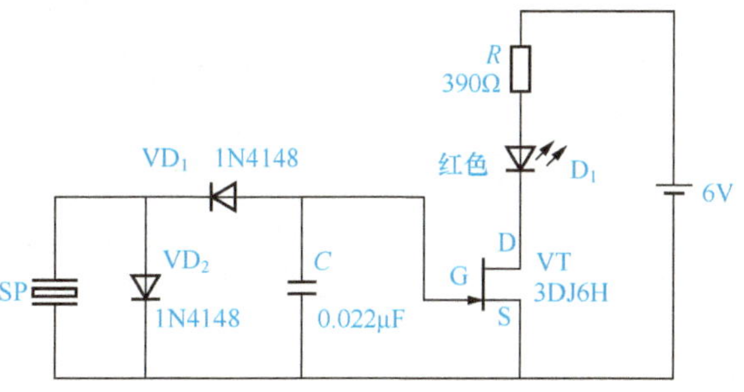

图 2-2-23　压电式力传感器的电路

任务评价评分表

班级：__________ 姓名：__________ 成绩：__________

评价条目	评价内容与要求	分值	自我评价	教师评价	得分	扣分原因
基本知识	了解压电传感器的结构	10				
	理解压电传感器的工作原理	10				
	掌握压电传感器的测试电路	10				
	了解压电传感器的主要应用	10				
基本技能	了解压电传感器测量振动的基本方法	10				
	掌握压电陶瓷片的识别和测试	15				
	会用压电陶瓷片制作压电式力传感器	15				
职业素养	态度认真、按时出勤，不迟到、早退	5				
	安全意识强，操作规范	5				
	爱护工具设备，工具设备摆放整齐，操作工环境卫生良好	5				
	节约能源，节约原料	5				

复习与思考题

1. 知识总结

压电式传感器是由压电元件组成的自发电式传感器。压电元件受到一定方向的外力而产生变形，内部产生了电荷极化的现象，在元件的上下两个表面便产生极性相反、大小相等的电荷，且电荷量和所受到压力的大小成正比。

压电元件可以将机械能转换成电能，也可以将电能转换成机械能，即在压电元件的极化方向上施加交变电场或电压，它就会产生机械变形；去掉电场时，压电元件的变形随之消失。这种现象称为电致伸缩效应。

压电式传感器内部压电元件连接方式有并联和串联两种：若采用并联方式，则输出电容大、输出电荷多，适合于测量缓变信号，且以电荷作为输出的场合；若采用串联方式，则输出电压大、本身电容小，适合于以电压作为输出信号，且测量电路输出阻抗很高的场合。

构成压电式传感器中的压电材料一般有三类：第一类是压电晶体（单晶体）；第二类是经过极化处理的压电陶瓷（多晶半导瓷）；第三类是高分子压电材料。压电式传感器的内阻很高（$R_a \geqslant 1010\Omega$），而输出的信号又非常微弱，为防止电荷迅速泄漏，减小测量误差，压电式传感器输出端需配接前置放大器，根据压电式传感器的工作原理及等效电路，它的输出可以是电荷信号，也可以是电压信号。因此，与之对应的前置放大器也有电荷放大器和电压放大器两种形式。

2. 思考题

1）填空题

(1) 由于力的作用而使物体表面产生电荷，这种效应称为____________，制成的传感器称为____________传感器，一般采用____________作为传感器的材料。

(2) 压电元件是一种____________敏感元件，可以测量那些最终能转换为____________的物理量。

(3) 压电式传感器采用前置放大电路的目的是____________。

(4) 压电传感器中的压电元件连接方式有____________和____________两种：____________方式输出电容大、输出电荷多，适合于测量缓变信号；____________方式输出电压大、本身电容小，适合于以电压作为输出信号。

(5) 构成压电式传感器的压电材料有三类：____________、____________和____________。

2）简答题

(1) 何为压电效应？压电式传感器对测量电路有何特殊要求？为什么？

(2) 压电式传感器输出信号的特点是什么？它对放大器有什么要求？放大器有哪两种类型？压电式传感器测量电路的作用是什么？其核心是解决什么问题？

(3) 简述采用压电传感器的高速公路测速系统的工作原理。

(4) 压电式传感器往往采用多片压电晶体串联或并联的连接方式，若采用并联方式，适合于测量何种信号？

(5) 试述压电式传感器的工作原理。

任务2 光电式传感器

基本知识

知识目标

(1) 理解各类光电式传感器的结构与工作原理。

(2) 了解各类光电式传感器的主要应用领域。

1 认识光电式传感器

目前，以数码相机为代表的图像采集设备，包括手机、便携式计算机的摄像头、视频

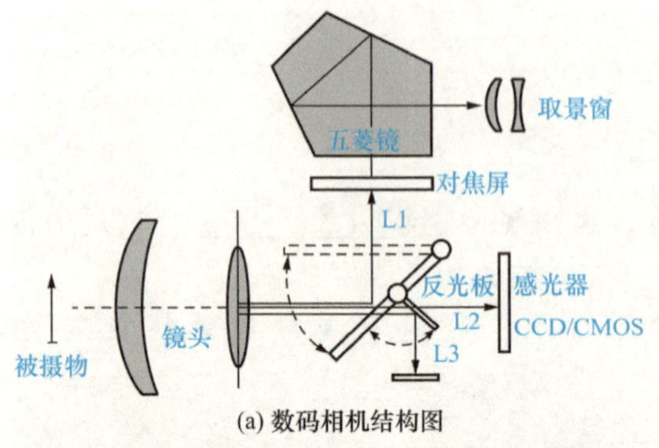

(a) 数码相机结构图

(b) CCD光电图像传感器

(c) CMOS光电图像传感器

图 2-2-24　数码相机结构及光电图像传感器实物图

监控仪、扫描仪等，已经深入我们的生活。这些产品虽然结构、功能不同，应用场合不同，但它们的基本作用相同——采集图像信息，它们的核心部件相同——光电图像传感器。数码相机的结构如图 2-2-24（a）所示，被摄物体的影像通过光学成像系统（镜头、反光板等）映影在光电图像传感器上，光电图像传感器将被摄物体的映影转换成电信号，再经过 A/D 转换、数字压缩等数字处理，保存在存储器（如 SD 卡、TF 卡、MS 卡等）中。常用的光电图像传感器有 CCD 和 CMOS 两种，CCD 光电图像传感器实物如图 2-2-24（b）所示，CMOS 光电图像传感器实物如图 2-2-24（c）所示。

光电传感器是一种常用的传感器，种类多、应用领域广，可用于测量转速、位移、距离、温度、浓度等参数；也可用于生产流水线上产品计数、位置开关等；还可用于数码相机、传真机、医学内窥镜等成像设备。

2　光电式传感器的工作原理与组成

光电式传感器的工作原理是基于某些物质的光电效应，即在光线的作用下，物体吸收光能量产生相应电信号的一种物理现象。光电效应一般分为外光电效应和内光电效应。在光线照射下，电子吸收光能，部分电子能量超过原子核的束缚，逸出物体表面向外发射的现象称为外光电效应，也叫光电发射效应。

在光线照射下，物体内的电子不能逸出物体表面，而使物体的电导率发生变化或产生光生电动势的效应称为内光电效应。内光电效应又可分为光电导效应和光生伏特效应。光电导效应是指在光线作用下，电子吸收光子能量后而引起物质电导率发生变化的现象。光生伏特效应是指在光线照射下，半导体材料吸收光能后，引起 PN 结两端产生电动势的现象。

光电式传感器种类繁多，不管哪种类型的光电式传感器，它们的基本原理都是用光敏元件（即能产生光电效应的物质）检测光信号的变化，将它转换成电信号的变化，再由后续测量、放大电路对电信号进行处理，光电式传感器的组成如图 2-2-25 所示。

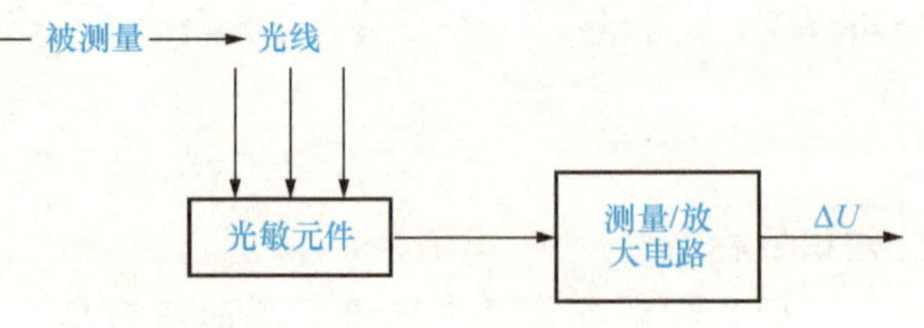

图 2-2-25　光电式传感器的组成

3　光电式传感器的分类与结构

光电式传感器是根据光电效应制成的，由于光电效应种类较多，因此，光电式传感器的分类也多。

1）外光电效应器件

根据外光电效应原理制成的外光电效应器件主要有光电管和光电倍增管。

（1）光电管。光电管由一个涂有光电材料的阴极和一个阳极构成，并且将它们密封在一只真空或充上惰性气体的玻璃管内。阴极通常是用逸出功小的光敏材料涂敷在玻璃泡内壁上做成的，阳极通常用金属丝弯曲成矩形或圆形置于玻璃管的中央。光电管的结构如图 2-2-26所示。当光电管的阴极受到适当波长的光线照射时便有电子逸出，这些电子被具有正电位的阳极所吸引，在光电管内形成空间电子流。如果在外电路中串入一个适当阻值的电阻 R_L，则在光电管组成的回路中形成电流，并在负载电阻 R_L 上产生输出电压 U_{out}。在入射光的频谱成分和光电管电压不变的条件下，输出电压 U_{out} 与入射光通量 Φ 成正比。

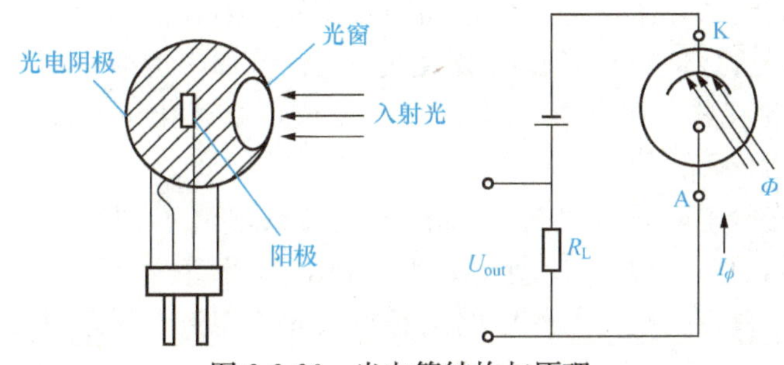

图 2-2-26　光电管结构与原理

（2）光电倍增管。当入射光很微弱时，普通光电管产生的光电流很小，只有零点几微安，很不容易检测。为了提高光电管的灵敏度，这时常用光电倍增管，它的内部具有光电流放大机制，在微弱的入射光下能输出较大的光电流，方便后续电路的检测与处理。光电倍增管由光阴极、次阴极（倍增电极）及阳极三部分组成，如图 2-2-27 所示。光阴极是由半导体光电材料锑铯做成的，次阴极是在镍或铜-铍的衬底上涂上锑铯材料而制成的，次阴极多的可达 30 级，通常为 12～14 级。阳极是最后用来收集电子的。

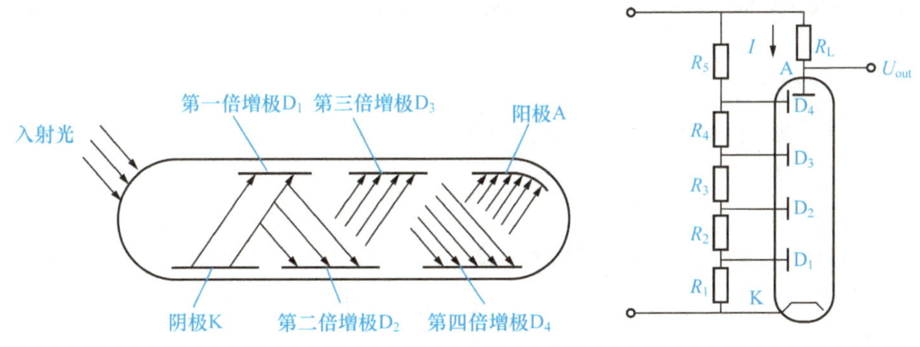

图 2-2-27　光电倍增管结构与原理

光电倍增管是利用二次电子释放效应，将光电流在管内部进行放大的。所谓的二次电子是指电子或光子以足够大的速度轰击金属表面而使金属内部的电子再次逸出金属表面，这种再次逸出金属表面的电子叫做二次电子。当入射光的光子打在光电阴极上时，光电阴极发射出电子，形成电子流，该电子流又打在电位较高的第一倍增极上，于是产生新的二次电子，故从第一倍增极 D_1 逸出的电子多于阴极 K 逸出的电子；第一倍增极产生的二次电子又打在比第一倍增极电位高的第二倍增极上，第二倍增极同样也会产生二次电子发射，如此连续进行下去，直到最后一级的倍增极产生的二次电子被更高电位的阳极收集为止，从而在整个回路里形成光电流。

2）光电导器件

常见的光电导器件是光敏电阻。

光敏电阻的原理与结构。光敏电阻又称光导管，是纯电阻元件，其电阻值随光照增强而减小。光敏电阻的结构较为简单，如图 2-2-28（a）所示。在玻璃底板上均匀地涂上薄薄的一层半导体物质，半导体的两端装上金属电极，使电极与半导体层可靠地接触，然后，将它们压入塑料封装体内。为了防止周围介质的污染，在半导体光敏层上覆盖一层漆膜，漆膜成分的选择应该使它在光敏层最敏感的波长范围内透射率最大。制作光敏电阻的材料一般由金属的硫化物、硒化物、碲化物等组成，如硫化镉、硫化铅、硫化铊、硫化铋、硒化镉、硒化铅、碲化铅等。

当无光照时，光敏电阻具有很高的阻值 R_g，负载电流 I_L 很小，在负载电阻 R_L 上获得的电压也很小，如图 2-2-28（b）所示；当光敏电阻受到一定波长范围的光照射时，光子的能量大于材料的禁带宽度，禁带中的电子吸收光子能量后跃迁到导带，激发出可以导电的电子-空穴对，使光敏电阻 R_g 电阻值降低，负载电流 I_L 增大，在负载电阻 R_L 上获得的电压也增大；光线愈强，激发出的电子-空穴对越多，电阻值越低，负载电压越大；光照停止后，自由电子与空穴复合，导电性能下降，电阻恢复原值。

由于光敏电阻吸收了光而产生的光电效应只限于光照的表面薄层，因此，光敏电阻一般都做成薄层。另外，光敏电阻的灵敏度随光敏电阻两电极间距的减小而增大，因此，为了获得高的灵敏度，光敏电阻的电极一般采用梳状结构，如图 2-2-28（c）所示。它是在一定的掩模下向光电导薄膜上蒸镀金或铟等金属形成的。梳状电极在间距很近的电极之间有可能采用大的极板面积，以提高光敏电阻的灵敏度，光敏电阻的实物图如图 2-2-28（d）所示。

3）光生伏特器件

按照光生伏特效应制成的光电器件主要有光敏晶体管和光电池，光敏晶体管包括光敏二极管和光敏三极管。

（1）光敏晶体管。

① 光敏二极管。光敏二极管的结构与普通半导体二极管的结构类似，如图 2-2-29（a）所示，在光敏二极管管壳上有一个能射入光线的玻璃透镜，入射光通过玻璃透镜正好照射在管芯上。光敏二极管的管芯是一个具有光敏特性的 PN 结，它被封装在管壳内，其光敏面是通过扩散工艺在 N 型单晶硅上形成的一层薄膜。光敏二极管的管芯及管芯上的 PN 结面积做得较大，而管芯上的电极面积做得较小，PN 结的结深比普通半导体二极管做得浅，这种结构有利于提高光敏二极管的光电转换效率。另外，光敏二极管与普通硅半导体二极管一样，在硅片上有一层 SiO_2 保护层，它把 PN 结的边缘保护起来，从而提高了稳定性，减小了暗电流。光敏二极管的实物如图 2-2-29（d）所示。

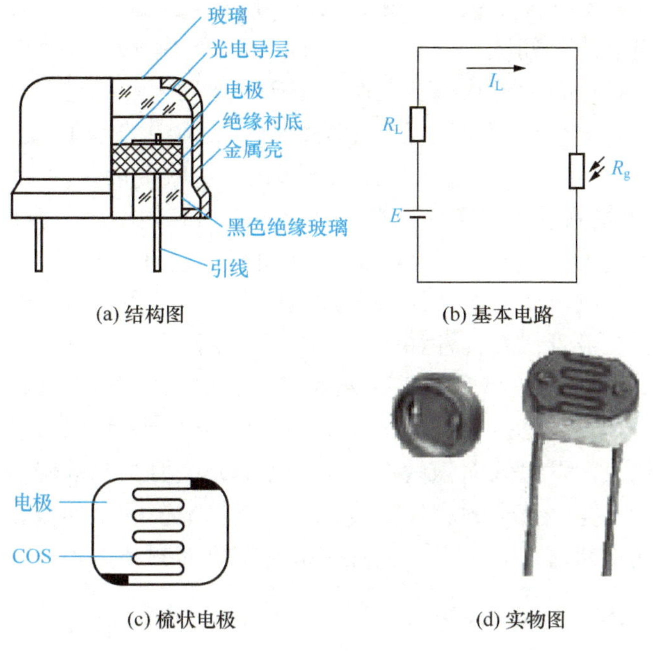

(a) 结构图　(b) 基本电路

(c) 梳状电极　(d) 实物图

图 2-2-28　光敏电阻结构与基本电路

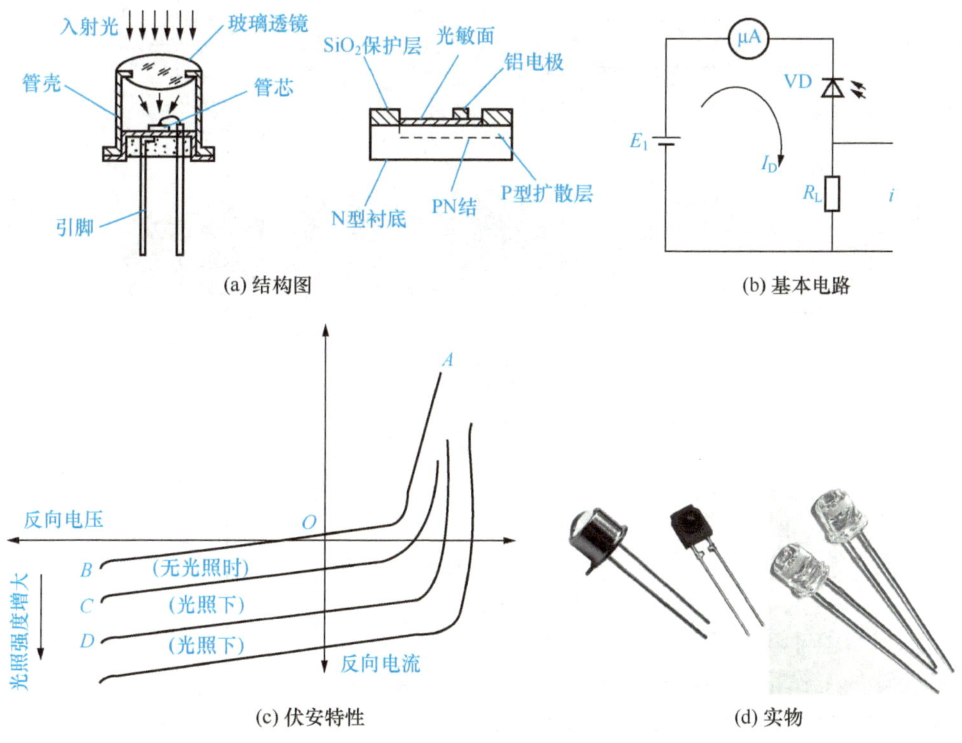

(a) 结构图　(b) 基本电路

(c) 伏安特性　(d) 实物

图 2-2-29　光敏二极管

光敏二极管与普通半导体二极管一样，它的PN结具有单向导电性，因此，光敏二极管工作时应加上反向电压，如图2-2-29（b）所示。当无光照时，处于反偏的光敏二极管工作在截止状态，这时只有少数载流子在反向偏压的作用下，越过阻挡层形成微小的反向电流，即暗电流。反向电流小的原因是在PN结中，P型中的电子和N型中的空穴很少。当光照射在PN结上时，PN结附近原子受光子轰击，吸收其能量而产生电子-空穴对，使得P区和N区的少数载流子浓度增加，在外加反偏电压和内电场的作用下，P区的少数载流子越过阻挡层进入N区，N区的少数载流子越过阻挡层进入P区，从而使通过PN结的反向电流增加，形成光电流。光电流流过负载电阻 R_L 时，在电阻两端将得到随入射光变化的电压信号，光敏二极管伏安特性如图2-2-29（c）所示。

② 光敏三极管。与普通三极管相似，光敏三极管的类型也分NPN型和PNP型两种，它在结构上也与普通半导体三极管类似，如图2-2-30（a）所示。为适应光电转换的要求，它的基区面积做得较大，发射区面积做得较小，入射光主要被基区吸收，以提高光电转换效率。与光敏二极管一样，管子的芯片被装在带有玻璃透镜的金属或塑料壳内，当光照射时，光线通过透镜集中照射在芯片上，光敏三极管实物如图2-2-30（d）所示。

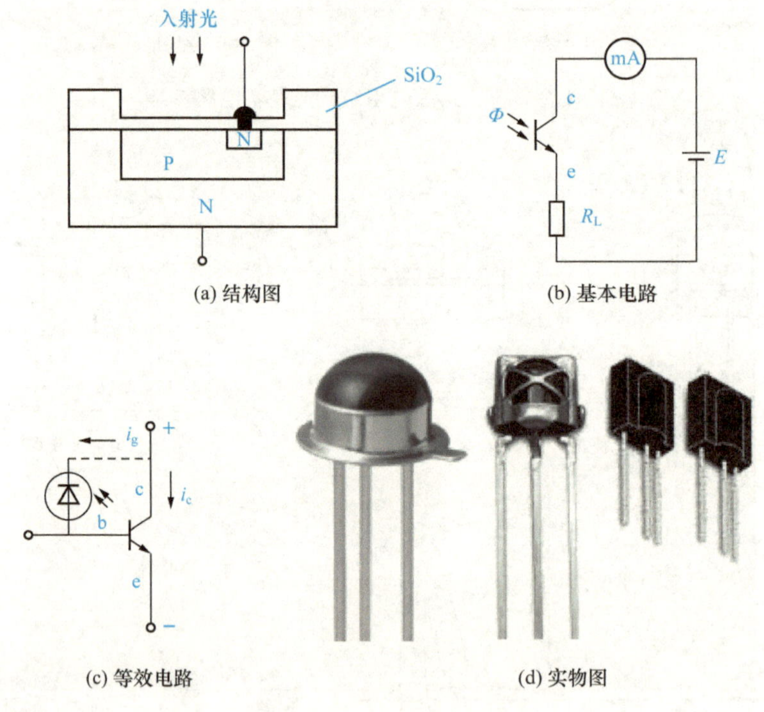

(a) 结构图　(b) 基本电路　(c) 等效电路　(d) 实物图

图2-2-30　光敏三极管

光敏三极管基本电路如图2-2-30（b）所示，图中以NPN型光敏三极管为例，PNP型光敏三极管的工作情况与其正好相反。光敏三极管的集电极接正电压，其发射极接负电压。当无光照射时，相当于普通三极管基极电流为零，流过光敏三极管CE结的电流，就是正常情况下光敏三极管集电极与发射极之间的穿透电流，它也是光敏三极管的暗电流。

当有光照射在基区时，激发产生的电子-空穴对增加了少数载流子的浓度，使集电极反向饱和电流大大增加，相当于增加三极管基极电流 I_b，根据三极管的电流放大原理，流过光敏三极管CE结的电流是BE结电流的β倍，它就是光敏三极管的光电流。可以看出，光敏三极管具有类似普通半导体三极管的放大作用。所以，光敏三极管比光敏二极管具有更高的灵敏度，光敏三极管等效电路如图2-2-30（c）所示，相当于光敏二极管加上三极管放大信号。

（2）光电池。光电池是利用光生伏特效应把光能直接转变成电能的器件，是发电式有源元件。由于它可以把太阳能直接转变为电能，因此，又称为太阳能电池。它有较大面积的PN结，当光照射在PN结上时，在PN结两端产生电动势。

光电池的命名方式是把光电池的半导体材料的名称冠于光电池之前，如硒光电池、砷化镓光电池、硅光电池等。目前，应用最广泛、最有发展前途的是硅光电池和硒光电池。以硅光电池为例，硅光电池的结构如图2-2-31（a）所示，它是在一块N型硅片上用扩散的办法掺入P杂质形成PN结。当光照射到PN结区时，如果光子能量足够大，那么将在结区附近激发出电子-空穴对，在N区聚积负电荷，P区聚积正电荷，这样N区和P区之间出现电位差。若将PN结两端用导线连接起来，如图2-2-31（b）所示，电路中就有电流流过，电流的方向由P区流经外电路至N区。若将外电路断开，就可测得光生电动势，光电池等效电路和实物图如图2-2-31（c）和（d）所示。

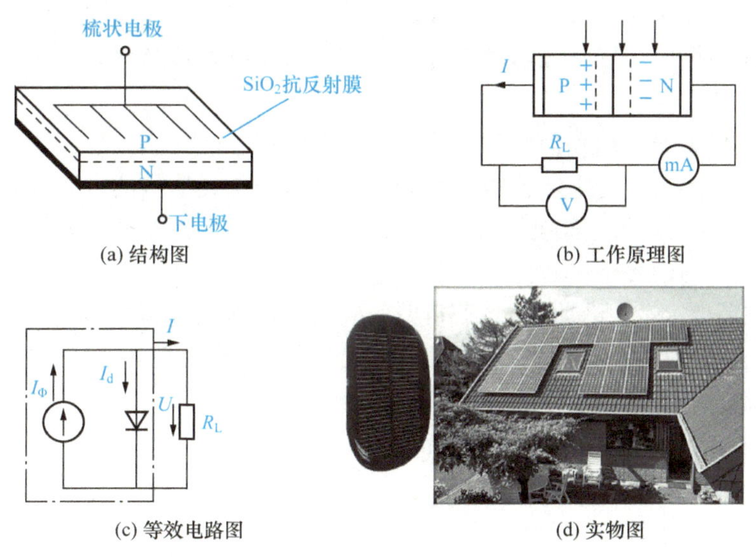

图2-2-31　光电池

光电池的光谱特性如图2-2-32（a）所示，从图中可以看出，不同材料的光电池的峰值波长不同。硒光电池在可见光谱范围内有较高的灵敏度，峰值波长在540nm附近，适宜测可见光。硅光电池应用的范围为400～1100nm，峰值波长在850nm附近，因此，硅光电池可以在很宽的范围内应用。硅光电池的光照特性如图2-2-32（b）所示，图中开路电压曲线是光生电动势与照度之间的特性曲线，短路电流曲线是光电流与照度之间的特性曲线。由图2-2-32可知，硅光电池的开路电压与照度的关系是非线性的，当照度为2000勒［克斯］（lx）时就趋向饱和了，因此，当光电池作为测量元件时，应把它当作电流源来使用，不能用作电压源。

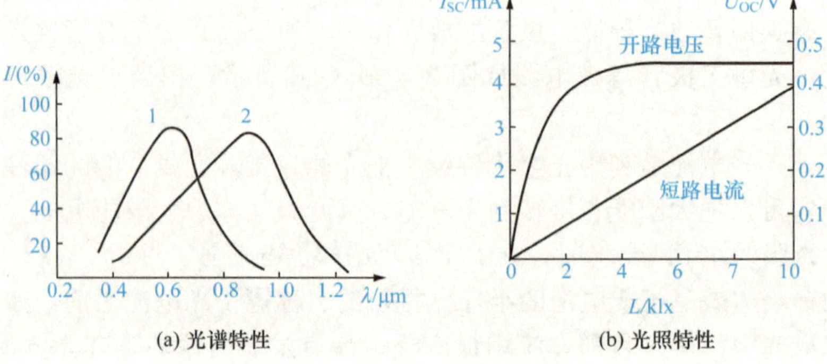

图 2-2-32 光电池基本特性

4 光电式传感器应用

如前所述，光电式传感器的种类较多，分为外光电器件、内光电器件，内光电器件又分多种，如光敏二极管、光敏三极管、光电池等，各种光电式传感器的特性参数（如光谱响应、灵敏度、光电响应线性度等）各异。表 2-2-3 为常用光电式传感器的特性参数表，在实际应用中应根据应用场合和器件特性，合理选择光电式传感器，主要考虑以下几个方面的问题：

（1）光电式传感器必须和信号源及光学系统在光谱上匹配。

（2）光电式传感器的光电转换特性或动态范围必须与光信号的入射辐射能量相匹配。

（3）光电式传感器的时间响应特性必须与光信号的调制形式、信号频率及波形相匹配，以确保转换后的信号不失真。

一般地，在需要定量测量光源发光强度时，应选用线性好的光敏二极管；但在要求对弱辐射进行探测时，就必须考虑传感器的灵敏度，因此，光敏电阻是首选器件；当测量高速运动对象时，动态响应特性就成为一个需要重要考虑的因素，可选用 PIN 等动态特性好的器件。此外，成本、体积、电源、环境等因素也是合理选择和应用光生伏特器件要考虑的因素。

表 2-2-3 光生伏特器件的特性参数

光电器件	光谱响应/nm		灵敏度 /(A/W)	输出电流 /mA	光电响应线性	频率响应 /MHz	暗电流及噪声	应用
	范围	峰值						
CdS 光敏电阻	400～900	640	1A/1m	$10\sim10^2$	非线性	0.001	较低	集成或分离式光电开关
CdSe 光敏电阻	300～1220	750	1A/1m	$10\sim10^2$	非线性	0.001	较低	
PN 结光敏二极管	400～1100	750	0.3～0.6	≤1.0	好	≤10	最低	光电检测
硅光电池	400～1100	750	0.3～0.8	1～30	好	0.03～1	较低	—
PIN 光敏二极管	400～1100	750	0.3～0.6	≤2.0	好	≤100	最低	高速光电检测
GaAs 光敏二极管	300～950	850	0.3～0.6	≤1.0	好	≤100	最低	高速光电检测
HgCdTe 光敏二极管	1000～12 000	与 Cd 组分有关	—	—	好	≤10	较低	红外探测
光敏晶体管 3DU	400～1100	880	0.1～2	1～8	线性差	≤0.2	低	光电探测与开关

光电式传感器的最大特点是非接触式测量。根据被测物体的光特性，光电传感器可分为以下四种：

（1）被测物体发光。被测物体发出的光投射在光电元件上，光电元件的输出反映了光源的某些物理参数，如图 2-2-33（a）所示。这种传感器可用在光电高温比色温度计和对照相机曝光量的控制中。

（2）被测物体透光。光源发射的光通量穿过被测物体，一部分光被被测物体吸收，另一部分光透射到光电元件上，吸收的光通量决定于被测物体的某些参数，如图 2-2-33（b）所示。这种传感器可用在透明度计和浊度计中。

（3）被测物体反光。光源发出的光通量投射到被测物体上，从被测物体表面反射到光电元件上，光电元件的输出反映了被测物体的某些参数，如图 2-2-33（c）所示。这种传感器可用在反射式光电法测转速和测量工件表面粗糙度中。

（4）被测物体遮光。光源发出的光通量在到达光电元件的途中遇到被测物体，照射在光电元件上的光通量被遮掉一部分，光电元件的输出反映了被测物体的尺寸，如图 2-2-33（d）所示。这种传感器可用在振动测量和工件尺寸测量中。

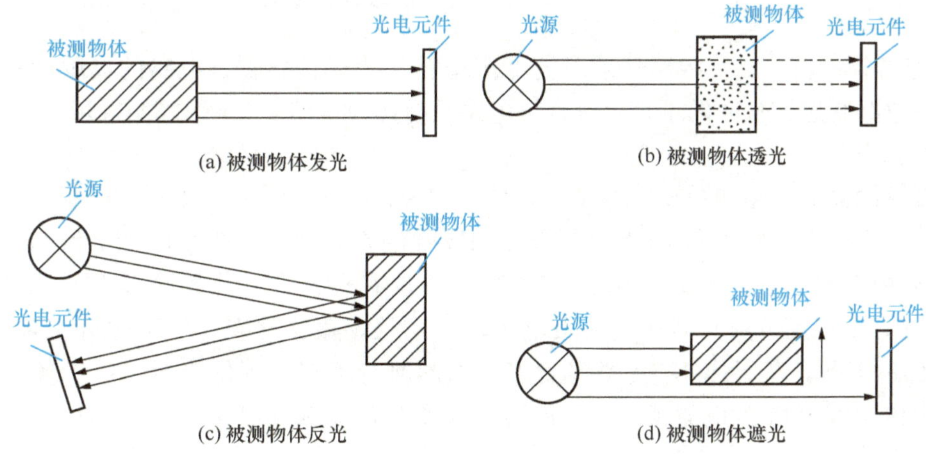

图 2-2-33 光电式传感器根据被测物体光特性分类

1）外光电效应器件的应用

① 烟尘浊度监测仪。减少或消除烟尘污染是环保的重要任务之一，特别是近年来雾霾状况越来越严重，烟尘污染更是备受人们重视。减少或消除烟尘污染，首先要知道烟尘排放量，因此，必须对烟尘源进行监测。烟道里的烟尘浓度是通过光在烟尘通道里传输过程中的变化大小来检测的。如果烟尘通道中烟尘浓度增加，则光源发出的光被烟尘颗粒的吸收和折射增加，到达光检测器上的光减少，因而光检测器输出信号的强弱便可反映出烟尘浓度的变化。

烟尘浓度检测系统的结构框图如图 2-2-34 所示。在空气烟尘污染中，细粒（又称细颗粒、PM2.5）虽然在空气中含量不高，但它对空气质量和能见度等有重要的影响。与较粗的大气颗粒物（PM10）相比，PM2.5 粒径小、面积大、活性强，易附带有毒、有害物质（如重金属、微生物等），且在大气中的停留时间长、输送距离远，因而对人体健康和大气环境质量的影响更大。为了检测出烟尘中对人体危害性最大的微米、亚微米细粒的浓度，同时避免水蒸气及二氧化碳对光源衰减的影响，选取可见光作为光源（400～700nm 波长的白炽光）。光检测器选择光谱响应为 400～600nm 的光电管，以获取随烟尘浓度变化的相应电信号。为了提高检测灵敏度，采用具有高增益、高输入阻抗、低零漂、高共模抑制比的运算放大器（如 NE5532）对信号进行放大。刻度校正用来进行调零与调满刻度，以保证测试的准确性。显示器用来显示浓度瞬时值。报警电路由多谐振荡器组成，当运算放大器输出浓度信号超过规定值时，多谐振荡器工作，输出信号经放大后推动扬声器发出报警信号。

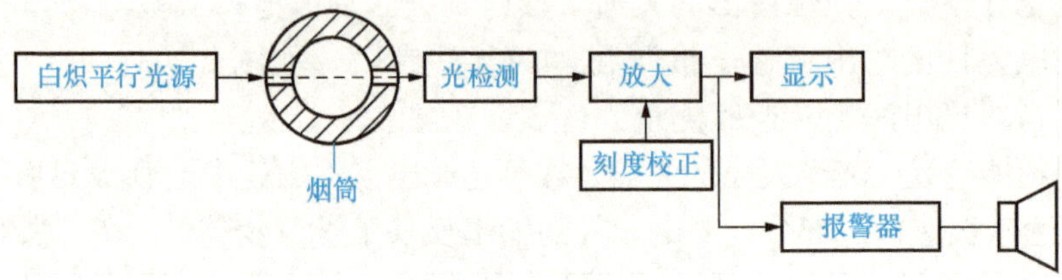

图 2-2-34　烟尘浓度检测系统结构框图

② 路灯控制器。路灯控制器采用光电倍增管作为光传感器，电路的灵敏度高，能有效地防止电路状态转换时的不稳定过程。电路设有延时电路，具有对雷电和各种短时强光的抗干扰能力。

路灯控制器的电路如图 2-2-35 所示，电路主要由光电转换级、滞后比较级、驱动级组成。白天，光电倍增管 VT_1 的光电阴极受到较强的光照时，产生小的光电流，使场效应管 VT_2 栅极上的正电压增高，漏源电流增大，这时在运算放大器 IC 的反相输入端的电压约为 3.1V，所以运算放大器输出为负电压，VD_7 处于截止状态，VT_3 也处于截止状态，继电器 K 不工作，其触点 K_1 为常开状态，因此路灯不亮。到傍晚时，由于环境光线减弱，光电倍增管 VT_1 的电流减小，使得场效应管 VT_2 栅极电压和漏源电流随之减小。这时，在运算放大器 IC 反相输入端上的电压为负电压，在其输出端输出有 13V 的电压，因此 VD_7 导通，VT_3 随之导通饱和，继电器 K 工作，其常开触点 K_1 闭合，路灯被点亮。到第二天清晨，由于光照的加强，电路则自动转换为关闭状态。

为防止雷雨天的闪电或突然短时间的强光照射，使电路造成误动作，电路中，由 C_1、R_1 及光电倍增管的内阻构成一个延时电路，延时为 3～5s，这样即使有短时的强光作用也不会使电路翻转，仍能保持电路的正常工作。电路中的 VD_1 是温度补偿二极管，用它来补偿场效应管 VT_2 栅源极之间结压降随温度的变化。二极管 VD_2、VD_3 是为保护运算放大器而设置的，VD_4、VD_5 主要用来防止反向电压进入运算放大器。

2）光电导器件的应用

光电导器件常见的主要是光敏电阻，要正确使用光敏电阻需对光敏电阻的技术参数有所了解，光敏电阻的主要参数有暗电阻、暗电流、亮电阻、亮电流和光电流。光敏电阻在室温、完全无光照射环境下，经过一段时间测量的电阻值称为暗电阻，此时，在给定电压下流过的电流称为暗电流。光敏电阻在一定的光照下测得的阻值称为亮电阻，此时，光敏

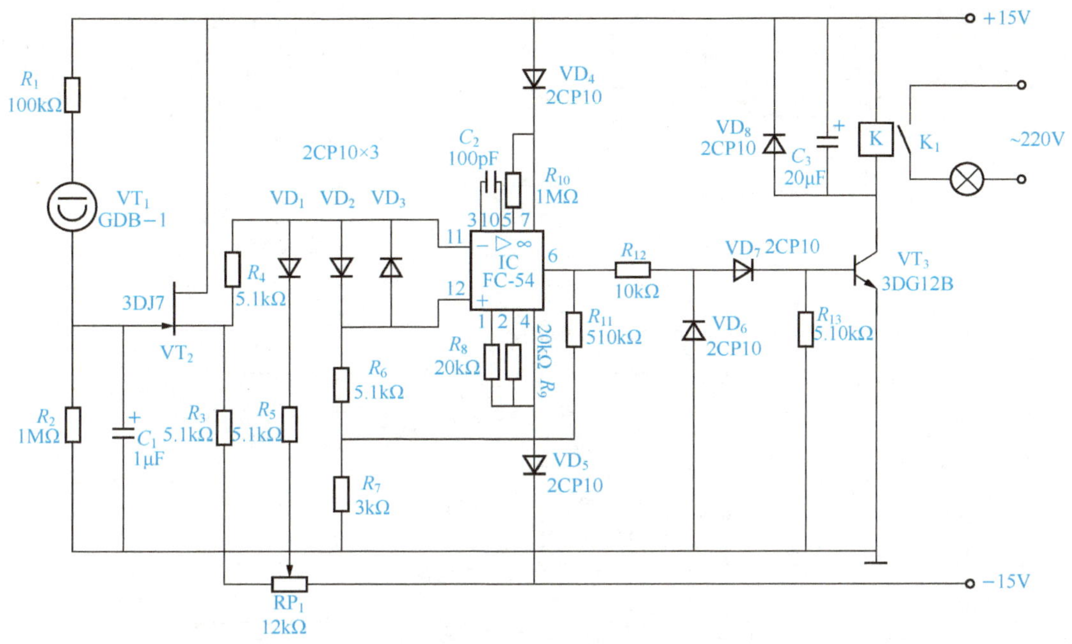

图 2-2-35 路灯控制器电路

电阻上流过的电流称为亮电流。亮电流与暗电流之差称为光电流。亮电阻与暗电阻之差越大，说明光敏电阻性能越好，灵敏度高。一般实际用的光敏电阻，其暗电阻大都在 1～100MΩ，而亮电阻在几千欧以下。

根据光敏电阻的光谱特性，光敏电阻可分为紫外光敏电阻、红外光敏电阻、可见光光敏电阻三种。紫外光敏电阻主要对紫外线较灵敏，用于探测紫外线强度；红外光敏电阻一般采用硫化铅感光材料，广泛用于导弹制导、天文探测、非接触测量、人体病变探测、红外光谱、红外通信等国防、科学研究和工农业生产中；可见光光敏电阻一般采用硫化镉、硒化镉感光材料，主要用于各种光电控制系统，如光电自动开关门，航标灯、路灯和其他照明系统的自动亮灭，自动给水和自动停水装置，机械上的自动保护装置和“位置检测器”，极薄零件的厚度检测器，照相机的自动曝光装置，光电计数器，烟雾报警器，光电跟踪系统等方面。

① 心跳计。心跳计结构如图 2-2-36（a）所示，在一个夹子的两边分别装一个红外发光管和一个光敏电阻，测量心跳时，将夹子夹在耳垂上，心脏压力波引起的人体组织毛细血管中血流量的变化导致耳垂的透光率不同，从而使光敏电阻的阻值变化，如图 2-2-36（b）所示，阻值的变化周期即为每次心跳的时间间隔，其倒数是每分钟心跳次数。

心跳计电路如图 2-2-36（c）所示，光敏电阻 R_g 输出的心跳信号经过 LM358/1 的放大和 LM358/2 的整形输出心跳周期信号，经后续周期（或频率）测量电路可测算出每分钟心跳次数。

② 灯光亮度自动控制器。灯光亮度自动控制器可按照环境光照强度自动调节白炽灯或荧光灯的亮度，从而使室内的照明自动保持在最佳状态，避免人们产生视觉疲劳。

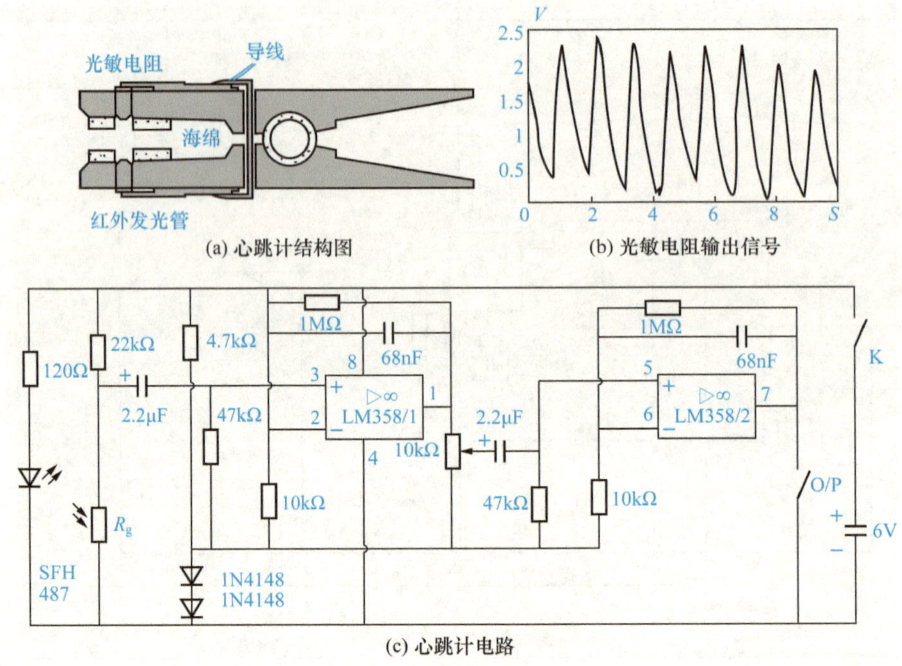

图 2-2-36　心跳计结构与电路

控制器主要由环境光照检测电桥、放大器 A、积分器、比较器、过零检测器、锯齿波形成电路、双向晶闸管 V 等组成，电路框图如图 2-2-37 所示。过零检测器对 50Hz 市电电压的每次过零点进行检测，并控制锯齿波形成电路使其产生与市电同步的锯齿波电压，该电压加在比较器的同相输入端。另外，由光敏电阻与电阻组成的电桥将环境光照的变化转换成直流电压的变化，该电压经放大并由积分电路积分后加到比较器的反相输入端，其数值随环境光照的变化而缓慢地成正比例变化。根据两个电压的比较结果，可从比较器输出端得到随环境光照强度变化而脉冲宽度发生变化的控制信号，该控制信号的频率与市电频率同步，其脉冲宽度反比于环境光照，利用这个控制信号触发双向晶闸管，改变其导通角，便可使灯光的亮度随环境光照做相反的变化，从而达到自动控制环境光照不变的目的。

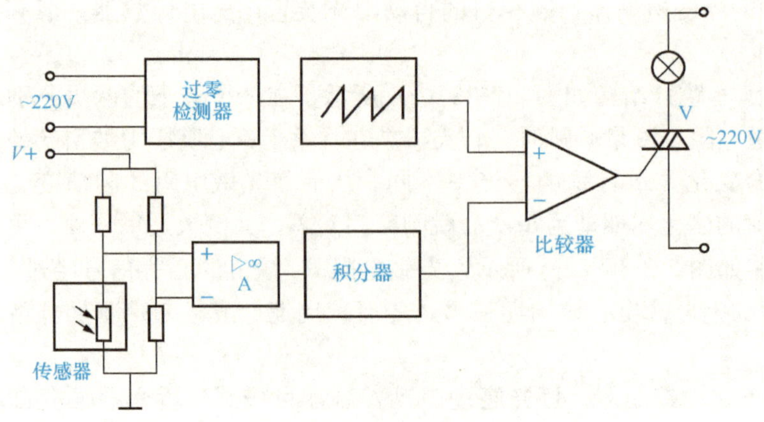

图 2-2-37　灯光亮度自动控制器原理框图

③ 浓度计。浓度计如图 2-2-38 所示。其中，图 2-2-38（a）所示为实物图，图 2-2-38（b）所示为浓度计的工作原理示意图。当浓度计插入被检体时，根据被检体的浓度或密度，光敏电阻将其接收到的光线强度转变成电信号，通过放大后驱动显示仪表。该测量仪一般用于乳浊液的浓度分析、灰片密度及透光率的测量。放大器及显示仪表可以根据具体的需要选用。调节 RP 可检测不同的被检体。

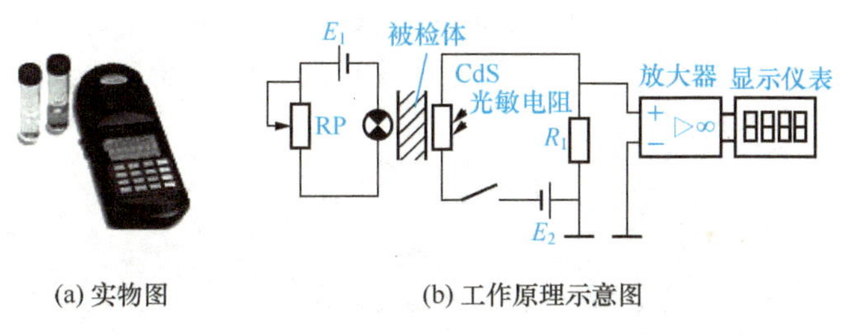

(a) 实物图　　(b) 工作原理示意图

图 2-2-38　浓度计

3）光生伏特器件的应用

光生伏特器件有光敏二极管、光敏三极管、光电池，种类较多，应用范围广。

① 光电耦合器。光电耦合器是利用发光元件和光敏元件封装为一体而构成电—光—电转换器件（光电耦合器是将发光元件和光敏元件封装在一个壳体内，有的书本将其归类为光电式传感器的一种。考虑到光电耦合器内核心部件是光敏晶体管，所以本书将其当作光敏晶体管应用）。加到发光器件上的电信号为耦合器的输入信号，接收器件输出的信号为耦合器的输出信号。当有信号电压加到光电耦合器的输入端时，光电耦合器内发光器件发光，光敏管受光照而产生光电流，使输出端产生相应的电信号，从而实现了电—光—电的传输和转换。根据结构和用途的不同，光电耦合器可以分为光电隔离器和光电开关两大类。光电隔离器主要用于实现电路间的电气隔离和消除噪声影响，光电开关主要用于物体位置的检测等场合。

a. 光电隔离器。光电隔离器是由发光二极管和光敏晶体管封装在同一个管壳内组成的。实际应用中的型号还有不少其他形式，如发光二极管-光敏电阻、发光二极管-光敏三极管、发光二极管-光敏晶闸管等组合形式。其中，以发光二极管-光敏三极管为基本形式的器件应用最为广泛，可以构成发光二极管与复合三极管、达林顿管、集成电路等组合，应用前途非常广大。图 2-2-39 所示为光电隔离器的几种基本组合。

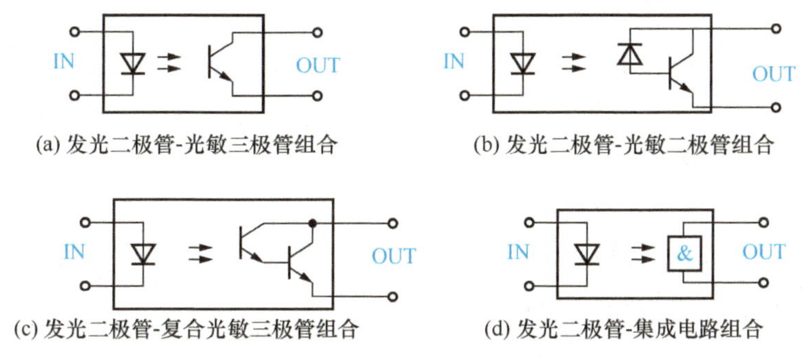

(a) 发光二极管-光敏三极管组合　　(b) 发光二极管-光敏二极管组合

(c) 发光二极管-复合光敏三极管组合　　(d) 发光二极管-集成电路组合

图 2-2-39　光电隔离器基本组合

图 2-2-39（a）所示的组合形式结构简单、成本较低，且输出电流较大，可达 100mA，响应时间为 3～4μs。图 2-2-39（b）所示的组合形式结构简单、成本较低、响应时间快，约为 1μs，但输出电流小，在 50～300mA 之间。图 2-2-39（c）所示的组合形式传输效率高，仅适用于较低频率的装置中。图 2-2-39（d）所示的组合形式是一种高速、高传输效率的新颖器件。光电隔离器采用的密封管壳，不受外界光的干扰。同时，由于器件利用光作为信号传输介质，输入端与输出端之间在电气上是完全绝缘的，故抗电磁干扰能力很强，在测试技术、计算机控制技术等领域作为优良的电气耦合和隔离元件被大量使用。光电隔离器的实物如图 2-2-40 所示。

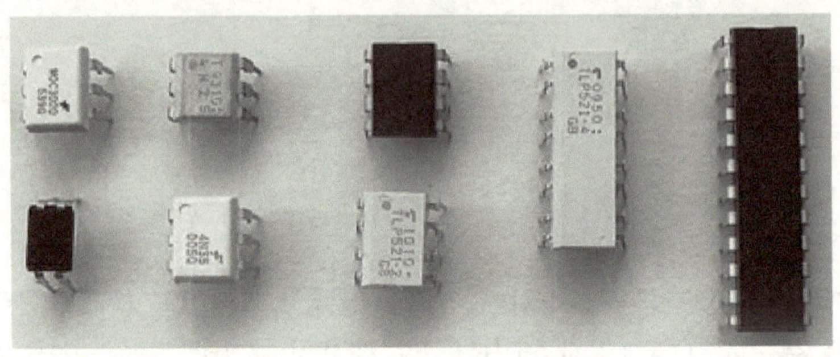

图 2-2-40　光电隔离器实物图

b. 光电开关。光电开关是通过把光的强度变化转变为电信号变化，并以此来实现控制的一种电子开关。光电开关对金属或非金属都能作出反应，无机械磨损、无电火花，是一种安全、可靠、长寿命、无触点的开关。在一些简单的自动控制场合，因输入信号往往是开关信号（只有高电平或低电平两种状态），其控制量也是开关量，即接通电源或断开电源等，故可用电子开关在一定距离内检测物体的有无。

光电开关结构如图 2-2-41 所示，图 2-2-41（a）所示是透射式的光电开关，它的发光元件和接收元件的光轴是重合的。当不透明的被测物体位于或经过它们之间时，会阻断光路，使光敏元件接收不到来自发光元件的光，从而起到检测的作用。图 2-2-41（b）所示是反射式的光电开关，它的发光元件和光敏元件的光轴在同一平面且以某一角度相交，交点一般为被测物体所在处。当有物体经过时，光敏元件将接收到从被测物体表面反射的光，没有物体时则接收不到，反射式光电开关又分光板反射式、扩散反射式和聚焦反射式。图 2-2-41（c）所示是对射式的光电开关，对射式光电开关将发光元件与光敏元件分离，加大了检测距离，使用时发光元件与光敏元件分别安装在被测物体所要通过路径的两侧，当有被测物体通过时，光路被挡，接收元件动作，发出一个开关控制信号。图 2-2-41（d）所示是光纤式的光电开关，它利用光纤作为发光元件与光敏元件之间的导光介质，事实上前面介绍的各类光电开关都可以利用光纤导光来组成相应的形式，这样的光电开关不但可以检测非常小，用其他方法很难检测的物体，而且可以用于强腐蚀性、高温等恶劣环境。光电开关实物如图 2-2-42 所示。

② 光电编码器。光电编码器主要分角度编码器和直线位移编码器，角度编码器用于测量被测物体的转动角度或者转速；直线位移编码器用于测量被测物体的直线位移或者直

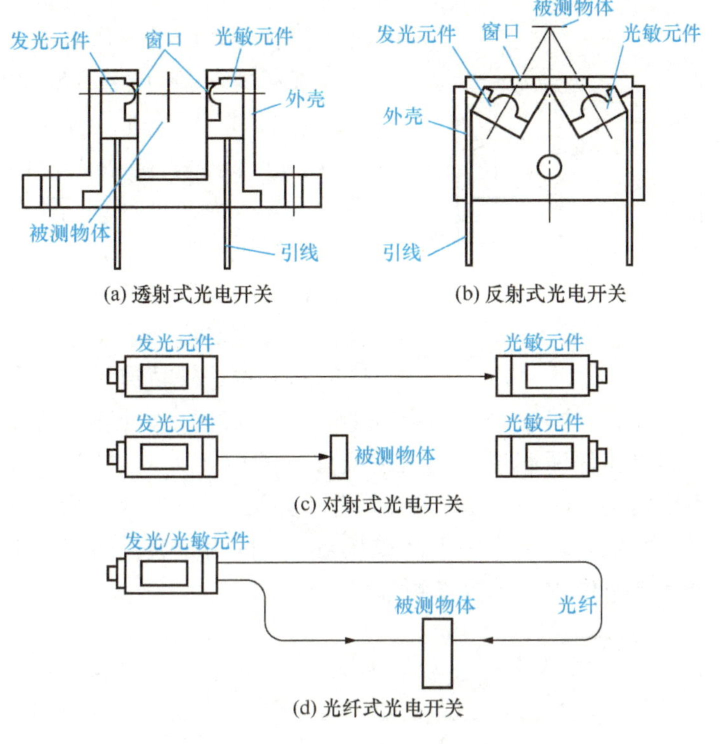

图 2-2-41　光电开关结构

图 2-2-42　光电开关实物图

线运动速度。角度编码器又叫码盘，码盘是个薄的圆盘，码道的数目决定了系统分辨率，若码道数量为 n，则分辨率为 $1/2^n$。码道的宽度由敏感组件的几何参数和物理特性确定。角度编码器有两种基本类型：绝对式编码器和增量式编码器。前者由于所用的码道多、结构较复杂，所以响应速度慢，只能用于角位置或低的角速度的测量，而增量式编码器由于码道少、结构简单，响应速度快，可用于较高速度的角位移测量。

绝对式编码器将被测转角转换成相应的代码，这种编码器是通过读取编码器的图案（编码信息）来表示数字的。图 2-2-43 所示为绝对式编码器的工作示意图，光源发射的光线经柱体面透镜变成平行光照射入编码盘上。编码盘上有一环间距不同的，并按一定编码规律刻画的透光和不透光的扇形区域，这一环形刻画区称为码道。光电组件排列与码道一一对应。通过编码盘的透光区的光线经狭缝板上的狭缝形成一束细光照在光电组件上，光

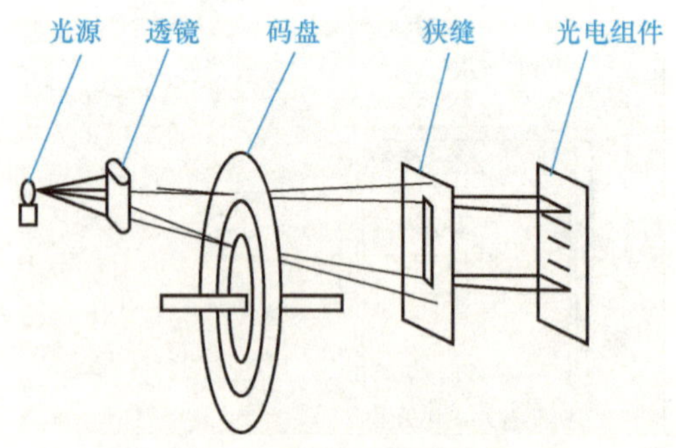

图 2-2-43　绝对式编码器工作原理

电组件把光信号转换成电信号输出，电信号是转角位置相对应的扇形区的一组编码。

普通二级制 4 位码盘如图 2-2-44（a）所示，它有 4 个码道，按 2^n 编码“透光”与“不透光”间隔，图中以黑白表示，白处部分表示透光，为二级制 0；黑处部分表示不透光，为二级制 1。在每一个码道上配置一个光敏器件，针对图 2-2-44 有 4 个码道，配置 4 个光敏器件，分别对应 2^0、2^1、2^2、2^3，内轨道是二进制的高位，外轨道是二进制的低位。当编码盘转到 11 扇形区（即图示位置）时，用二进制的“1011”读出其十进制 11 的角度坐标值。普通二进制编码盘相邻两扇形区图案变化多（即码距大），易产生较大误码率，因而在实际中大都采用格雷码（Gray Code）编码盘。如图 2-2-44（b）所示，格雷编码盘的特点是编码盘从一个计数状态转到下一个计数状态时。因为只有一位二进制码改变，所以能把误读控制在一个计数单位内，提高了可靠性。

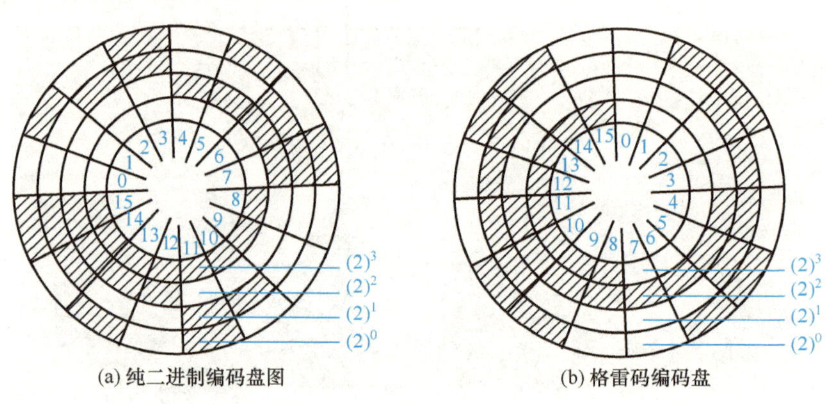

(a) 纯二进制编码盘图　　(b) 格雷码编码盘

图 2-2-44　四位编码盘

增量式编码器与绝对式编码器的主要差异在编码盘上，增量式编码器的编码盘设立了内轨道和外轨道，如图 2-2-45 所示第一个外轨道是增量计数轨道，它根据分辨率的大小设置扇形区，亦即只有一位轨道，第二个内轨道是方向轨道，它和计数轨道有相同数目的扇形区，只是移动了半个扇形区。如果一个周期是两个扇形区（透光、不透光），那么这两个轨道的输出相差 90°，或超前，或滞后，用以识别是顺时针旋转，还是逆时针旋转，从而确定计数器是做减法计数，还是做加法计数。内轨道称基准轨道，它只有一个单独标志的扇形区，用于提供基准点。其输出脉冲将用于计数器归零。

直线位移编码器将被测物体的直线位移转换成数字量输出，它有两种类型：间接直线位移编码器和直接直线位移编码器。间接直线位移编码器采用机械机构（如蜗轮蜗杆结构）将直线位移转换成转动角度，再用角度编码器测量。直接直线位移编码器采用光栅尺代替角度编码器的码盘，如图 2-2-45 所示，光敏元件通过检查被测物体相对于光栅尺移动位置来计算它的直线位移。

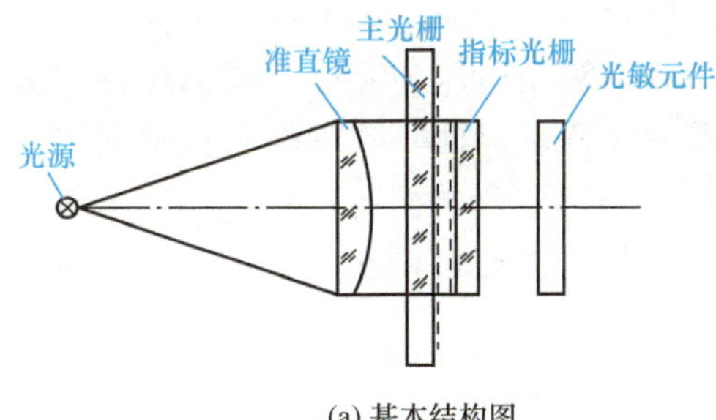

(a) 基本结构图

(b) 光栅尺

图 2-2-45　直接直线位移编码器

③ 光电式转速表。根据光路不同，光电式转速表分为反射式和透射式两种。反射式光电转速表结构如图 2-2-46（a）所示，在被测物体上涂上规则的黑白相间的颜色，发光元件对准黑白涂层照射，光敏元件从黑白涂层感应光信号，感应到黑色即无光，感应到白色即有光，依次输出高低电平，被测物体转动带动黑白涂层转动，测量电路就能输出脉冲信号。透射式光电转速表结构如图 2-2-46（b）所示，在被测转轴上固定一个带孔的调制圆盘，在调制圆盘的一边由发光元件产生恒定光，光透过盘上的小孔到达由光敏元件组成的光敏转换器上，转换成相应的电脉冲信号。若圆盘上开 10 个小孔，则旋转一周，光线透过小孔 10 次，输出 10 个脉冲信号，孔越多越能提高测量的分辨率。

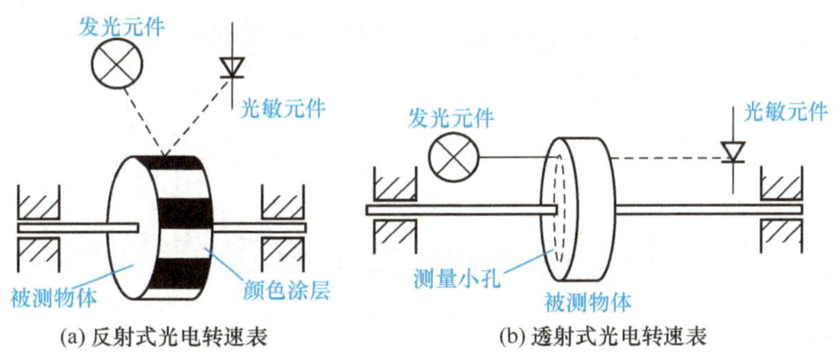

(a) 反射式光电转速表　　(b) 透射式光电转速表

图 2-2-46　光电式转速表结构示意图

如上所述，透射式和反射式光电转速表测量机构都由光敏元件接收脉冲性光信号，故它们可以采用的测量电路相同，如图 2-2-47 所示。当小孔对准槽口或光照射在白条上时，光敏晶体管 VT_G 有光电流，R_1 上压降增大，VT_1 导通，促使 VT_2 和 VT_3 组成的两级共射放大电路处于饱和状态，从而使 U_o 输出为高电平；当无孔对准槽口或光照射在黑条上时，光敏晶体管 VT_G 无工作电流输出，R_1 电流为零，R_1 两端压降最小，VT_1 不导通，U_o 输出为低电平。当被测物体转动时，U_o 输出为一连串脉冲信号，送入频率计即可测出转速或将此脉冲输入频率/电压转换器（如 LM2917），将输出与转速成正比的模拟信号，可由电压表读取电压，计算可得被测物体转速。

④ 光电色质检测器。生产中常常需要对产品进行包装，若规定包装材料的底色为白色，则在产品包装前要先对包装材料进行色质检测，判断是否为白色，光电色质检测器的

工作原理如图 2-2-48 所示。当包装材料的颜色为白色时，光电传感器输出的电信号经电桥、放大后，与给定色质相比较，若两者一致，输出电压为零，开关电路输出低电平，电磁阀截止；当包装材料因质量不佳出现泛黄时，光敏晶体管收到的光信号会发生变化，其输出的电信号也随之变化，经电桥、放大后，与给定色质相比较就有比较电压差输出，开关电路输出高电平，电磁阀被接通，由压缩空气将泛黄材料吹出。

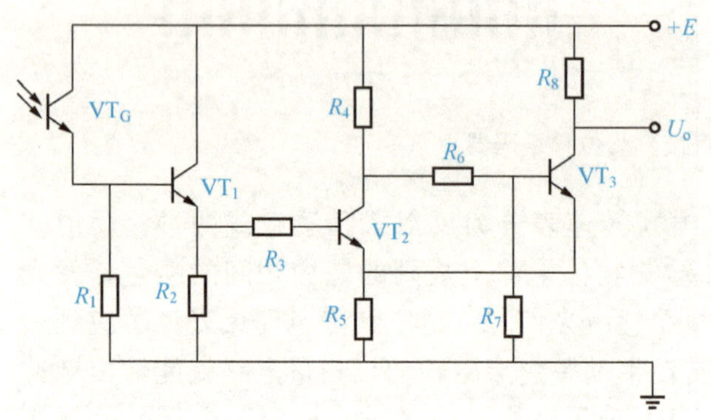

图 2-2-47　光电式转速表测量电路

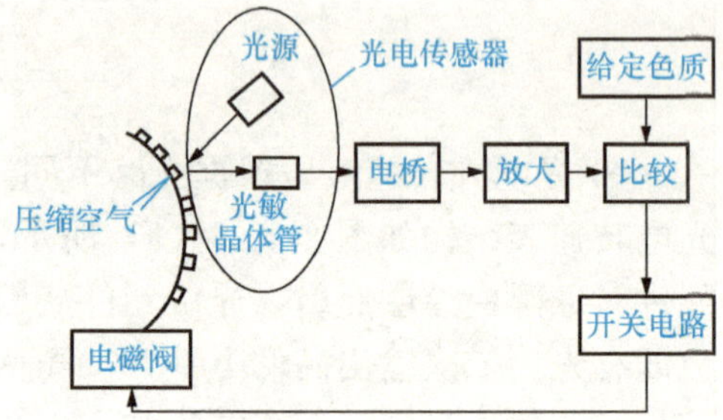

光源
光电传感器
给定色质
光敏晶体管
电桥
放大
比较
压缩空气
开关电路
电磁阀

图 2-2-48　光电色质检测器的工作原理图

⑤ 油位检测控制器。油位检测控制器结构如图 2-2-49 所示，DF 是控制进油的电磁阀，油箱的一侧有一根可显示油位的透明玻璃管，在玻璃管上套有一个光电组件，光电组件由发光元件（如灯泡或发光二极管）和光敏元件（如光敏二极管或光敏三极管）组成，它可以在玻璃管上下移动，以设定所控注油的油位。

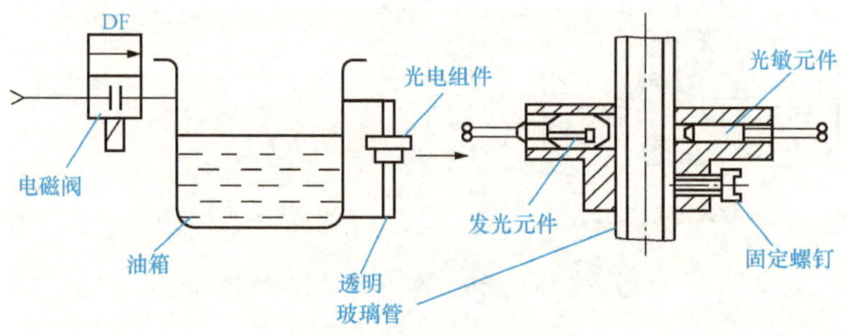

图 2-2-49　油位检测控制器结构示意图

油位检测控制器电路如图 2-2-50 所示，当油位低于设定的位置时，灯泡发出的光经玻璃管壁的散射，到达光敏二极管的光微弱，光敏二极管 VD_1 呈现较大的阻值，此时 VT_1 和 VT_2 导通，继电器 K 工作，其常开触点 K_1 闭合，电磁阀 DF 得电工作，由关闭状态转为开启状态，油源开始向油箱注油。当油位上升超过设定的液位时，灯泡发出的光经透明玻璃管内油柱形成的透镜，使光敏二极管 VD_1 接收到强光，其内阻变小，此时 VT_1 和 VT_2 由导通状态变为截止状态，继电器 K 停止工作，释放触点 K_1，电磁阀 DF 失电而关闭，停止注油。

⑥ 光电池的应用。光电池主要有两种类型的应用：一是将其作为能量转换器件，直

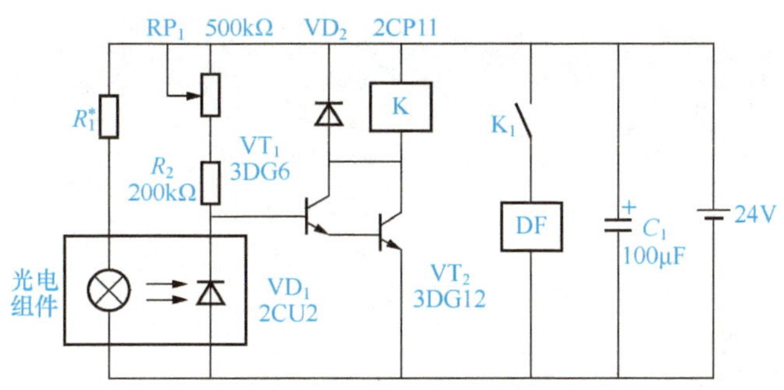

图 2-2-50 油位检测控制器电路

接将太阳能转换为电能，即太阳能电池，需要光电池有高的光电转换效率；另一类是将光电池作为光敏器件使用，要求灵敏度高、响应时间短，主要应用于光电检测和自动控制系统。

太阳能电源系统主要由光电池阵列、蓄电池组、调节控制器和阻塞二极管组成。若还需向交流负载供电，则要加一个 DC-AC 变换器（直流-交流变换器，亦称逆变器），系统框图如图 2-2-51 所示。光电池阵列是将太阳能直接转换成电能的发电装置，根据输出功率和电压的要求，可选用多片性能相近的光电池，经串联和并联后组成光电池阵列。在有阳光照射时，光电池阵列输出电能对负载供电，同时，也可对蓄电池组充电，储存能量，供无太阳光照射时使用。蓄电池组的作用是在强光照射时，将光电池阵列输出的剩余电量储存起来，以备无光或弱光时使用。

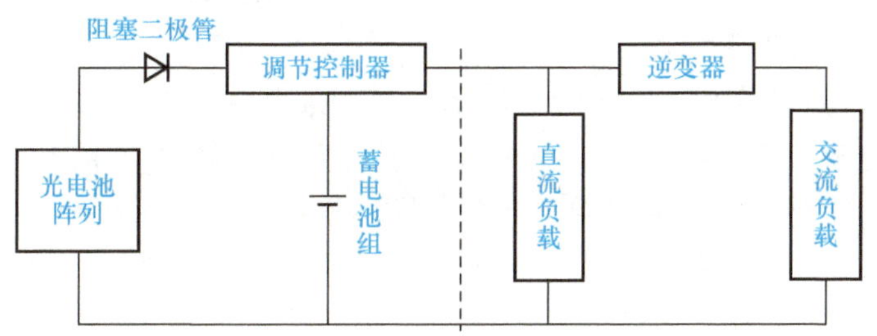

图 2-2-51 太阳能电源组成结构

调节控制器是将光电池阵列、蓄电池组和负载连接起来，实现充、放电的自动控制装置，一般由继电器和电子线路组成。调节控制器在充电电压达到蓄电池上限电压时自动切断充电电路，停止对蓄电池充电；当蓄电池电压低于下限值时，自动切断输出电路，防止蓄电池过放电，从而缩短蓄电池寿命。因此，调节控制器可以保持蓄电池电压在一个安全的范围内，防止蓄电池因充电电压过高或因放电电压过低而损伤。阻塞二极管的作用是在光电池阵列不发电或出现短路故障时，为避免蓄电池通过光电池阵列放电，造成光电池阵列或蓄电池组损坏。

基本技能

技能目标

(1) 能识别各种光电式传感器及相关装置。

(2) 会检测光敏电阻、光敏二极管和光敏三极管。

(3) 会用光电式传感器测量物体的转速。

1 观察光电式传感器及相关装置的结构

从市场购买常用光电传感器，如光敏电阻、光敏二极管、光敏三极管，指导学生如何区分这些常用光电传感器，以及它们的引脚功能。

从市场购买常用光电传感器检测装置，如光电开关、光电式转速计、自动调光灯等，拆开外部结构，观察内部采用的光电传感器。

2 光电式传感器的检测

光敏电阻检测如图 2-2-52 (a) 所示，万用表置于 $R\times1\text{k}$ 挡，将万用表红表笔和黑表笔分别接于光敏电阻两引脚，读出万用表读数__________，再挡住光敏电阻感光面，读出万用表读数__________，将遮挡物慢慢盖住光敏电阻的感光面，查看万用表指针变化情况__________，从而得出结论：__________。

光敏二极管的检测如图 2-2-52 (b) 所示，万用表置于 $R\times1\text{k}$ 挡，将万用表红表笔和黑表笔分别接于光敏二极管两引脚，正常情况下正向电阻约为 10kΩ，在无光照情况下反向电阻为∞；若有光照，则反向电阻随光照强度增大而减小，最小可到几百欧。正向电阻一般不随光照强度变化，若测得正向电阻大于 20kΩ，则该器件已经老化；若正向电阻接近于 0，则该器件已经损坏。若在无光照情况下反向电阻不是∞，说明该器件存在反向漏电流，性能不甚优良，所以光敏二极管反向电阻越大越好，若反向电阻只有数千欧姆甚至更小，则该器件已经损坏。

光敏三极管的检测如图 2-2-52 (b) 所示，与普通三极管不同，很多光敏三极管只有两个引脚集电极 C 和发射极 E，基极 B 受光敏控制未引出。万用表置于 $R\times1\text{k}$ 挡，将万用表红表笔接光敏三极管 E，黑表笔接光敏三极管 C，在无光照情况下万用表读数趋向∞，或者指针有略微偏移，有光照时，随着光照强度增加，万用表读数减小，最小可达几百欧。

3 光电式传感器装置转速的检测

光电式转速传感器有反射型和透射型两种，本实验装置是透射型的，传感器端部有发光管和光电池，发光管发出的光源通过转盘上的孔透射到光电管上，并转换成电信号，由于转盘上有等间距的 6 个透射孔，转动时将获得与转速及透射孔数有关的脉冲，将电

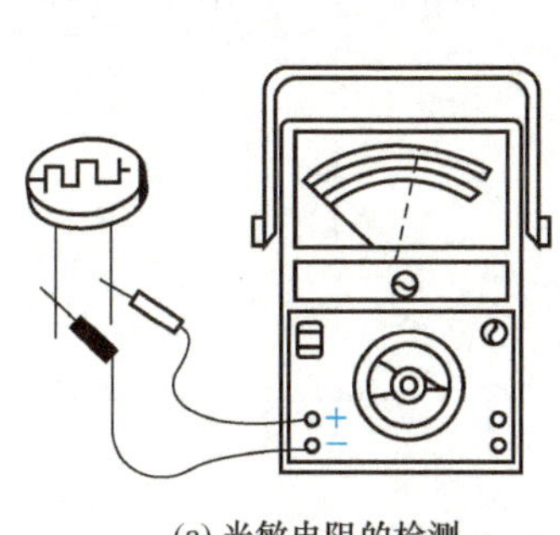
(a) 光敏电阻的检测

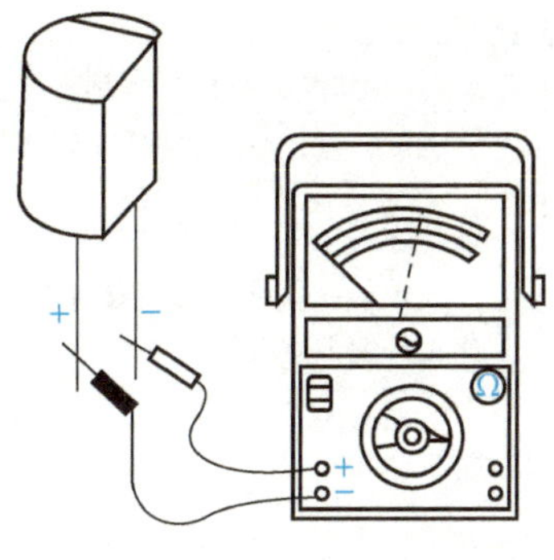
(b) 光敏二极管、三极管的检测

图 2-2-52　光电传感器检测示意图

脉冲计数处理即可得到转速值。图 2-2-53 为传感器实验装置光电式传感器转速测量装置的结构。

(1) 将光电传感器安装在转动源上，如图 2-2-53 所示。2～24V 电压输出接到三源板的“转动电源”输入，并将 2～24V 调节到最小，+5V 电源接到三源板“光电”输出的电源端，光电输出接到频率/转速表的“f_{in}”。

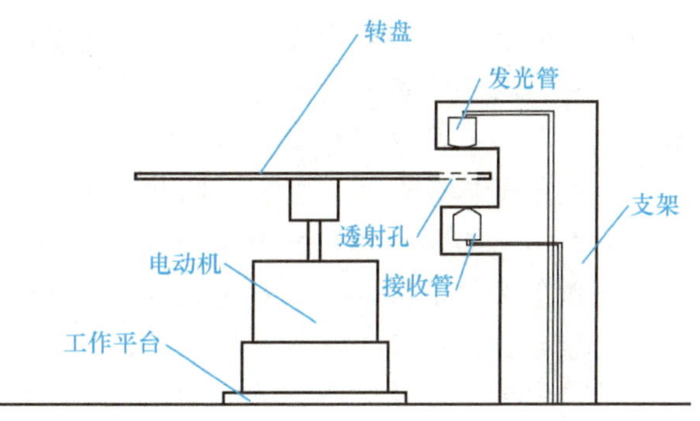

图 2-2-53　光电式传感器转速测量装置的结构

(2) 合上主控制台电源开关，逐渐增大 2～24V 输出，使转动源转速加快，观测频率/转速表的显示，同时用示波器观察光电传感器的输出波形，并对比频率/转速表读数。

任务评价评分表

班级：__________　　姓名：__________　　成绩：__________

评价条目	评价内容与要求	分值	自我评价	教师评价	得分	扣分原因
基本知识	了解光电式传感器的分类	10				
	理解各类光电式传感器的工作原理	15				
	了解各类光电传感器的主要应用	15				
基本技能	认识各种光电式传感器	10				
	会检测常用光电式传感器	15				
	会用光电式传感器测量物体转速	15				

续表

评价条目	评价内容与要求	分值	自我评价	教师评价	得分	扣分原因
职业素养	态度认真、按时出勤，不迟到、早退	5				
	安全意识强，操作规范	5				
	爱护工具设备，工具设备摆放整齐，操作工环境卫生良好	5				
	节约能源，节约原料	5				

复习与思考题

1. 知识总结

光电传感器是一种将光信号转换为电信号的传感器，它可以检测到光信号的变化，借助光敏元件将光信号的变化转换成电信号。光敏元件又称为光电元件，是构成光电传感器的主要部件，其工作基础是光电效应。光电效应是在光线的作用下，物体吸收光能量而产生相应电信号的一种物理现象。

光电式传感器分光敏电阻和光敏晶体管，光敏晶体管分光敏二极管和光敏三极管。光敏电阻是利用半导体的内光电效应制成的，电阻值随入射光强弱的变化而变化的传感器，在入射光照射光敏电阻时，入射光越强，电阻值越小。根据光敏电阻的光谱特性，光敏电阻可分为紫外光敏电阻、红外光敏电阻、可见光光敏电阻三种。

光敏二极管的结构与普通半导体二极管的一样，都有一个PN结，但光敏二极管的PN结装在管壳的顶部，可以直接受到光的照射。无光照时，光敏二极管的反向电流很小，称为暗电流；有光照时，PN结及其附近激发大量电子一空穴对，称为光电载流子。在外电场的作用下，光电载流子参于导电，形成比暗电流大得多的反向电流，该反向电流称为光电流。

光敏三极管的结构和普通三极管的相似，可等效成一只光敏二极管与一只晶体管的结合。光敏三极管在无光照射时和普通三极管一样处于截止状态。当光信号照射其基极（受光窗口）时，半导体受到光的激发作用产生很多载流子，形成光照电流，从基极输入三极管，集电极流过的电流就是光照电流的数倍。

光敏晶体管传感器一般由光源、光学通路和光敏晶体管三部分组成。按照光源、被测物和光敏晶体管三者之间的关系，光敏晶体管传感器可分为四种类型：被测物发光型、被测物透光型、被测物反光型和被测物遮光型。

光敏晶体管传感器结构简单、体积小、精度高、反应快、非接触测量，除了用于检测直接引起光量变化的非电量，如光强、光照度等外，也用于检测能转换成光量变化的其他非电量，如零件直径、表面粗糙度、应变、位移、振动、速度、加速度等。

2. 思考题

1）填空题

（1）光电式传感器的工作基础是__________效应，能将光信号的变化转换为电信号的变化。

（2）按照工作原理的不同，光敏晶体管传感器可分为__________、__________、__________和__________四种类型。

（3）光电效应通常分为__________、__________和__________三种类型。

（4）常见的基于内光电效应的光敏元件有__________和__________。

（5）光电开关是一种利用光电效应做成的开关。根据检测方式的不同，光电开关可分为__________、__________、__________和__________四种类型。

（6）光电传感器可以检测出所收到的光信号的变化，然后借助__________元件将光信号的变化转换成__________信号，进而输出到处理器中进行处理以实现控制。

（7）光电色质检测器中的传感器属于__________类型的传感器。

（8）光敏二极管工作在反向偏置状态下，即光敏二极管的正极接电源__________极，光敏二极管的负极接电源__________极。

（9）光敏三极管工作时集电结__________偏，发射结__________偏。

2）简答题

（1）光电式传感器可分为哪几类？分别举出几个例子加以说明。

（2）光电效应有哪几种？与之对应的光电元件有哪些？

（3）造纸厂经常需要测量纸张的“白度”以提高产品质量，请设计一个自动检测纸张“白度”的仪器，要求如下：

① 画出传感器光路图。

② 画出转换电路图。

③ 简要说明工作原理。

（4）图 2-2-54 给出了光电式鼠标的外形结构及工作原理图，鼠标内部安置了两个相互垂直的滚轴，分别是 X 方向的滚轴和 Y 方向的滚轴，这两个滚轴都与一个可以滚动的小球接触，小球滚动时会带动两个滚轴转动，试分析其工作过程。

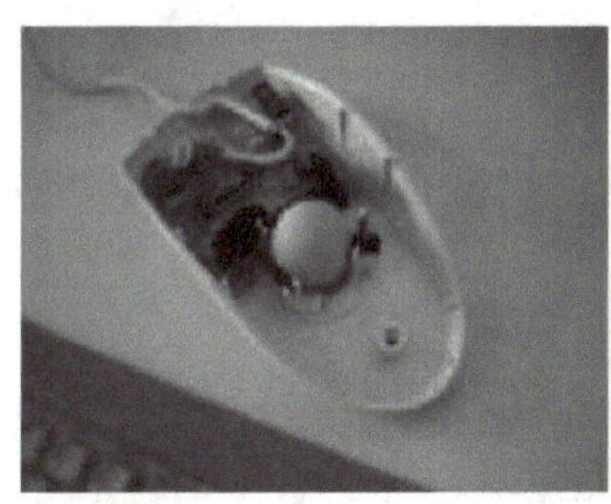
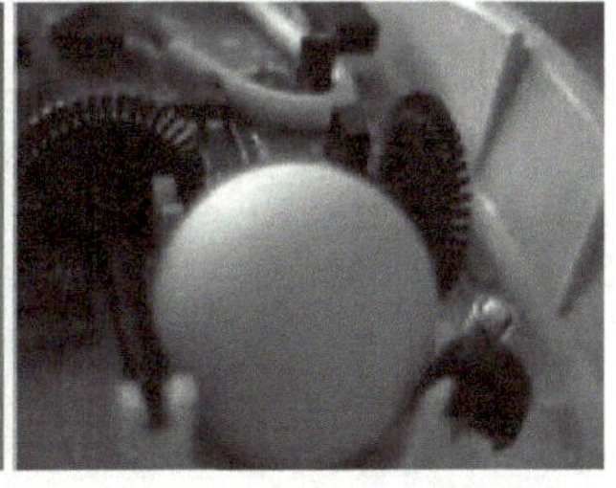

(a) 外形结构

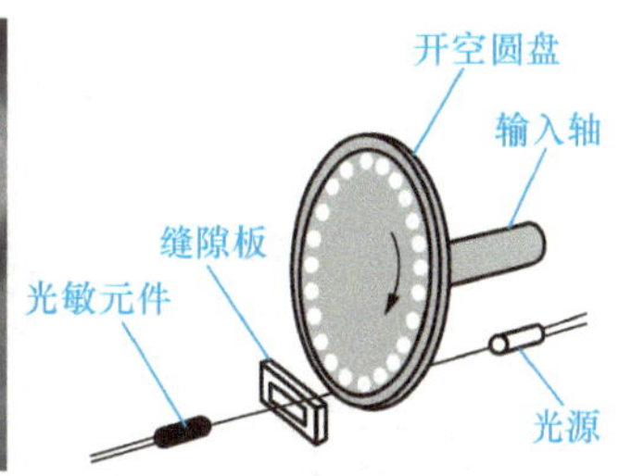

(b) 工作原理

图 2-2-54 光电式鼠标的外形结构和工作原理图

（5）如图 2-2-55 所示，说明光电式传感器的工作原理。

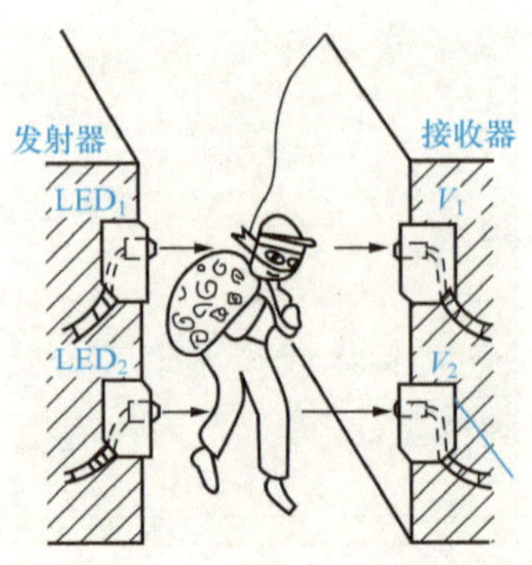

图 2-2-55　光电式传感器的工作原理

任务 3 热电偶传感器

基本知识

知识目标

（1）理解热电偶传感器的组成、结构与工作原理。

（2）掌握热电偶传感器的测试电路。

（3）了解热电偶传感器的温度补偿措施。

（4）了解热电偶传感器的主要应用领域。

1　认识热电偶传感器

温度是一个基本的物理量，在工农业生产和实验研究中，温度往往是表征对象和过程状态最主要的参数之一。温度传感器是最早发明，也是应用最广泛的传感器，17 世纪伽利略发明温度计，人们开始利用温度计测量温度；根据美国仪器学会的调查，温度传感器的市场份额大大超过其他传感器。温度传感器主要有热电阻/热敏电阻、半导体/集成温度传感器和热电偶，热电偶由于其测量精度高、测量范围广、结构简单、使用方便、可靠、耐用等优点，广泛应用于各个应用领域的各种温度范围，特别是高温测量。

热电偶传感器的实物如图 2-2-56（a）所示，与其他温度传感器相比，热电偶传感器更适合高温温度测量，如各种加热炉、重油燃烧炉等。图 2-2-56（b）为某高温加热炉及其控制柜实物图，图 2-2-56（c）为某高温加热炉温度测量和控制系统组成结构图。

由毫伏定值器（mV 定值器）设定电压值（即设定温度），若热电偶测量的热电动势与定值器的设定值存有偏差，则说明炉温偏离设定值。此偏差信号经放大器放大后送入 PID 调节器，再经过驱动电路去驱动执行机构，调整炉体内电阻丝的加热功率，消除偏差，达到控温的目的。同时，热电偶的热电动势通过毫伏表（如 XCT-101 动圈指示调节仪）显示的电压可转换成炉内温度值。

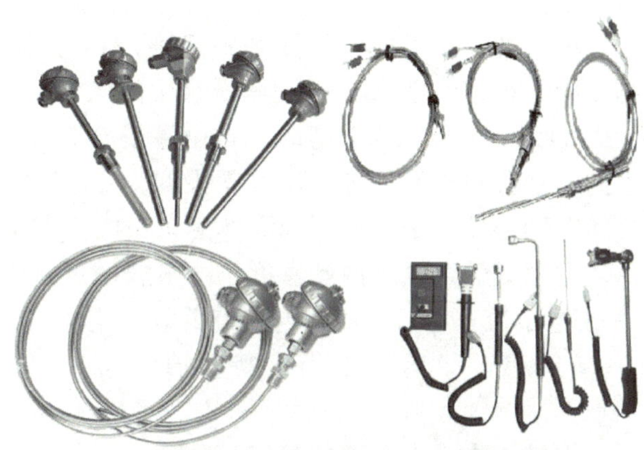

(a) 热电偶传感器的实物图

(b) 加热炉及其控制柜

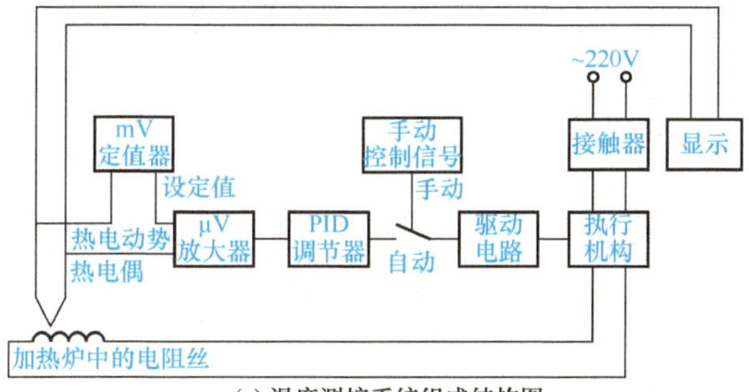

(c) 温度测控系统组成结构图

图 2-2-56 热电偶及炉温测控系统

2 热电偶传感器的原理与组成

当两种不同材料的金属导体A和B组成闭合回路，且两个结点温度不同时，回路中将产生电动势，这种现象称为热电效应或赛贝克效应。利用热电效应制成的将温度信号转换为电信号的器件称为热电偶。

热电偶由导体A、B两个热电极组成，如图2-2-57所示。导体A和B的连接处称为结点，热电偶的两个结点中，置于温度为T的被测对象中的结点称为测量端（工作端或热端），置于参考温度为T_0的另一结点称为参考端（自由端或冷端）。

热电偶工作时产生的电动势叫热电动势，热电动势$E_{AB}(T, T_0)$由接触电动势和温差电动势两部分组成。接触电动势是由于两种不同导体的自由电子密度不同而在接触处形成的电动势。自由电子将从密度大的金属扩散到密度小的金属，若A为密度大的金属，B为密度小的金属，则A失去电子带正电，B得到电子带负电，这样在AB接触表面便形成一个电场，阻止电子进一步扩散，而达到平衡。测量端和参考端的接触电动势分别为$E_{AB}(T)$和$E_{AB}(T_0)$。

温差电动势是在同一根导体中，由于两端温度不同而产生的一种电动势。导体内的自由电子将从高温端向低温端扩散，并在温度较低端积聚起来，使导体内建立起一个电场。当该电场对电子的作用力与扩散相平衡时，扩散作用即停止。此时形成的电场产生的电动势称为温差电动势。导体A和B的温差电动势分别为$E_A(T, T_0)$和$E_B(T, T_0)$。则热电偶的热电动势为

$$E_{AB}(T,T_0)=E_{AB}(T)-E_{AB}(T_0)+E_B(T,T_0)-E_A(T,T_0) \tag{2-2-13}$$

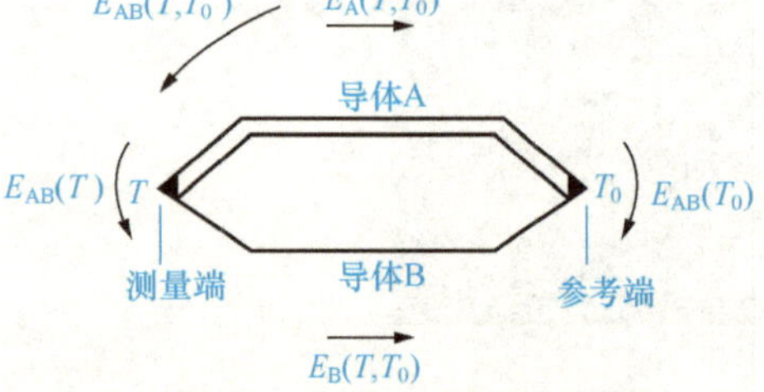

图2-2-57 热电偶工作原理

式中：T——测量端温度；

T_0——参考端温度。

从式（2-2-13）可得，若使参考端温度T_0固定，则对特定材料的热电偶，其热电动势$E_{AB}(T, T_0)$与测量端温度T成单值函数关系。测量热电动势$E_{AB}(T, T_0)$后，通过查热电偶分度表，或者计算，可得测量端温度T。

3 热电偶传感器的种类与结构

1）根据材料分类

热电偶传感器根据其电极材料可分为铂铑$_{10}$-铂热电偶、铂铑$_{30}$-铂铑$_6$热电偶、镍铬-康铜热电偶、镍铬-镍硅热电偶、铂铑$_{13}$-铂热电偶、铁-康铜热电偶、铜-康铜热电偶和镍铬硅-镍硅热电偶，共八种。根据国际计量委员会规定的《1990年国际温标》（简称ITS-90）规定这八种热电偶的分度号分别为S、B、E、K、R、J、T、N，它们的测温范围、特征点热电动势，以及基本特点参见表2-2-4。

2）根据结构分类

热电偶传感器根据其结构可分为普通型热电偶、铠装型热电偶和薄膜型热电偶等。普通型热电偶又称装配型热电偶，是使用最多的热电偶，它一般由热电极、绝缘套管、保护

套管和接线盒组成，如图 2-2-58 所示。

表 2-2-4　常用热电偶特性表

名称	分度号	测温范围/℃	100℃时热电动势/mV	1000℃时热电动势/mV	特性
铂铑$_{30}$-铂铑$_{6}$	B	50～1820	0.033	4.834	熔点高，测温上限高，性能稳定，准确度高，价格昂贵，热电动势小，线性差，一般适合高温域的测量
铂铑$_{13}$-铂	R	−50～+1768	0.647	10.506	测温上限较高，性能稳定，准确度高，热电动势较小，不能在金属蒸气和还原性气体中使用，在高温环境下连续使用其特性会逐渐变差，价格昂贵，多用于精密测量
铂铑$_{10}$-铂	S	−50～+1768	0.646	9.587	测温上限较高，性能稳定，准确度高，热电动势较小，不能在金属蒸气和还原性气体中使用，在高温环境下连续使用其特性会逐渐变差，价格昂贵，但性能不如 R 型热电偶
镍铬-镍硅	K	−270～+1370	4.096	41.276	热电动势大，线性度好，稳定性好，价格低廉，材质较硬，在高于 1000℃环境长期使用会引起热电动势漂移，多用于工业测量
镍铬-康铜	E	−270～+800	6.319	76.373	热电动势比 K 型热电偶高一倍左右，线性度好，耐高湿度，价格低廉，不能用于还原性气体，多用于工业测量
铁-康铜	J	−210～+760	5.269	57.953	价格低廉，在还原性气体中较稳定，但纯铁易被腐蚀和氧化，多用于工业测量
铜-康铜	T	−270～+400	4.279		价格低廉，加工性能好，离散性小，性能稳定，线性度好，准确度高，铜在高温时易被氧化，测温上限低，多用于低温域测量
镍铬硅-镍硅	N	−270～+1300	2.774	36.256	一种新型热电偶，各项性能均比 K 型热电偶好，适用于工业测量

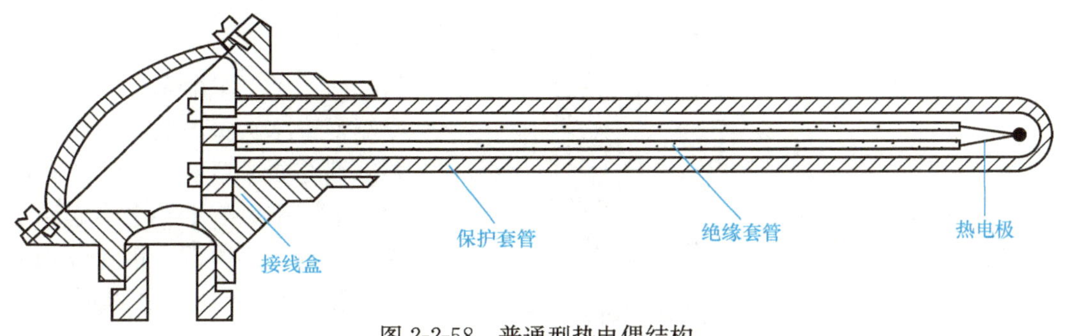

图 2-2-58　普通型热电偶结构

铠装型热电偶又称套管热电偶。它是由热电极、绝缘材料和金属套管三者经拉伸加工而成的坚实组合体，如图 2-2-59 所示。它可以做得很细、很长，使用中根据需要能任意弯曲。铠装型热电偶的主要优点是测温端热容量小、动态响应快、机械强度高、挠性好，可安装在结构复杂的装置上，因此，被广泛用在许多特殊要求的工业领域。

薄膜型热电偶是将两种薄膜热电极材料用真空蒸镀和化学涂层等办法蒸镀到绝缘基板上面制成的一种特殊热电偶，如图 2-2-60 所示。薄膜型热电偶的热结点可以做得很小（可薄到 0.01～0.1μm)，具有热容量小和反应速度快等特点，热响应时间达到微秒级，适用于微小面积上的表面温度及快速变化的动态温度测量。

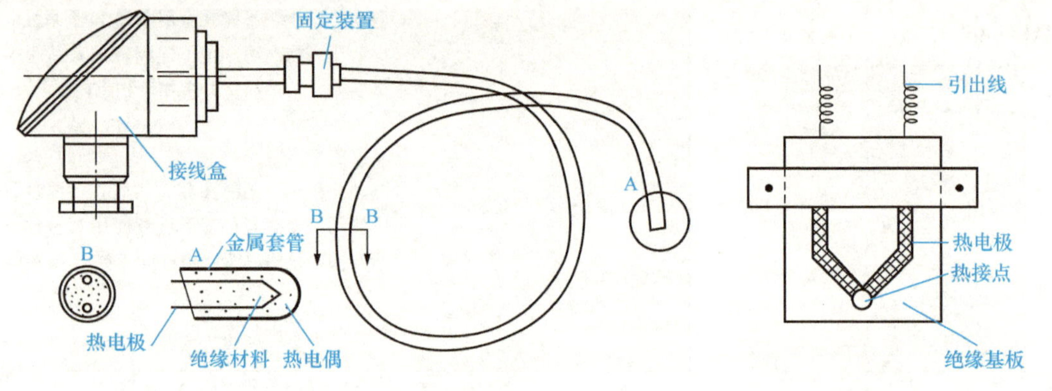

图 2-2-59　铠装型热电偶结构　　图 2-2-60　薄膜型热电偶的结构

4　热电偶传感器温度补偿与测量电路

1）温度补偿

从热电偶测温原理式（2-2-13）可知，热电偶的热电动势的大小不仅与工作端的温度有关，而且与参考端温度有关，是工作端和参考端温度的函数差。只有当热电偶的参考端温度保持不变，热电动势才是被测温度的单值函数。工程技术上使用的热电偶分度表中的热电动势值是根据参考端温度为 0℃而制作的。但在实际使用时，由于热电偶的工作端与参考端离得很近，参考端又暴露于空气中，容易受到环境温度的影响，因而参考端温度很难保持恒定。通常采取如下一些方法进行温度补偿。

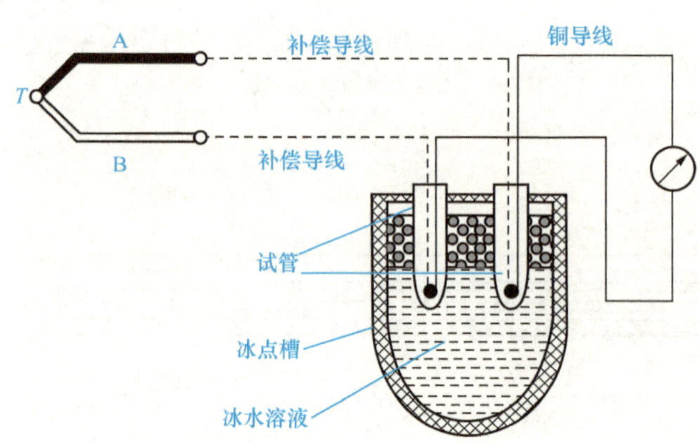

图 2-2-61　0℃恒温法原理图

（1）0℃恒温法。将热电偶的冷端置于冰水保温瓶中，获取热电偶冷端的参考温度，如图 2-2-61 所示。为了避免冰水导电引起两个连接点短路，必须把连接点分别置于两个玻璃试管里，浸入同一冰点槽，使其相互绝缘。这种装置通常用于实验室或精密的温度测量。

(2) 恒温槽法。即将冷端置于恒温槽中，如恒定温度为 T_0℃，则冷端的误差 Δ 为

$$\Delta = E_1(T,T_0) - E_1(T,0) = -E_1(T_0,0) \tag{2-2-14}$$

式中：T——被测温度。

由式可见，虽然 $\Delta \neq 0$，但是一个定值。只要在回路中加入相应的修正电压，或调整指示装置的起始位置，即可达到完全补偿的目的。常用的恒温温度有 50℃和 0℃等。

(3) 电桥补偿法。工业上，常采用冷端自动补偿法。自动补偿法是在热电偶和测量仪表间接入一个直流不平衡电桥，也称为冷端温度补偿器，如图 2-2-62 所示。当热电偶自由端温度升高，导致回路总电动势降低时，补偿器感受到自由端的变化，产生一个电位差，其值正好等于热电偶降低的电动势，两者互相抵消以达到自动补偿的目的。

四臂电桥由电阻 R_1、R_2、R_3 和 R_{Cu} 组成，其中 R_1，R_2，R_3 的温度系数为 0，用锰铜丝烧制；R_{Cu} 为铜电阻，置于热电偶的冷端处，让其感受热电偶冷端同样的温度。设计时使电桥在 20℃处于平衡，即 a、b 两点电位差 $U_{ab}=0$，电桥对仪表的读数无影响。当温度不等于 20℃时，电桥不平衡，产生一个不平衡电压 U_{ab} 与热端电势叠加，一起输入测量仪表。只要设计出的冷端补偿器所产生的不平衡电压正好补偿由于冷端温度变化而引起的热电动势变化值，仪表便可正确地读出被测温度。

必须注意：由于电桥是在 20℃平衡，所以此时应把仪表的机械零位调整到 20℃处，不同型号的冷端补偿器应与所用的热电偶配套。

(4) 补偿导线法。热电偶由于受到材料价格的限制不可能做得很长，而要使其参考端不受测温对象的温度影响，必须使参考端远离测温对象，采用补偿导线就可以做到这一点。所谓的补偿导线，实际上是一对化学成分不同的导线，在 0～150℃温度内与配接的热电偶有一致的热电特性，价格相对要便宜。采用补偿导线，将热电偶的参考端延伸到温度恒定的场所，其实质是相当于将热电极延长。只要热电偶和补偿导线的两个结点温度一致，就不会影响热电动势的输出。常用热电偶的补偿导线见表 2-2-5。

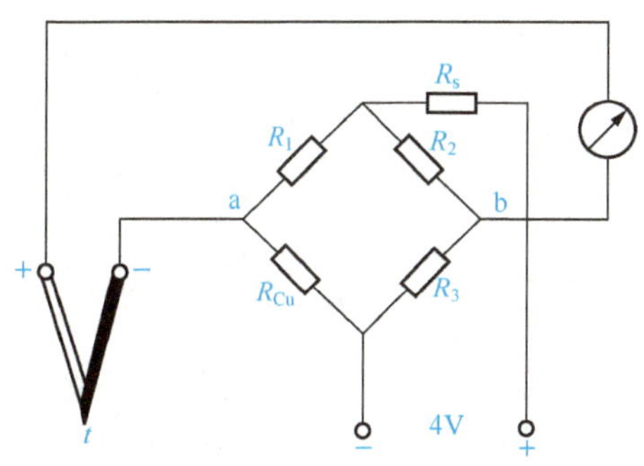

图 2-2-62　热电偶冷端电桥补偿原理图

表 2-2-5　常见热电偶补偿导线

补偿导线型号	配用热电偶型号	补偿导线		绝缘层颜色	
		正极	负极	正极	负极
SC	S	SPC（铜）	SNC（铜镍）	红	绿
KC	K	SPC（铜）	KNC（康铜）	红	蓝
KX	K	KPX（镍铬）	KNX（镍硅）	红	黑
EX	E	EPX（镍铬）	ENX（铜镍）	红	棕

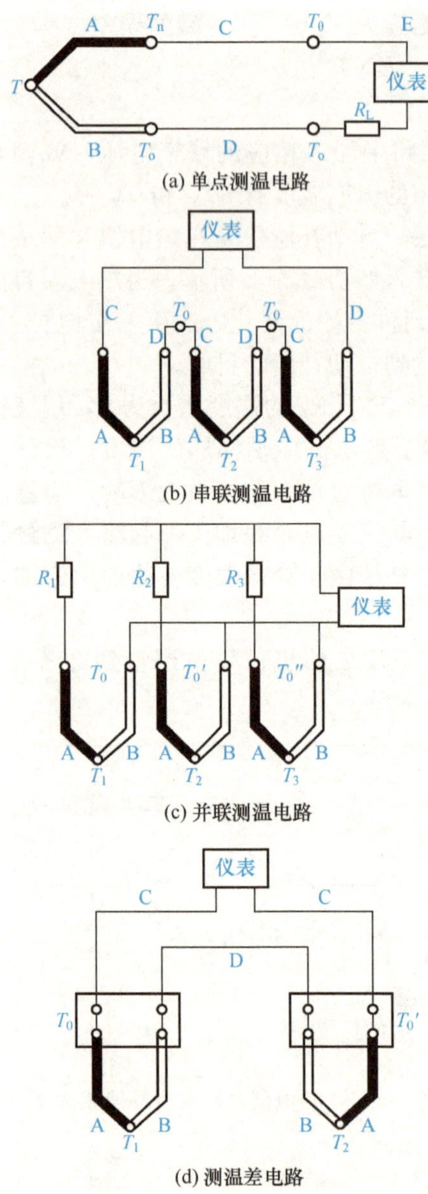

(a) 单点测温电路

(b) 串联测温电路

(c) 并联测温电路

(d) 测温差电路

图 2-2-63 热电偶的测量电路

2）测量电路

由于热电偶产生的热电动势较小（毫伏级），见表 2-2-4，一般需要对信号进行放大，因此，热电偶的测温电路要有放大环节。

（1）利用热电偶测量某一点的温度。当利用热电偶测量某一点的温度时，热电偶和测量仪表构成的基本测量电路如图 2-2-63（a）所示。测量仪表一般采用动圈仪表，这种电路常用于精度要求不高的场合，但其结构简单、价格低。

为了提高测量精度，也可将 n 支型号相同的热电偶依次串接，如图 2-2-63（b）所示，这时线路总的热电动势为

$$E_T = E_1 + E_2 + \cdots + E_n = nE \qquad (2\text{-}2\text{-}15)$$

这种串接方式的缺点是，只要有一支热电偶断路，整个电路就不能工作；个别热电偶短路，将会使显示值明显偏低。

也可采用若干个热电偶并联，测出若干个点温度的算术平均值，如图 2-2-63（c）所示。如果 n 支热电偶的电阻值相等，则并联电路的总热电动势为

$$E_T = \frac{E_1 + E_2 + \cdots + E_n}{n} \qquad (2\text{-}2\text{-}16)$$

与串联电路相比，并联电路的热电动势小。即使部分热电偶发生断路也不会中断整个并联电路的工作，但缺点是当某个热电偶断路时不能很快被发现。

（2）利用热电偶测量两点之间的温度差。图 2-2-63（d）所示为测两点之间温差的测量电路。将两支同型号的热电偶配以相同的补偿导线反向串联在一起，使热电动势相减，测出 T_1、T_2 的温度差。

5 热电偶传感器的应用

热电偶传感器若是用于温度测量，可按图 2-2-63的测量电路，配接适当的显示仪表，如 XCT-101 动圈式指示调节仪，显示仪表显示的是热电偶产生的热电动势，通过查阅热电偶对应型号的分度表获取被测点温度。常用 K 型（镍铬-镍硅）热电偶分度表见表2-2-6，若仪表显示 K 型热电偶的热电动势为 21.919mV，则查表 2-2-6 可得当前被测点温度为 530℃。各种类型热电偶的分度表各不相同，具体参见相关手册。

表 2-2-6　K 型热电偶的分度表

分度号：K　　　　（参考端温度 0℃）

测量端温度/℃	0	10	20	30	40	50	60	70	80	90
	热电动势/mV									
−0	−0.000	−0.392	−0.777	−1.156	−1.527	−1.889	−2.243	−2.586	−2.920	−3.242
+0	0.000	0.397	0.798	1.203	1.611	2.022	2.436	2.850	3.266	3.681
100	4.095	4.508	4.949	5.327	5.733	6.137	6.539	6.939	7.338	7.737
200	8.137	8.537	8.938	9.341	9.745	10.151	10.560	10.969	11.381	11.739
300	12.207	12.623	13.039	13.456	13.874	14.292	14.712	15.132	15.552	15.947
400	16.395	16.818	17.241	17.664	18.088	18.513	18.938	19.363	19.788	20.214
500	20.640	21.066	21.493	21.919	22.346	22.772	23.198	23.624	24.050	24.476
600	24.902	25.327	25.751	26.176	26.599	27.022	27.445	27.867	28.288	28.709
700	29.128	29.547	29.965	30.383	30.799	31.214	31.629	32.042	32.455	32.866
800	33.277	33.685	34.095	34.502	34.909	35.314	35.718	36.121	36.524	36.925
900	37.325	37.724	38.122	38.519	38.915	39.310	39.703	40.096	40.488	40.897
1000	41.269	41.657	42.045	42.432	42.817	43.202	43.585	43.968	44.349	44.729
1100	45.108	45.486	45.863	46.238	46.612	46.985	47.356	47.726	48.095	48.462
1200	48.828	49.192	49.555	49.916	50.276	50.633	50.990	51.344	51.697	52.049
1300	52.398									

由于热电偶产生的热电动势信号微弱，若热电偶用于自动温度控制，如图 2-2-56 所示，或者被测点温度需要计算机处理，则热电偶输出需接小信号放大电路，也称前置放大电路。一般热电偶产生的热电动势是微伏级电压，放大电路需采用低失调电压运算放大器。热电偶前置放大电路如图 2-2-64 所示，它由高增益低失调运算放大器 OP07、零点调节电阻器 RP_1 与增益调节电阻器 RP_2 组成。通过调节 RP_0 和 RP_2，使系统在 0～600℃温度检测范围输出 0～6V 电压。调节方法较简单，通过查表 2-2-6 可得 K 型热电偶在 T_0＝0℃时产生热电动势为 0mV，用电压表观测放大器输出端电压，调整 RP_0，使运放输出为零；T＝600℃时热电偶热电动势应为 24.902mV，调节反馈电阻 RP_2，当放大器增益为 240.94 时，可得到满量程输出 6V。这一范围可以视为测温工作范围。

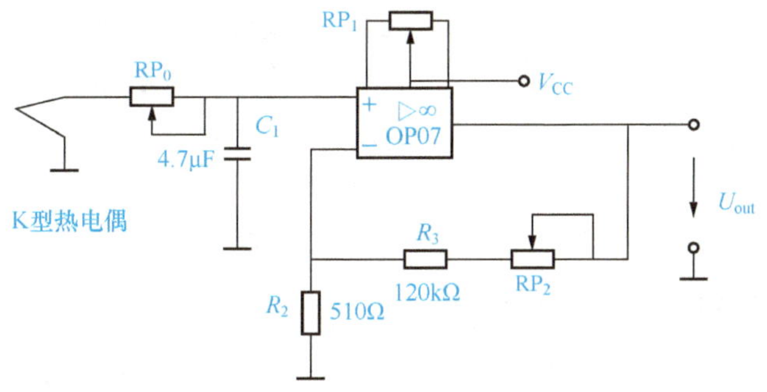

图 2-2-64　热电偶前置放大电路

对于自动温度控制系统，如图 2-2-56 所示，热电偶前置放大电路后接控制算法的调节器，如图 2-2-56 中的 PID 调节器。对于计算机温度测控系统，热电偶前置放大电路后接 A/D 转换器（ADC）将模拟电压转换成数字信号，以便计算机识别和处理。

基本技能

技能目标

（1）会识别常见类型热电偶传感器及其配套检测装置。

（2）会简单制作和测试热电偶传感器。

（3）会用热电偶传感器测量物体温度。

1 观察热电偶传感器及相关装置的结构

从市场购买常用热电偶传感器，如普通热电偶、铠装热电偶、薄膜热电偶、表面热电偶、防爆热电偶及浸入式热电偶等，指导学生如何区分这些常用热电偶传感器，以及它们的热端和冷端。

从市场购买简易热电偶测温检测装置，分析其结构，包括热电偶传感器、热电偶检测电路结构、冷端补偿方式等。

2 制作简易热电偶实验

1）材料和设备

（1）直径为 0.4mm，长约 300mm 漆包铜线 1 根。

（2）直径为 0.4mm，长约 300mm 康铜线 1 根。

（3）加热器，如蜡烛、酒精灯等，1 个。

（4）万用表 1 只。

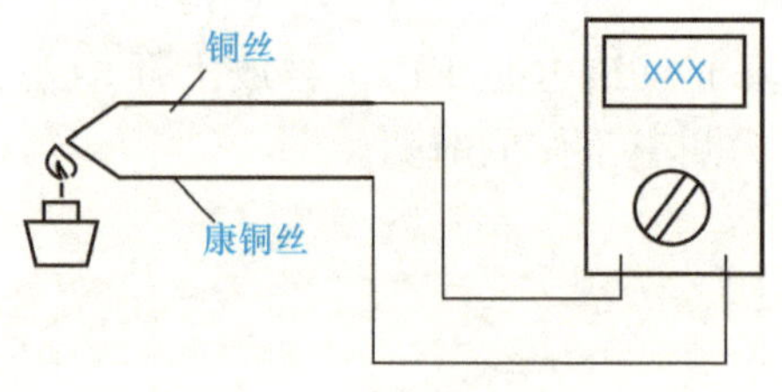

图 2-2-65 热电偶万用表检测

2）实验步骤

（1）在漆包铜线和康铜线两端 10mm 部分用砂纸打磨，去除漆包铜线绝缘漆和康铜线氧化层。

（2）将漆包铜线和康铜线一端缠绕 2～3 圈。

（3）将万用表量程置于直流电压最小挡，两根表笔分别接漆包铜线和康铜线另一端，如图 2-2-65 所示，读取万用表读数。

（4）用加热器加热漆包铜线和康铜线缠绕处，观察并记录万用表读数。

3 用热电偶传感器装置检测温度

传感器实验装置智能调节仪，用于控制施加于温度传感器（如热电偶传感器）的温度，如图 2-2-66 所示，PT100 温度传感器作为智能调节仪反馈回路温度传感器，被测温度传感器置于另一温度传感器插孔。智能调节仪的基本使用步骤如下：

（1）在控制台上的“智能调节仪”单元中“控制对象”选择“温度”，并按图 2-2-66 接线。

（2）将 2～24V 输出调节调到最大位置，打开调节仪电源。

（3）按住SET 3s，PV 窗口显示“ALM1”进入智能调节仪参数设定，继续按SET键直到 PV 窗口显示“Sn”，按▲、▼使 SV 窗口显示 21，按“◀”可改变小数点位置。

（4）继续按SET键使 PV 窗口显示“dP”，按▲、▼使 SV 窗口显示 1。按住“◀”键同时按住SET 3s 可回到初始状态，跳出参数设置。

（5）按住SET 3s，PV 窗口显示“ALM1”进入智能调节仪参数设定，按▲、▼使 SV 窗口显示 50（上限报警值），按“◀”可改变小数点位置。

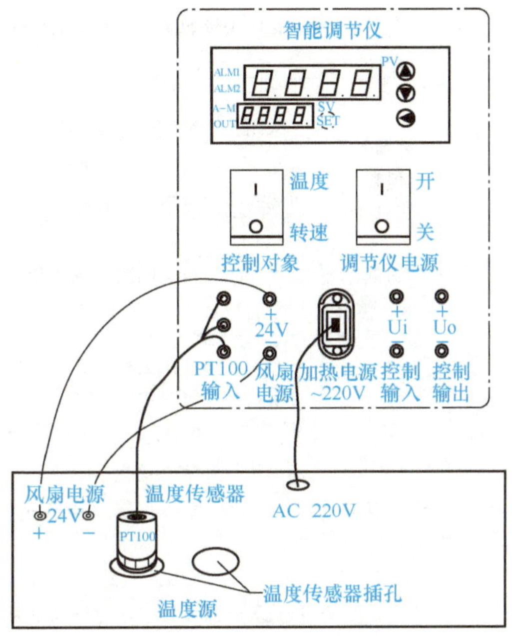

图 2-2-66 智能调节仪接线图

（6）继续按SET键直到 PV 窗口显示“ALM2”，按▲、▼使 SV 窗口显示 0（下限报警值），按“◀”可改变小数点位置。继续按SET键并设置参数，见表 2-2-7。

（7）设定好参数值，回到初始测量状态，按▲或▼键可修改 SV 窗口的给定值，按“◀”键可改变小数点位置。这里先设置为 50.0。

（8）回到初始测量状态按“◀”键 3s 不放，可进入自整定状态，此时 SV 窗口交替显示“dP”字样和给定值。经过一段时间就可以将温度源的温度控制在 50.0℃左右。

（9）重复第（5）步和第（7）步，将给定值和上限报警值改为 55，经过几个周期的振荡，可将温度源的温度稳定在新的给定值 55.0℃。

表 2-2-7 智能调节仪参数设置表

参数	参数含义	说明	设置范围	实设定值
ALM1	上限报警	测量值大于 ALM1＋Hy 值时将产生上限报警。测量值小于 ALM1－Hy 时仪表解除上限报警，设置 ALM1 到其最大值（9999）可避免产生报警作用	－1999～＋9999℃或 1 定义单位	给定值
ALM2	下限报警	测量值小于 ALM2－Hy 值时将产生下限报警。测量值大于 ALM2＋Hy 时仪表解除下限报警，设置 ALM1 到其最大值（9999）可避免产生报警作用	同上	9999

续表

参数	参数含义	说明	设置范围	实设定值
Hy-1	正偏差报警	采用人工智能调节时，当偏差（测量值 PV 减给定值 SV）大于 Hy-1＋Hy 时产生正偏差报警。当偏差小于 Hy-1-Hy 时正偏差报警解除。设置 Hy-1＝9999，正偏差报警功能被取消	0～9999℃或1定义单位	9999
Hy-2	负偏差报警	采用人工智能调节时，当偏差（测量值 PV 减给定值 SV）大于 Hy-2＋Hy 时产生负偏差报警。当偏差小于 Hy-2-Hy 时负偏差报警解除。设置 Hy-2＝9999，负偏差报警功能被取消	同上	9999
Hy	回差（死区、滞环）	回差用于避免因测量输入值波动而导致位式调节频繁通断或报警频繁	0～2000℃或1定义单位	0
At	控制方式	At＝0：采用位式控制（ON-OFF），只适合要求不高的场合进行控制时采用。 At＝1：采用人工智能/PID 调节，该设置下，允许从面板启动执行自整定功能。 At＝2：启动自整定参数功能，自整定结束后自动设置为 3。 At＝3：采用人工智能调节时，自整定结束后仪表自动进入该设置，该设置下不允许从面板启动自整定功能，以防止误操作重复启动自整定	0～3	1
I	保持参数	*I*、*P*、*d*、*t* 等参数为人工智能调节算法的控制参数。 *I* 参数值主要决定调节算法中积分的作用，和 PID 调节的积分时间类同	0～9999 或1定义单位	自动设置
P	速率参数	*P* 值类似 PID 调节器的比例带，但变化相反，*P* 值越大，比例、微分作用成正比例增强，而 *P* 值越小，比例、微分作用相应减弱	1～9999	自动设置
d	滞后时间	滞后时间参数 *d* 是人工智能算法相对标准 PID 算法而引进的新的重要参数，本表根据 *d* 参数来进行一些模糊规则运算，以便能较完善地解决超调现象及振荡现象，同时使控制响应速度最佳	0～2000s	自动设置
t	输出周期	反映仪表运算调节的快慢，*t* 值越大，比例作用增强，微分减弱；*t* 值越小，则比例作用减弱，微分作用增强。*t* 值大于或等于 5s 时，则微分作用被完全取消，系统成为比例或比例积分调节	0～125s	自动设置
Sn	输入规格	Sn 用于选择输入规格，21 对应 PT100；34 对应 0～5V 电压输入	0～37	21

续表

参数	参数含义	说明	设置范围	实设定值
dP	小数点位置	dP=0：显示格式为 0000，不显示小数点。 dP=1：显示格式为 000.0，小数点在十位。 dP=2：显示格式为 00.00，小数点在百位。 dP=3：显示格式为 0.000，小数点在千位	0～3	1
P-SL	输入下限显示值	用于定义输入信号下限刻度值	−1999～+9999℃或 1 定义单位	0
P-SH	输入上限显示值	用于定义输入信号上限刻度值，配合 P-SL 使用	同上	200
Pb	主输入平移修正	用于对输入进行平移修正，以补偿传感器本身的误差	0.1℃或 1 定义单位	0
oP-A	输出方式	oP-A 表示主输出方式，应和主输出上安装的模块类型一致	0～2	1
outL	输出下限	通常作为限制调节输出最小值	0～220	0
outH	输出上限	限制调节输出最大值	0～220	220
AL-P	报警输出定义	AL-P 参数用于定义 ALM1、ALM2、Hy-1、Hy-2 报警功能的输出位置，由以下公式定义其功能： AL-P=$A\times1+B\times2+C\times4+D\times8+E\times16$ A=0 时，上限报警由继电器 1 输出，A=1 时上限报警由继电器 2 输出。 B=0 时，下限报警由继电器 1 输出，B=1 时下限报警由继电器 2 输出。 C=0 时，正偏差报警由继电器 1 输出，C=1 时正偏差报警由继电器 2 输出。 D=0 时，负偏差报警由继电器 1 输出，D=1 时负偏差报警由继电器 2 输出。 E=0 报警时，在下显示器交替显示报警符号，如 ALM1、ALM2 等	0～31	17
CooL	系统功能选择	CooL 参数用于选择部分系统功能。 0 为反作用调节，输入增大时，输出趋向减小。 1 为正作用调节，输入增大时，输出趋向增大	0～1	0
Addr	通信地址	仪表安装 RS485 通信接口后用于定义仪表通信地址	0～100	不设
bAud	波特率	仪表有通信接口时定义通信波特率		不设
FILt	输入数字滤波	当因输入干扰而导致数字跳动时可采用数字滤波将其平滑，0 表示没有任何滤波，FILt 值越大，测量值越稳定，但响应越慢	0～20	0

续表

参数	参数含义	说　明	设置范围	实设定值
A-M	运行状态	A-M用于定义自动/手动工作状态。 A-M=0：手动调节状态。 A-M=1：自动调节状态。 A-M=2：自动调节状态，并禁止手动操作。不需要手动功能时，该功能可防止因误操作而进入手动状态	0～2	2
Lock	参数修改级别	Lock=0：允许修改现场参数、给定值。 Lock=1：可以查看现场参数，不允许修改，但允许设定给定值。 Lock=2：可以查看现场参数，不允许修改，也不允许设定给定值。 Lock=808：可设置全部参数和给定值	0～9999	0
EP1-EP8	现场参数定义	定义现场参数，没用到用 nonE 表示		不设

采用智能调节仪将温度控制在 50℃，在另一个温度传感器插孔中插入 K 型热电偶温度传感器。将±15V 直流稳压电源接入温度传感器实验模块。温度传感器实验模块的输出 U_{o2} 接直流电压表。将温度传感器模块上差动放大器的输入端 U_i 短接，调节 RP_3 到最大位置，再调节电位器 RP_4 使直流电压表显示为零。拿掉短路线，按图 2-2-67 接线，并将 K 型热电偶的两根引线，热端（红色）接 a，冷端（绿色）接 b；记下模块输出 U_{o2} 的电压值。改变温度源的温度每隔 5℃记下 U_{o2} 的输出值，直到温度升至 120℃，并将实验结果填入表 2-2-8。

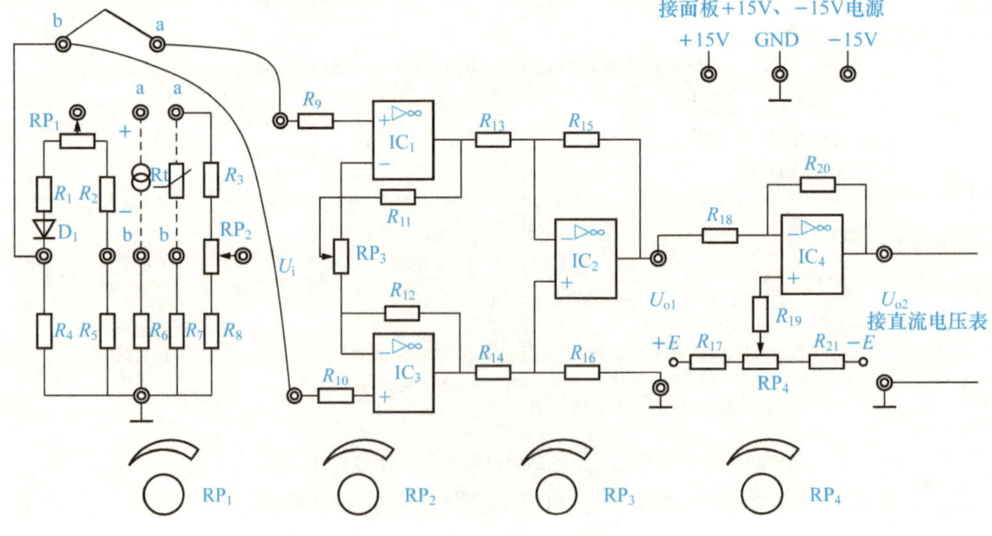

图 2-2-67　热电偶温度测量接线图

表 2-2-8 热电偶温度电压记录表

T/℃														
U_{o2}/V														

任务评价评分表

班级：__________ 姓名：__________ 成绩：__________

评价条目	评价内容与要求	分值	自我评价	教师评价	得分	扣分原因
基本知识	了解各种热电偶传感器的结构	10				
	理解热电偶传感器的工作原理	5				
	掌握热电偶传感器的测试电路	10				
	了解热电偶传感器的温度补偿方法	5				
	了解热电偶传感器的主要应用	10				
基本技能	认识常见热电偶传感器及配套装置	10				
	会简单制作和检测热电偶传感器	15				
	会用热电偶传感器测量物体温度	15				
职业素养	态度认真、按时出勤，不迟到、早退	5				
	安全意识强，操作规范	5				
	爱护工具设备，工具设备摆放整齐，操作工环境卫生良好	5				
	节约能源，节约原料	5				

复习与思考题

1. 知识总结

温度传感器是利用热电效应将温度的变化转换为热电动势或电阻的变化的一种传感器。温度传感器可分为热电偶温度传感器和热敏电阻温度传感器两类。将两种不同材料的导体 A 和 B 串接成一个闭合回路。当两个接点的温度不同时，回路中就会产生热电动势，形成电流，此现象称为热电效应。根据热电效应制成的温度传感器称为热电偶。

热电偶按照用途、安装位置和方式、材料等的不同分为普通热电偶、铠装热电偶、薄膜热电偶、表面热电偶、防爆热电偶及浸入式热电偶等不同类型。

由冷端温度不为 0，造成热电偶实际测量温度偏差，故大多数热电偶传感器温度测量需要进行冷端补偿，常用的补偿方法有 0℃恒温法、恒温槽法和电桥补偿法。常用热电偶温度测量电路有单点测量、串联测量、并联测量和温差测量。热电偶一般用于测量温度较高的加热炉、重油燃烧炉内的温度。

2. 思考题

1）填空题

(1) 传统温度传感器可分为＿＿＿＿＿＿和＿＿＿＿＿＿两类。

(2) 热电偶按照用途、安装位置和方式、材料等的不同分为＿＿＿＿＿＿、＿＿＿＿＿＿、＿＿＿＿＿＿、＿＿＿＿＿＿、＿＿＿＿＿＿及＿＿＿＿＿＿等不同类型。

(3) 热电偶传感器冷端补偿方式有＿＿＿＿＿、＿＿＿＿＿和＿＿＿＿＿。

(4) 热电偶的测量电路有＿＿＿＿＿、＿＿＿＿＿、＿＿＿＿＿和＿＿＿＿＿。

(5) 热电偶传感器的组成有＿＿＿＿＿、＿＿＿＿＿、＿＿＿＿＿和＿＿＿＿＿。

2）简答题

(1) 何谓热电效应，并说明热电偶传感器的工作原理。

(2) 试说明各种热电偶的特点及使用场合。

(3) 试说明电桥法冷端补偿的工作原理。

(4) 简述热电偶传感器的应用。

(5) 画出热电偶炉温控制系统结构图，并简述其工作原理。

霍尔传感器

基本知识

知识目标

(1) 理解霍尔传感器的组成、结构与工作原理。

(2) 掌握霍尔传感器的测试电路。

(3) 了解霍尔传感器的主要应用领域。

1 认识霍尔传感器

霍尔传感器是一种基于霍尔效应的磁电式传感器。霍尔效应自1879年被美国物理学家爱德文·霍尔发现至今已有100多年的历史，但直到20世纪50年代，由于微电子学的发展，才被重视和开发，现在，已发展成一个品种多样的磁电传感器产品族，并得到广泛的应用。霍尔传感器可以检测磁场及其变化，可在各种与磁场有关的场合中广泛使用。以当代工业代表——汽车工业为例，在一辆电子控制系统比较完整的轿车中，有20～30个霍尔传感器参与汽车工作状态的测量和控制工作，其中主要有：

（1）在汽车发动机点火器中作电子断续分电点火用。在发动机中，电子点火分电盘上装有与汽缸数量相同的磁钢，并在磁钢位置相应处装上霍尔开关传感器，当磁钢转到霍尔开关传感器正面时，霍尔开关传感器就输出一个脉冲，该脉冲经放大升压后送至点火线圈，于是在点火线圈的二次线圈便产生供发动机各汽缸火花塞点火用的高电压。

（2）作为汽车发动机转速和曲轴角度传感器。

（3）作为各种自动门和车窗的开关系统：速度表和里程表。

（4）作为防抱死制动系统（Anti-locked Braking System，ABS）中的传感器。

（5）作为各种液体液位检测器。

（6）作为各种用电负载的电流检测及工作状态诊断。

其中，在汽车安全控制的最主要机构ABS中的测速就采用霍尔传感器，汽车ABS机构示意图如图2-2-68（a）所示。在汽车制动过程中，ABS控制器不断接收来自车轮转速传感器与车轮转速相对应的脉冲信号并进行处理，得到车辆的滑移率和减速信号，按其控制逻辑及时准确地向制动压力调节器发出指令，调节器及时准确地做出响应，使制动气室执行充气、保持或放气指令，调节制动器的制动压力，以防止车轮抱死，达到抗侧滑、甩尾的目的，提高制动安全及制动过程的可驾驭性。在这个系统中，霍尔传感器作为车轮转速传感器，是制动过程中实时速度采集器，是ABS中的关键部件之一。

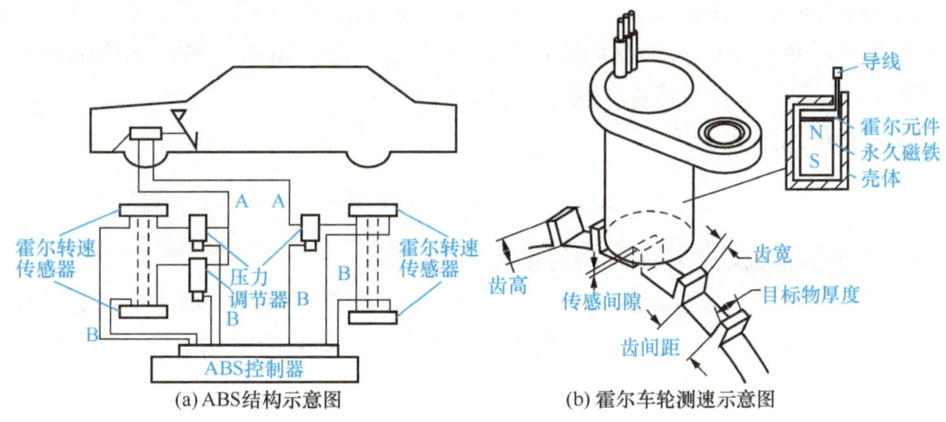

(a) ABS结构示意图　(b) 霍尔车轮测速示意图

图2-2-68　ABS与霍尔车轮测速

霍尔车轮转速传感器的工作原理如图2-2-68（b）所示，霍尔齿轮传感器由传感头和齿圈组成。传感头由永久磁铁、霍尔元件和电子电路等组成。特殊设计的IC带分离的电容和偏置磁钢，被密封在探头形式的外壳内。霍尔齿轮传感器由传感头和齿圈组成。传感头由永久磁铁，霍尔元件和电子电路等组成。永久磁铁的磁力线穿过霍尔元件通向齿轮。当齿轮齿底位于传感器时，穿过霍尔元件的磁力线分散，磁场相对较弱；而当齿轮齿峰位于传感器时，穿过霍尔元件的磁力线集中，磁场相对较强。齿轮转动时，使得穿过霍尔元件的磁力线密度发生变化，因而引起霍尔电压的变化，霍尔元件将输出一个毫伏级的准正弦波电压，再由后续电路转换成标准脉冲信号。霍尔车轮转速传感器具有以下优点：

（1）输出信号电压幅位不受转速的影响。

（2）频率响应高。其响应频率高达 20kHz，相当于车速 1000km/h。

（3）抗电磁波干扰能力强。

2 霍尔传感器的原理与组成

霍尔传感器又称为霍尔元件，是利用物体的霍尔效应将被测量转换成电动势的一种传感器。将金属或半导体薄片置于磁场中，在薄片两端通上电流，在垂直于电流和磁场的方向上将产生电动势，这种物理现象称为霍尔效应。如图 2-2-69 所示，磁感应强度为 B 的磁场方向垂直于薄片，在薄片左、右两端通以控制电流 I，那么半导体中的载流子（电子）将沿着与电流 I 相反方向运动。由于外磁场 B 的作用，使电子受到磁场力 f_L（洛仑兹力）而发生偏转，结果在半导体的后端面上电子积累带负电，而前端面缺少电子而带正电，在前、后端面间形成电场。该电场产生的电场力 f_E 阻止电子继续偏转。当 f_E 和 f_L 相等时，电子积累达到动态平衡。这时在半导体前、后两端面之间（即垂直于电流和磁场方向）产生电场，称为霍尔电场，相应的电动势称为霍尔电动势 E_H，该半导体薄片称为霍尔元件。

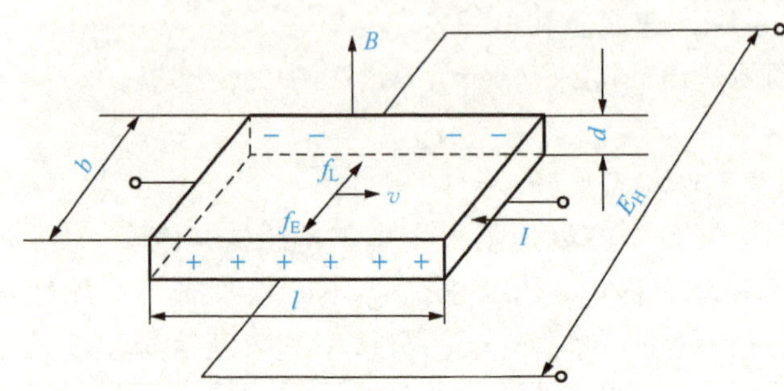

图 2-2-69 霍尔效应原理示意图

霍尔电动势可用下式表示：

$$E_H = \frac{R_H}{d} IB = K_H IB \tag{2-2-17}$$

式中：R_H——霍尔系数，由霍尔材料的物理性质决定；

K_H——霍尔材料的灵敏度系数，$K_H = R_H / d$，与霍尔材料的物理性质和几何尺寸有关，表示在单位磁感应强度和单位控制电流时的霍尔电动势的大小；

d——薄片厚度。

霍尔系数 $R_H = \rho\mu$，ρ 为载流体的电阻率，μ 为载流子的迁移率，一般金属材料的载流子迁移率很高，但电阻率很小；而绝缘材料电阻率极高，但载流子迁移率极低。故只有半导体材料（尤其 N 型半导体）适合制造霍尔元件。

当磁感应强度 B 和霍尔元件平面法线成一角度 α 时，作用在元件上的有效磁场是其法线方向的分量，即 $B\cos\alpha$，这时：

$$E_H = K_H IB\cos\alpha \tag{2-2-18}$$

当控制电流的方向或磁场的方向改变时，输出霍尔电动势的方向也将改变。但当两者同时改变方向时，霍尔电动势极性不变。出此可知，霍尔电动势的大小正比于控制电流 I 和磁感应强度 B。灵敏度系数 K_H 表示在单位磁感应强度和单位控制电流时输出霍尔电动势的大小，一般要求它越大越好，此外，霍尔元件的厚度 d 愈薄，K_H 愈高，所以霍尔元件的厚度一般都比较薄。

常用的霍尔材料有锗（Ge）、硅（Si）、锑化铟（InSb）、砷化铟（InAs）和砷化镓（GaAs）等，它们在绝对温度 300K 时的主要参数见表 2-2-9。

表 2-2-9　常用霍尔材料 300K 时的主要参数

材料（单晶）	禁带宽度 $E_g/(eV)$	电阻率 $\rho/(\Omega \cdot cm)$	电子迁移率 $\mu/(cm^2/V \cdot s)$	霍尔系数 $R_H/(cm^3/C^{-1})$	$\mu\rho^{1/2}$
N 型锗（Ge）	0.66	1.0	3500	4250	4000
N 型硅（Si）	1.107	1.5	1500	2250	1840
锑化铟（InSb）	0.17	0.005	60000	350	4200
砷化铟（InAs）	0.36	0.0035	25000	100	1530
磷砷铟（InAsP）	0.63	0.08	10500	850	3000
砷化镓（GaAs）	1.47	0.2	8500	1700	3800

霍尔传感器是利用半导体材料的霍尔效应，以磁路系统作为媒介，将转速、液位、流量、位置等物理量所引起的磁感应强度的变化转换为霍尔电动势 E_H 输出，或者在磁场一定的情况下，被测的量引起的电流的变化转换为霍尔电动势输出。霍尔传感器的组成如图 2-2-70 所示。

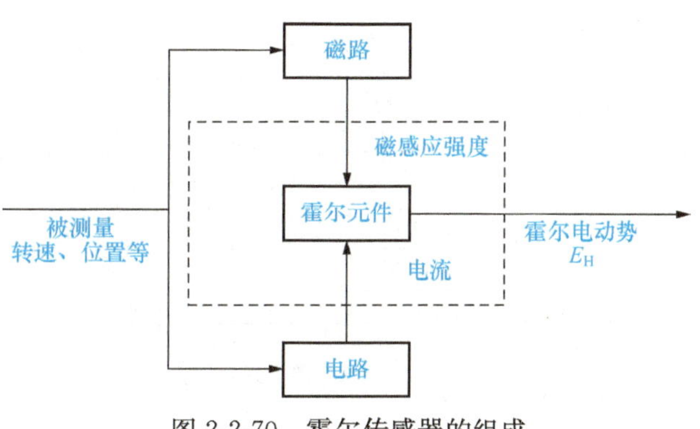

图 2-2-70　霍尔传感器的组成

3　霍尔传感器的测量与补偿电路

1）霍尔传感器的测量电路

霍尔传感器的实物外形如图 2-2-71（a）所示，它一般由霍尔片、4 根引线和外壳组成。霍尔片是一块矩形半导体单晶薄片（一般为 4mm×2mm×0.1mm），经研磨抛光，然后用蒸发合金法或其他方法制作欧姆接触电极，最后焊上引线，在它的长度方向两端面上焊有两根引线，通常是红色的，称为控制电极。在另两端面的中点对称地焊有两根引线，通常是绿色的，称为霍尔电极。霍尔元件的壳体用非导磁金属、陶瓷或环氧树脂封装。

霍尔传感器的基本测量电路如图 2-2-71（b）所示。激励电流（控制电流）由电源 E 提供，电位器 RP 用来调节激励电流 I 的大小。R_L 为负载电阻，大多数情况下它是显示仪表、记录装置或放大器的输入阻抗。实际使用时，器件的输入信号可以是激励电流 I 或磁感应强度 B，或者两者皆有，而输出可以正比于 I 或 B，或者正比于其乘积 IB 的霍尔电动势 E_H。为了获得更大的霍尔输出电动势 E_H，可以采用多片霍尔元件串联（叠加）的连接方式。图 2-2-71（c）所示为直流供电的霍尔元件叠加电路。控制电流端并联，由电位器 RP_1、RP_2 调节两个霍尔元件的激励电流，A、B 为霍尔电动势输出端，显然，这种连接方式的输出电动势为单片霍尔元件的两倍，依次可以采用更多片霍尔元件叠加，以获得更高的霍尔电动势。

图 2-2-71（d）所示为交流供电的霍尔元件叠加电路。激励电流端串联，各元件输出端接变压器的一次绕组，变压器的二次绕组上输出的是霍尔电势信号的叠加值。

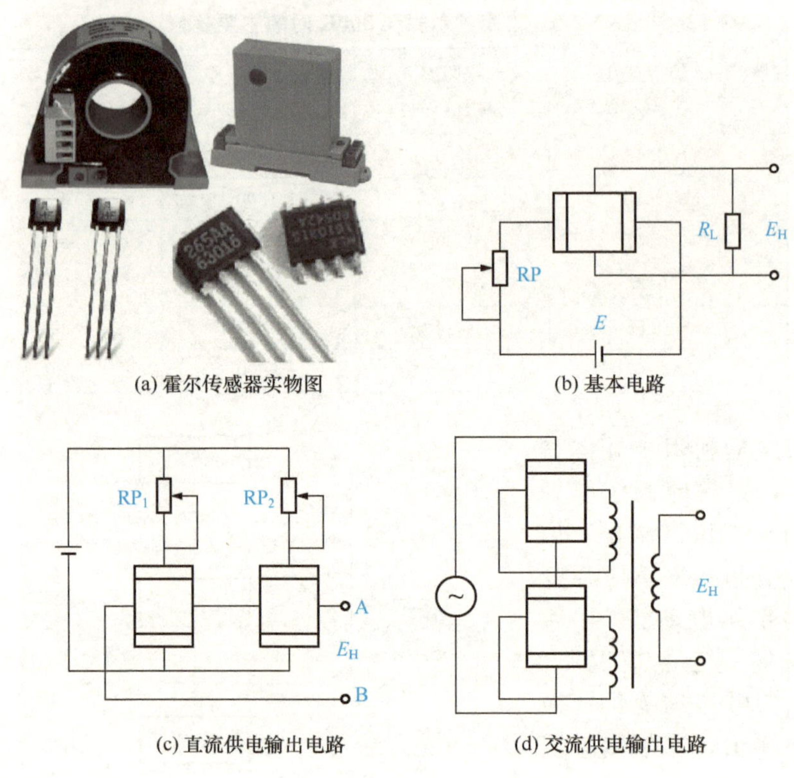

(a) 霍尔传感器实物图　(b) 基本电路

(c) 直流供电输出电路　(d) 交流供电输出电路

图 2-2-71　霍尔传感器实物与测量电路图

霍尔传感器的引脚 3 脚、4 脚、5 脚等几种结构形式的电路连接如图 2-2-72 所示。

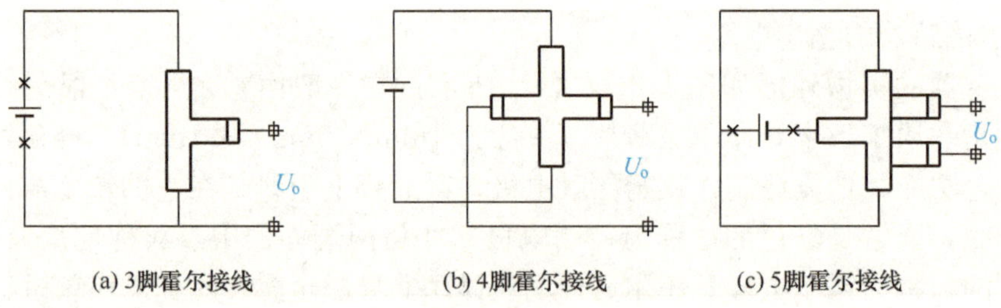

(a) 3脚霍尔接线　(b) 4脚霍尔接线　(c) 5脚霍尔接线

图 2-2-72　各种引脚霍尔传感器基本接线图

霍尔传感器驱动电路根据性质可分为电压源供电和电流源供电，根据极性可分单极性电源和双极性电源。图 2-2-73（a）为电压源双极性供电电路，后续运算放大器 A_1 也应采用双电源供电；图 2-2-73（b）为电压源单极性供电电路，后续运算放大器 A_1 也应采用单电源供电；图 2-2-73（c）为电流源供电电路，流过霍尔传感器电流 $I_C = U_C / R_1$。

2）霍尔传感器的补偿

在实际使用中，存在各种因素影响霍尔元件转换的精度，即在霍尔传感器输出的电动

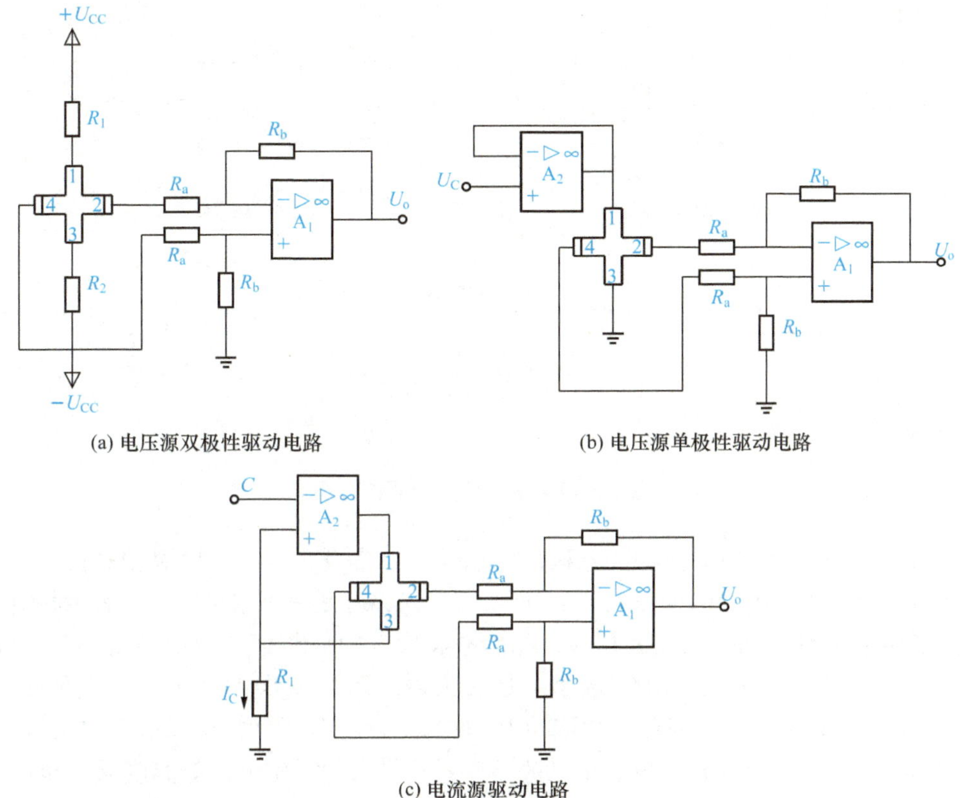

(a) 电压源双极性驱动电路　(b) 电压源单极性驱动电路

(c) 电流源驱动电路

图 2-2-73　霍尔传感器驱动电路

势中除了反映被测量的值外，还叠加着各种误差电动势，它们破坏了霍尔电动势 E_H 与控制电流 I 和磁感应强度 B 之间的关系，因而造成测量误差。这些误差电动势主要表现为由半导体本身特性和制造时的缺陷所造成的温度误差和零位误差。

（1）零位补偿。零位误差是霍尔元件在不加磁场或不加控制电流时产生的霍尔电动势，而不等位电动势是主要的零位误差。不等位电动势是由于元件输出极焊接不对称、厚薄不均匀及两个输出电极接触不良等原因造成的，如图 2-2-74（a）所示。在高精度测量中，都采用不等位电动势补偿的方法来尽量排除它对霍尔元件输出的影响。对不等位电势进行补偿较为复杂，在分析时，将霍尔元件等效成一电桥，如图 2-2-74（b）所示。电桥的四个臂分别为四个极间分布电阻 $R_1 \sim R_4$。当两个霍尔电动势电极在同一等位面上时，$R_1=R_2=R_3=R_4$，则电桥平衡，不等位电动势 $U_o=0$。当两电极不在同一等位面上（如 $R_1>R_2$）时，则电桥失去平衡，$U_o \neq 0$，此时就需进行补偿。其补偿电路如图 2-2-74（c）所示。图中外接电阻 R 的值应大于霍尔元件的内阻，调整可变电阻 RP 就可人为地消除不等位电动势，使 $U_o=0$。

（2）温度补偿。目前，主要的霍尔材料都为半导体材料，一般半导体材料对温度都比较敏感。因此，当霍尔传感器的工作温度发生变化时，它的一些技术参数，如输入电阻、输出电阻和霍尔电动势都要随着发生变化，从而使霍尔元件产生温差电动势，影响测量精度。在高精度或较高精度的测量中，就必须对其进行温度补偿。霍尔材料的温度误差主要

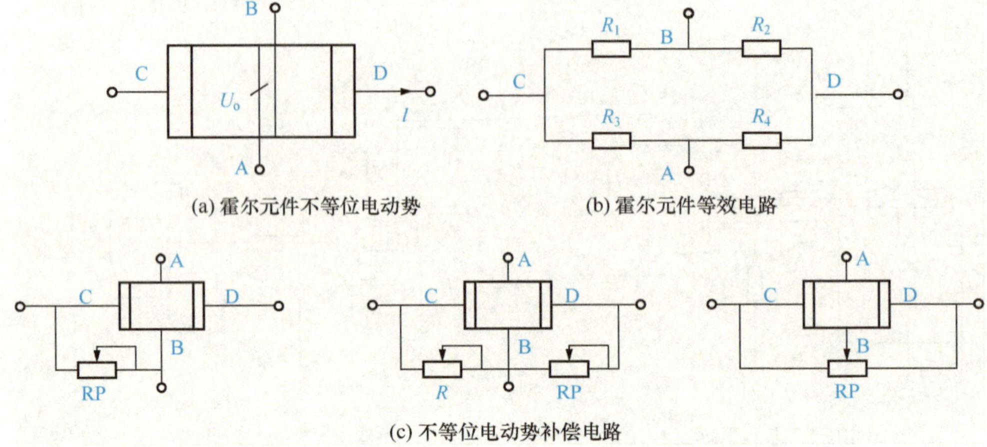

(a) 霍尔元件不等位电动势
(b) 霍尔元件等效电路
(c) 不等位电动势补偿电路

图 2-2-74　霍尔传感器零位补偿

有两个方面原因：一是霍尔材料的内阻随温度变化；二是霍尔电动势随温度变化，常用霍尔材料内阻随温度变化曲线如图 2-2-75（a）所示，理想情况是一条水平直线，表示材料内阻不随温度的变化而变化，曲线（或其切线）的斜率越大（即越陡峭），温度影响越严重，从图中可以看出，InSb（锑化铟）内阻温度系数最大，内阻温度误差也最大，其他依次是 Si（硅）、Ge（锗）、InSb（砷化铟）。常用霍尔电动势随温度变化曲线如图 2-2-75（b）所示，从图中可以看出，InSb（锑化铟）霍尔电动势温度系数最大，霍尔电动势温度误差也最大，其他依次是 Ge（锗）、InSb（砷化铟）、Si（硅）。

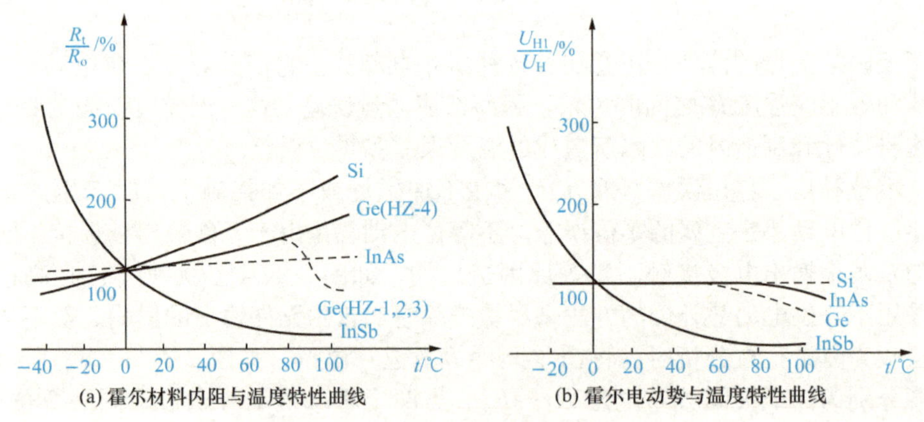

(a) 霍尔材料内阻与温度特性曲线
(b) 霍尔电动势与温度特性曲线

图 2-2-75　霍尔元件温度特性曲线

对于温度变化对霍尔电动势的影响，可根据不同情况，采取些不同的补偿方法。

① 恒流源补偿。对于负载电阻比霍尔元件输出电阻大得很多的应用，输出电阻的温度变化对输出电动势的影响很小，故只需考虑对输入端的温度变化进行补偿。这种补偿可以采用恒流源供电，如图 2-2-76（a），因为在恒流供电下，霍尔元件输入电阻温度变化的影响就被消除。也可采用在电压源供电的电路中串入一个比输入电阻大得多的电阻 R，这对霍尔元件的输入端来说，接近于恒流源供电，如图 2-2-76（b）所示。这时，当输入电

阻随温度变化时，控制电流的变化很小，从而实现了对输入端的温度补偿。

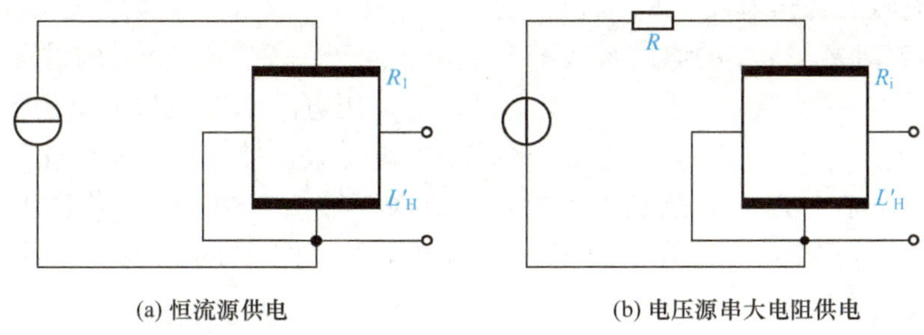

(a) 恒流源供电 (b) 电压源串大电阻供电

图 2-2-76 温度误差恒流源补偿

② 负载电阻补偿。要消除霍尔元件输出电阻的温度误差，可采用负载电阻补偿方法。如图 2-2-77（a）霍尔元件基本电路，其可等效为如图 2-2-77（b）等效电路，在负载电阻 R_L 上获得的霍尔电动势 U_H 为

$$U_H = \frac{E_{H0}(1+\alpha t)}{R_{\infty}(1+\beta t)+R_L} R_L \tag{2-2-19}$$

式中：E_{H0}——温度为 t_0 时的霍尔电动势；

R_{∞}——温度为 t_0 时的霍尔材料输出电阻；

α——霍尔电动势温度系数；

β——霍尔电阻温度系数；

R_L——负载电阻。

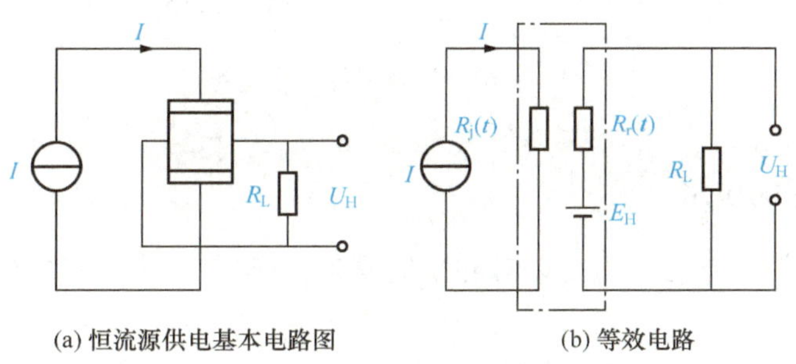

(a) 恒流源供电基本电路图 (b) 等效电路

图 2-2-77 负载电阻补偿电路

为了消除输出电阻温度系数对霍尔电动势的影响，令 $du_H/dt=0$，可得

$$R_L = R_{\infty}\left(\frac{\beta}{\alpha}-1\right) \tag{2-2-20}$$

由式（2-2-20）计算所得 R_L 可消除霍尔材料输出电阻的温度误差，而霍尔元件的负载通常是放大器、显示器或记录仪的输入电阻，其阻抗值为一个定值，在实际应用中，可通过串联、并联电阻的方法满足式（2-2-20），此方法的缺点是传感器的灵敏度将相应有所降低。

③ 热敏组件补偿。将前面两节中的补偿电阻，改为热敏组件（包括热敏电阻和电阻丝等）是最常用的补偿方法，图 2-2-78 给出了几种补偿电路。其中图 2-2-78（a）为串联

补偿电路，图 2-2-78（b）为并联补偿电路，图 2-2-78（c）为串、并联补偿电路，图 2-2-78（d）为恒流源的补偿电路。R_i 为恒压源内阻，$R(t)$ 和 $R'(t)$ 为热敏组件，其温度系数的正、负和数值要与 E_H 的温度系数配合选用。对于图 2-2-78（a）的情况，如果 E_H 的温度系数为负值，随着温度上升，E_H 要下降，则选用电阻温度系数为负的热敏电阻$R(t)$，当温度上升，$R(t)$ 变小，流过霍尔元件的控制电流变大，使 E_H 回升。当 $R(t)$ 阻值选用适当，就可使 E_H 在精度允许范围内保持不变。对于图 2-2-78（a），若霍尔元件 E_H 的温度系数为正值，则 $R(t)$ 应选择正温度系数的电阻丝。图 2-2-78（b）的情况与图 2-2-78（a）的正好相反。

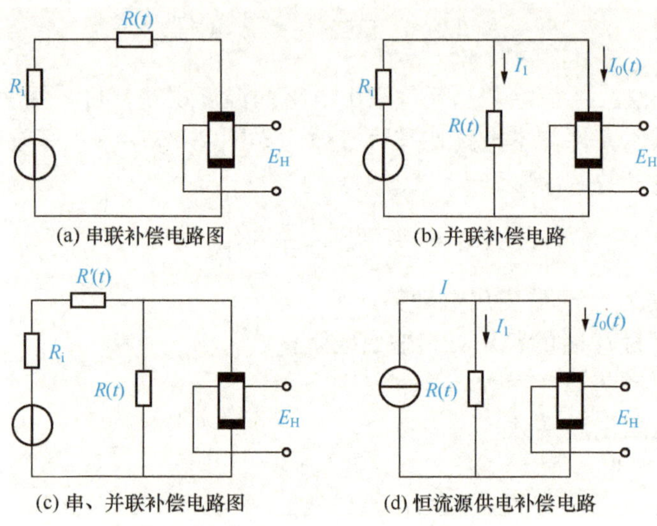

图 2-2-78　热敏组件补偿电路

4　霍尔传感器的应用

要合理实用霍尔传感器，先得理解和掌握霍尔传感器的型号和参数。霍尔传感器的主要参数有：

（1）灵敏度 K_H：表示霍尔传感器在单位磁感应强度和单位控制电流下所得到的开路霍尔电动势，单位为 V/(A·T)。

（2）霍尔输入电阻 R_{in}：霍尔控制电极间的电阻值。

（3）霍尔输出电阻 R_{out}：霍尔输出电极间的电阻值。

（4）霍尔传感器的电阻温度系数 β：表示在不施加磁场的条件下，环境温度每变化1℃时霍尔电阻（包括霍尔输入电阻和霍尔输出电阻）的相对变化率，单位为%/℃。

（5）霍尔寄生直流电动势 U_0：在外加磁场为零、霍尔传感器用交流激励时，霍尔电极输出除了交流不等位电动势外，还有一个直流电动势，称为寄生直流电动势。

（6）霍尔最大允许激励电流 I_{max}：以霍尔传感器允许最大温升为限制所对应的激励电流称为最大允许激励电流。

（7）最大磁感应强度 B_M：当磁感应强度超过 B_M 时，霍尔电动势的非线性误差将明显增大，B_M 的数值一般为零点几特斯拉（T）或几千高斯（G）。

（8）不等位电动势：在额定激励电流的作用下，当外加磁场为零时，霍尔输出端之间的开路电压称为不等位电动势，它是由于四个电极的几何尺寸不对称引起的。

（9）霍尔电动势温度系数 a：在一定磁场强度和激励电流的作用下，温度每变化 1℃时，霍尔电动势变化的百分数称为霍尔电动势温度系数，它与霍尔元件的材料有关。

国产霍尔传感器命名规则如图 2-2-79 所示，第一位英文字母 H 代表霍尔传感器（“霍”的拼音首字母）；第二位英文字母代表霍尔传感器材料，如 Z 代表锗、T 代表锑化铟等；第三位数字代表产品序号。

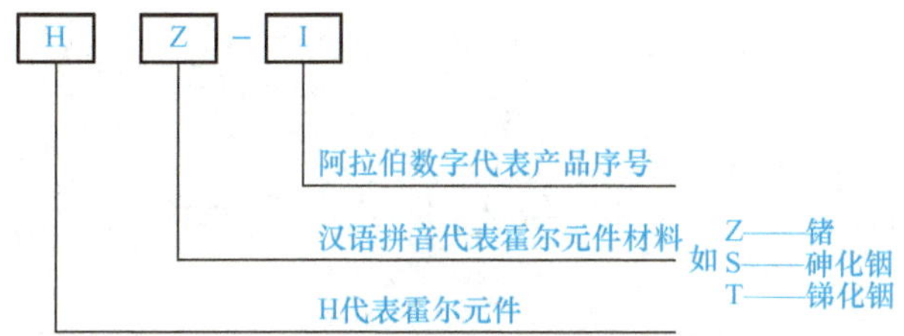

图 2-2-79 霍尔传感器型号命名规则

常用霍尔传感器的主要参数见表 2-2-10。

表 2-2-10 常用霍尔传感器的主要参数

参数名称	符号	单位	HZ-1 型	HZ-2 型	HZ-3 型	HZ-4 型	HT-1 型	HT-2 型	HS-1 型
			材料（N 型）						
			Ge（111）	Ge（111）	Ge（111）	Ge（100）	InSb	InSb	InAs
电阻率	ρ	Ω·cm	0.8～1.2	0.8～1.2	0.8～1.2	0.4～0.5	0.003～0.01	0.003～0.05	0.01
几何尺寸	$l \times b \times d$	mm	8×4×0.2	4×2×0.2	8×4×0.2	8×4×0.2	6×3×0.2	8×4×0.2	8×4×0.2
输入电阻	R_i	Ω	110±20%	110±20%	110±20%	45±20%	0.8±20%	0.8±20%	1.2±20%
输出电阻	R_o	Ω	100±20%	100±20%	100±20%	40±20%	0.5±20%	0.5±20%	1±20%
灵敏度	K_H	mV/(mA·T)	>12	>12	>12	>4	1.8±20%	1.8±2%	1±20%
不等位电阻	r_o	Ω	<0.07	<0.05	<0.07	<0.02	<0.005	<0.005	<0.003
寄生直流电压	U_o	μV	<150	<200	<150	<100			
额定控制电流	I_o	mA	20	15	25	50	250	300	200
霍尔电势温度系数	α	1/C	0.04%	0.04%	0.04%	0.03%	−1.5%	−1.5%	
内阻温度系数	β	1/C	0.5%	0.5%	0.5%	0.3%	−0.5%	−0.5%	
热阻	R_o	C/mW	0.4	0.25	0.2	0.1			
工作温度	T	℃	−40～+45	−40～+45	−40～+45	−40～+75	0～40	0～40	−40～+60

1）霍尔集成电路

随着半导体技术的发展，将霍尔传感器、放大器、温度补偿电路及稳压电源或恒流电源等集成在一个芯片上，由于其外形与集成电路相同，故称为霍尔集成电路。它体积较小、灵敏度高、输出幅度较大、温漂小、对电源的稳定性要求较低等特点，广泛应用于生产、生活各个领域。霍尔集成电路可分为线性型霍尔集成电路和开关型霍尔集成电路。

（1）线性型霍尔集成电路。线性型霍尔集成电路输出电压与外加磁场成线性关系，它是将霍尔传感器、恒流源、线性放大器做在一个集成电路上，减少外围分立元件，极大地方便了霍尔传感器的实用。常用的线性型霍尔集成电路有美国 SPRAGUE 公司生产的 UGN 系列产品，其典型型号有 UGN3501T/U 和 UGN3501M。UGN3501T/U 的外形如图 2-2-80（a）所示，内部结构如图 2-2-80（b）所示，输入/输出特性曲线如图 2-2-80（c）所示。

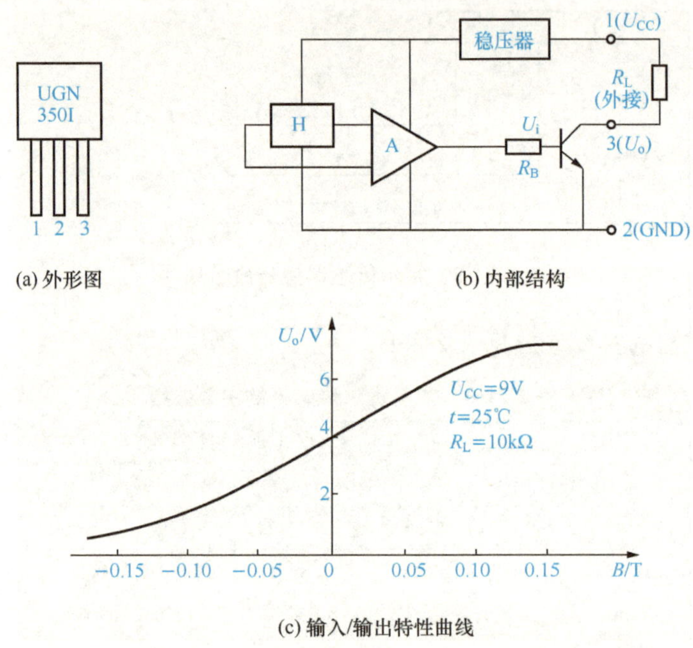

(a) 外形图

(b) 内部结构

(c) 输入/输出特性曲线

图 2-2-80　UGN3501T/U 外形、结构、特性图

从图 2-2-80（c）可以看出 UGN3501T/U 测量范围是磁感应强度−0.1～+0.1T，UGN3501T/U 是单极性器件，输入磁感应强度为 0 时，它有 4V 的电压输出，对于有的需要双极性差分输出场合可以使用 UGN3501M。UGN3501M 的外形如图 2-2-81（a）所示，内部结构如图 2-2-81（b）所示，输入/输出特性曲线如图 2-2-81（c）所示。线性型霍尔集成电路广泛用于位置、力、质量、厚度、速度、磁场、电流等的测量或控制领域。

（2）开关型霍尔集成电路。开关型霍尔集成电路输出开关信号（即高电平或低电平）以判断感应区是否有磁场，它是将霍尔传感器、稳压源、放大器、施密特触发器，以及驱动电路做在一个集成电路上，其结构如图 2-2-82（a）所示，在电路的输入端输入电压 U_{CC}，经稳压器稳压后加在霍尔元件的两个激励电流端。根据霍尔效应的原理，当霍尔元件处于磁场中时，霍尔元件的两个电压端将会有一个霍尔电动势 E_H 输出。E_H 经放大器 A 放大后送至施密特触发器整形，使其成为方波输送到 OC 门电路输出。当外加的磁感应强度超过工作值时，OC 门电路由高阻状态变为导通状态，其输出变为低电平；当外加的磁

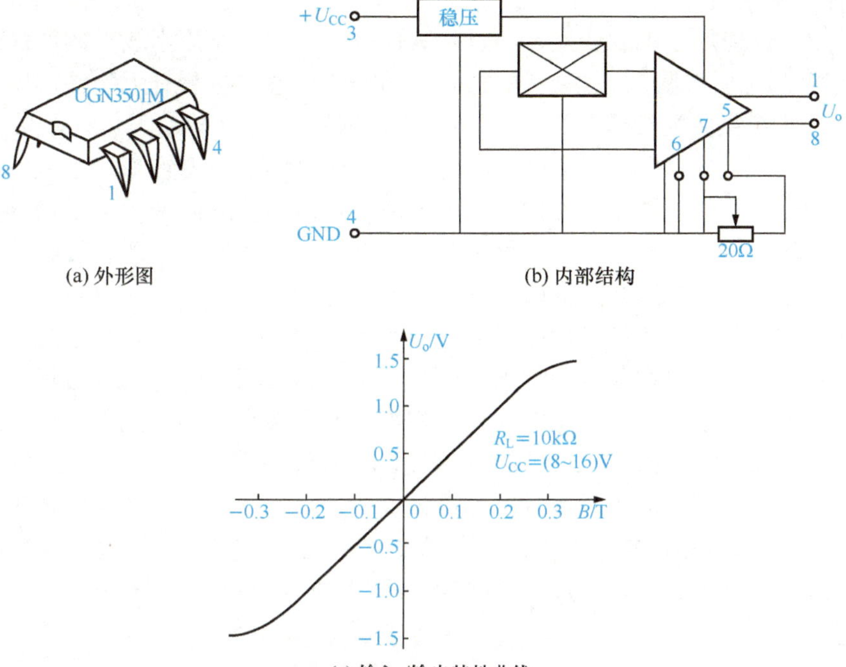

(a) 外形图　(b) 内部结构

(c) 输入/输出特性曲线

图 2-2-81　UGN3501M 外形、结构、特性图

感应强度低于释放值时，OC 门电路重新变为高阻状态，其输出变为高电平。开关型霍尔集成电路输入/输出特性曲线如图 2-2-82（c）所示。常用的开关型霍尔集成电路有 UGN3020，其外形如图 2-2-82（b）所示。

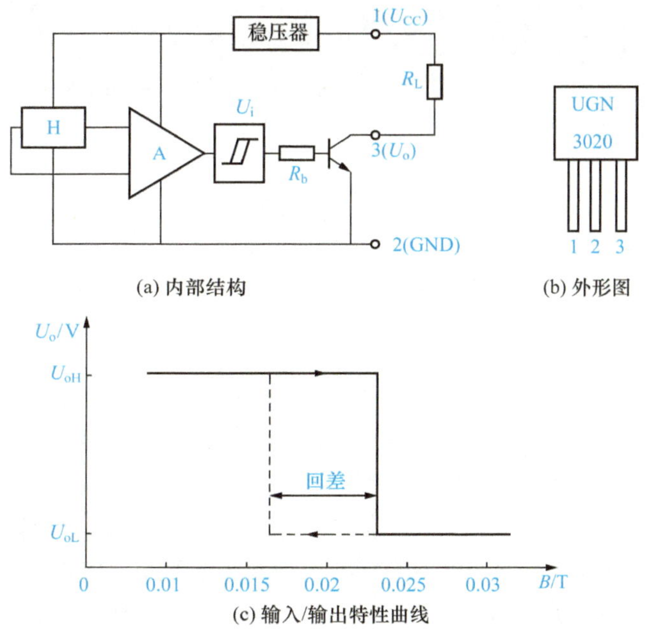

(a) 内部结构　(b) 外形图

(c) 输入/输出特性曲线

图 2-2-82　UGN3020 外形、结构、特性图

2）霍尔计数装置

计数装置广泛应用于工农业生产，以及其他行业，如工业流水线上的产品计件、航空服务中的包裹计件等。霍尔计数装置的核心是用霍尔传感器检测有无物体，鉴于霍尔效应原理，霍尔计数装置要配合永久磁铁一起使用。根据磁路分析，霍尔计数装置有两种情况：一种是检测无磁性物体时要借助于接近装在被测物体上的磁铁来产生磁场；另一种是检测强磁性物体时可将磁铁固定并检测到因强磁性物体的接近而产生的磁场变化。霍尔传感器检测到磁场或磁场的变化时，便输出霍尔电动势，从而实现检测有无物体的目的。一般情况下，霍尔计数装置适合计数磁性物体或者导磁物体。

霍尔计数装置的一个典型应用如图 2-2-83 所示，是一个钢球计数的装置及电路。由于钢球是强磁性物体，所以在装置中将永久磁铁固定。当有钢球滚过时，磁场就发生一次变化，传感器输出的霍尔电压也变化一次，这相当于输出一个脉冲。该脉冲信号经运算放大器 μA741 放大后，送入三极管 2N5551 的基极，三极管便导通一次。例如，在该三极管的集电极接上一个计数器，即可对滚过传感器的钢球进行计数。计数装置中霍尔传感器采用 UGN3501 霍尔集成电路，它灵敏度高，能感受微小的磁场变化，使整个计数装置结构简单、计数可靠。图 2-2-83（a）为霍尔钢球计数装置结构示意图，图 2-2-83（b）为计数装置电路原理图。

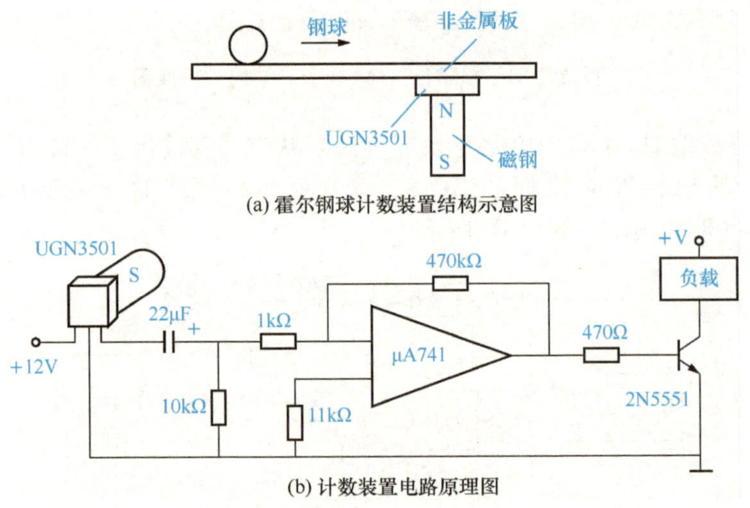

图 2-2-83　霍尔钢球计数装置

3）霍尔流量计

霍尔流量计如图 2-2-84 所示。水表的壳体内装有一个带磁铁的叶轮，磁铁旁装有霍尔传感器。当被测流体通过流量计时，就会在流量计进出口之间形成一定的压力差。在这个压力差的作用下，流体推动叶轮转动，叶轮转动的同时带动与之相连的磁铁转动，将流体由进口排向出口。当叶轮经过霍尔传感器时，传感器受到磁场的作用感应出霍尔电动势，电路输出脉冲电压信号，记录脉冲输出的个数。叶轮每接近一次霍尔传感器，都会产生一个脉冲电压信号，脉冲电压的个数与转速有关，因此，只要测得叶轮的转动次数，就可以得到流体的流速。另外，若知道管的内径，还可根据流速和管径求得流量。

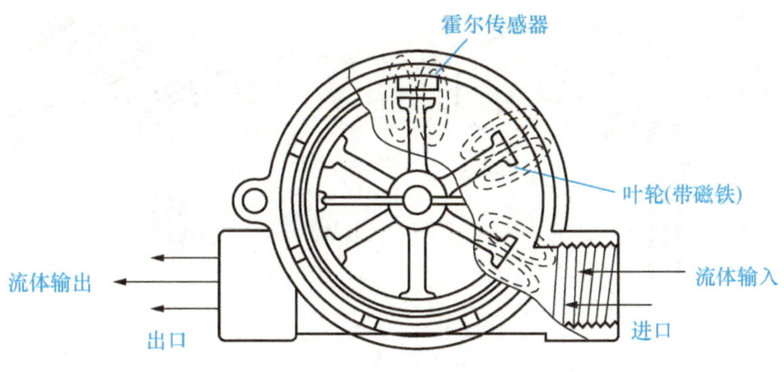

图 2-2-84 霍尔流量计

4）霍尔加速度传感器

霍尔加速度传感器的结构原理如图 2-2-85（a）所示，在盒子壁 O 点上固定均质的弹簧片 S，在弹簧片 S 的中部 a 处装一惯性块 M，片 S 的末端 b 处固定测量位移的霍尔元件 H，H 的上下方装有一对水磁体，它们同极性相对安装。盒子固定在被测对象上，如图 2-2-85（b）所示，当它们与被测对象一起做垂直向上的加速运动时，惯性块在惯性力的作用下使霍尔元件 H 产生一个相对盒子的位移 y，产生霍尔电压 U_H 的变化。霍尔电压 U_H 与加速度成线性关系，通过测量 U_H 就可计算出盒子的加速度，亦即被测物体的加速度。

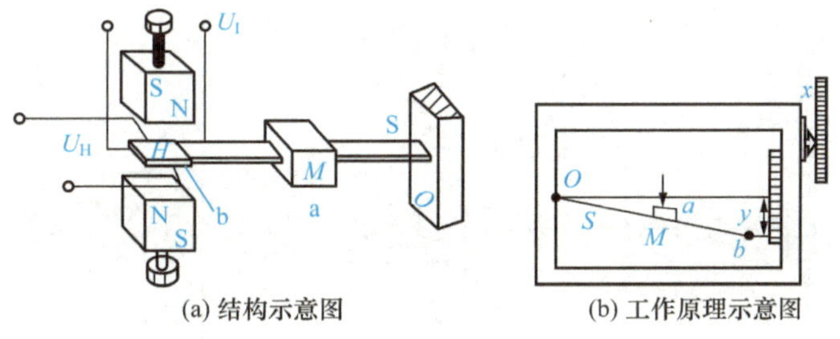

(a) 结构示意图　(b) 工作原理示意图

图 2-2-85 霍尔加速度传感器结构与工作原理示意图

5）霍尔磁电编码器

霍尔磁电编码器金属齿轮结构示意图如图 2-2-86（a）所示，它利用金属齿轮的远近变化测量转速。小磁铁固定安装在霍尔传感器一侧，当转盘随转轴转动时，每转一周（或经过一个齿纹）霍尔传感器上的磁场变化一次，便检测出一个脉冲，若已知齿数便可计算出单位时间的脉冲数从而求出测量的转速。另外，也可通过检测磁转子进行转速测量，转子在轴的周围等距离嵌有永久磁铁，相邻磁极极性相反，霍尔传感器垂直安装在磁极附近的位置上，如图 2-2-86（b）所示。轴旋转时霍尔传感器输出与转数成正比的脉冲信号电压，磁极变化使霍尔电压的极性变化，转速变化时，霍尔传感器输出脉冲有周期性变化，通过测量信号频率检测转速。

霍尔磁电编码器电路原理图如图 2-2-87（a）所示。其主要由霍尔传感器和运算放大器组成，a-b 为霍尔传感器激励电极，c-d 为霍尔传感器输出端，IC 为集成运算放大器，

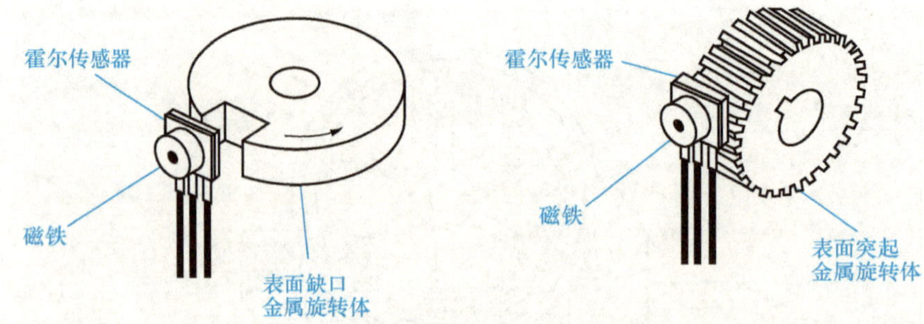

(a) 金属齿轮编码器结构示意图

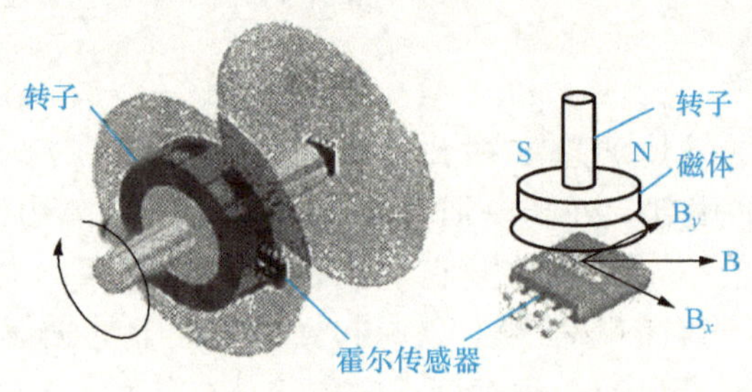

(b) 磁转子编码器结构示意图

图 2-2-86 霍尔磁电编码器结构示意图

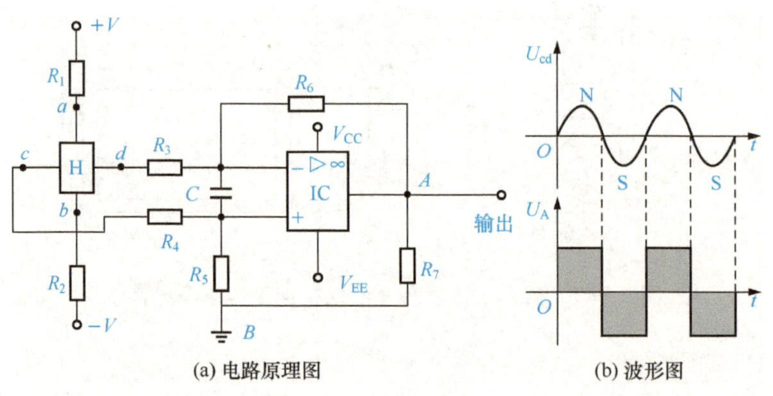

(a) 电路原理图 (b) 波形图

图 2-2-87 霍尔磁电编码器电路与工作原理

采用差动放大形式，A 是放大器输出端。随金属齿轮或带磁转子旋转，经过霍尔传感器的磁感应强度发生变化，霍尔传感器 c-d 端输出电压的大小和极性发生变化，图 2-2-87（b）所示为U_{cd}电压波形，通过 IC 放大和整形输出，图 2-2-87（b）所示为U_A电压波形，近似矩形的脉冲信号。根据磁体上永久磁体数量或者金属齿轮的齿数可获得转子旋转一周的脉冲数量，从而进行与旋转有关的参数测量和控制。

基本技能

技能目标

(1) 会检测开关型霍尔传感器。

(2) 会测试线性型霍尔传感器。

(3) 会用霍尔传感器制作计数器。

1 开关型霍尔传感器的检测

常见开关型霍尔传感器UGN3020T引脚排列如图2-2-88 (a) 所示，1脚是电源引脚，2脚是地线引脚，3脚是输出。霍尔传感器UGN3020T典型应用电路如图2-2-47 (b) 所示，由于开关型霍尔传感器UGN3020T输出是OC (集电极开路，参见图2-2-43)，故输出端需接一上拉电阻R，约2kΩ。检测UGN3020T将万用表红表笔接输出端3脚，黑表笔接地线2脚，万用表量程置于DC20V，用磁铁N极靠近霍尔传感器，万用表读数____________，属____________电平；磁铁远离霍尔传感器万用表读数____________，属____________电平。若万用表读数不变，则该霍尔传感器已损坏。

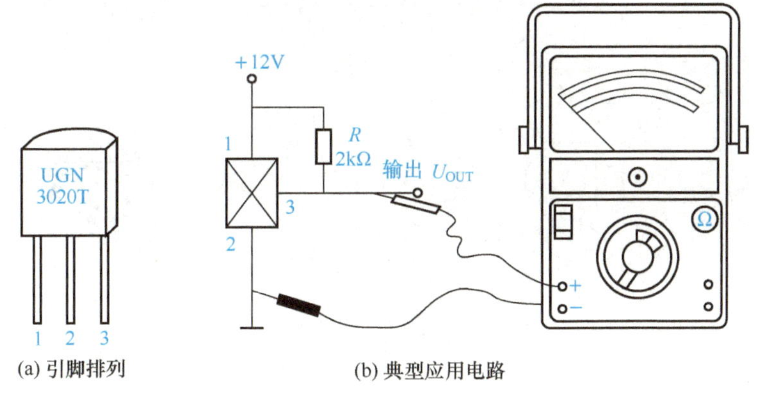

(a) 引脚排列 (b) 典型应用电路

图2-2-88 开关型霍尔传感器UGN3020T外形及典型应用电路

2 线性型霍尔传感器的测试

将霍尔传感器和磁钢固定在物体位移测量平台，如图2-2-89将电容传感器替换成霍尔传感器。传感器引线接到霍尔传感器模块9芯航空插座，按图2-2-89接线。

开启电源，直流数字显示电压表选择“2V”挡，将测微头的起始位置调到“1cm”处，手动调节测微头的位置，先使霍尔片大概在磁钢的中间位置 (数字显示表大致为0)，固定测微头，再调节RP_1使数显表显示为零。

分别向左、右不同方向旋动测微头，每隔0.2mm记下一个读数，直到读数近似不变，

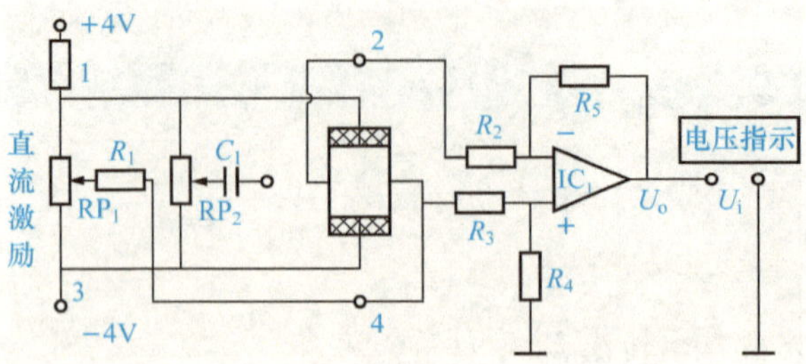

图 2-2-89 霍尔元件的霍尔效应测试电路

将读数填入表 2-2-11。

表 2-2-11 霍尔元件霍尔效应测试表

X/mm														
U/mV														

3 用霍尔传感器制作计数器

采用 UNG3501T 霍尔传感器设计的计数器电路如图 2-2-90 所示，霍尔传感器输出电流较小，无法驱动大功率负载，经 μA741 运算放大器放大，驱动晶体管带动大功率负责。根据图 2-2-90 制作霍尔计数器，并测试。负载可用发光二极管或计数器替代。

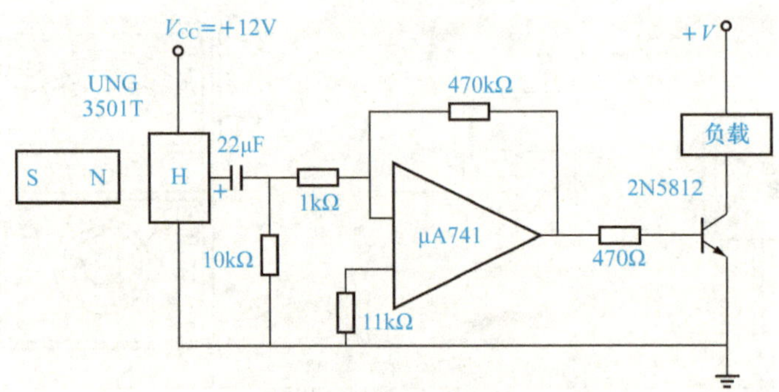

图 2-2-90 霍尔计数器电路图

任务评价评分表

班级：__________ 姓名：__________ 成绩：__________

评价条目	评价内容与要求	分值	自我评价	教师评价	得分	扣分原因
基本知识	了解霍尔传感器的组成结构	10				
	理解霍尔传感器的工作原理	10				
	掌握霍尔传感器的测试电路	10				
	了解霍尔传感器的主要应用	10				

续表

评价条目	评价内容与要求	分值	自我评价	教师评价	得分	扣分原因
基本技能	会检测开关型霍尔传感器	10				
	会测试线性型霍尔传感器传感器	15				
	会用霍尔传感器制作计数器	15				
职业素养	态度认真、按时出勤，不迟到、早退	5				
	安全意识强，操作规范	5				
	爱护工具设备，工具设备摆放整齐，操作工环境卫生良好	5				
	节约能源，节约原料	5				

复习与思考题

1. 知识总结

霍尔传感器利用半导体材料的霍尔效应，以磁路系统作为媒介，将转速、液位、流量、位置等物理量所引起的磁感应强度的变化转换为霍尔电动势 U_{EH} 输出，或者在磁场一定的情况下，被测的量引起的电流的变化转换为霍尔电动势输出。

导体材料的导电率虽然很大，但电阻率很小，不适宜制成霍尔传感器，而绝缘体材料的电阻率很大，但导电率很小，也不适宜制成霍尔传感器，只有半导体材料的电阻率和导电率均适中，适合制成霍尔传感器。

霍尔集成电路是霍尔元件与集成运放电路一体化的结构，是一种传感器模块，可分为线性输出型和开关输出型两大类。利用集成电路工艺技术将霍尔元件、放大器、温度补偿电路和稳压电路集成在一块芯片上即可形成霍尔集成电路，它具有灵敏度高、传输过程无抖动、功耗低、寿命长、工作频率高、无触点、无磨损、无火花等特点。

线性型霍尔集成电路的输出电压与外加磁场强度在一定范围内呈线性关系。它有单端输出和双端输出（差动输出）两种电路。开关型霍尔集成电路输出的是高电平或低电平的数字信号，这种集成电路一般由霍尔元件、稳压电路、差分放大器、施密特触发器（整形）及 OC 门电路等部分组成。

2. 思考题

1）填空题

(1) 霍尔传感器是利用________效应来进行测量的。通过该效应可测量________的变化、________的变化和________的变化。

(2) 霍尔传感器由________材料制成，________和________不能用作霍尔传感器。

(3) 常见的霍尔集成电路有__________型和__________型。

(4) 开关型霍尔集成电路用于接近开关，如__________、__________、__________、__________和__________等。

(5) 电动自行车用的直流无刷电动机主要由__________、__________和__________三部分组成。

2) 简答题

(1) 什么是霍尔效应？霍尔电动势与哪些因素有关？

(2) 何谓霍尔集成电路？常见的有哪些？各用于哪些方面？

(3) 试述霍尔传感器主要有哪几个方面的应用。

(4) 为什么导体材料和绝缘体材料不宜制成霍尔传感器？

(5) 为什么霍尔传感器一般采用N型半导体材料。

(6) 如图2-2-91所示，简述液位控制系统的工作原理。

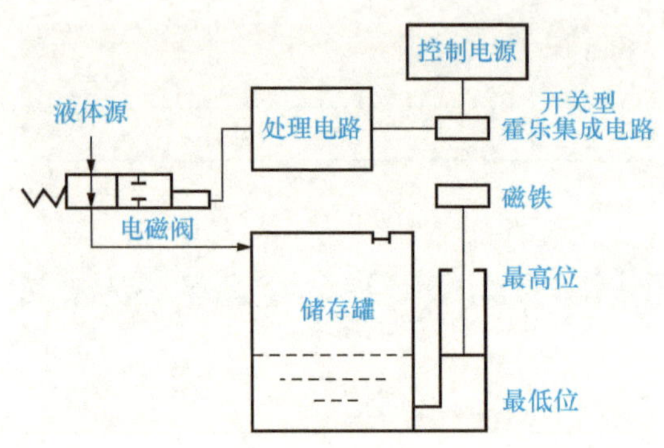

图 2-2-91　液位控制系统的工作原理

任务5 电涡流式传感器

基本知识

知识目标

(1) 理解电涡流传感器的结构与工作原理。

(2) 掌握电涡流传感器的测试电路。

(3) 了解电涡流传感器的主要应用领域。

1　认识电涡流式传感器

钢铁等金属的产量和消耗量是衡量一个国家经济水平的主要指标之一，在工农业生产中大量使用钢板作为原材料，钢板的生产企业需要一种设备来检测和控制钢板的厚度。电涡流（高频反射式）厚度检测系统结构如图2-2-92所示。为了克服钢材（或者其他带材）不够平整或运行过程中上下波动造成测量误差，在钢材的上、下两侧对称地设置两个特性完全相同的电涡流传感器 S_1 和 S_2。S_1 和 S_2 与被测钢板表面之间的距离分别为 x_1 和 x_2。

若钢板厚度不变，则被测钢板上、下表面之间的距离总和不变，即 $x_1+x_2=K$（常数）。两个电涡流传感器 S_1 和 S_2 的输出电压之和为 $2U_o$，数值不变。如果被测钢板厚度改变量为 $\Delta\delta$，则两传感器与钢板之间的距离也改变了一个 $\Delta\delta$，两个传感器输出电压为 $2U_o+\Delta U$。ΔU 经放大器放大后，通过指示仪表电路即可指示出钢板的厚度变化值。钢板厚度给定值与偏差指示值的代数和就是被测钢板的厚度。

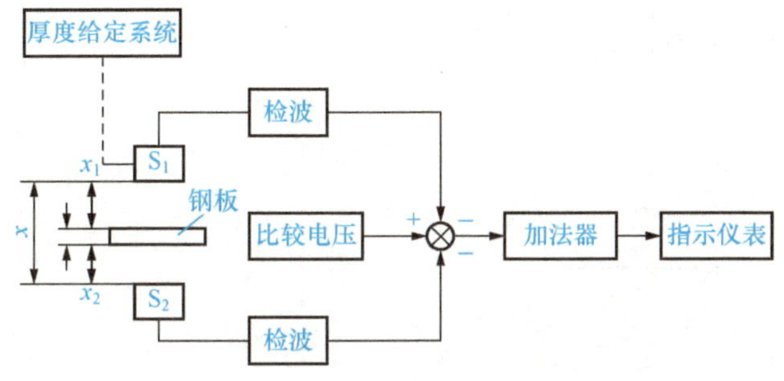

图 2-2-92　钢板厚度检测系统结构示意图

电涡流式厚度检测系统线性度好、精度高，可实现非接触测量，广泛应用于钢板等可产生涡流的金属板材的厚度检测，电涡流式厚度检测系统实物如图 2-2-93 所示。除了测量厚度，电涡流式传感器还可用于位移、振动等物理量的测量，广泛应用于工农业生产。

图 2-2-93　电涡流式厚度测量系统实物图

2　电涡流式传感器的原理与组成

电涡流式传感器是根据电涡流效应制成的，它由传感器线圈和被测导体组成，如图 2-2-94（a)所示。根据法拉第电磁感应定律，当传感器线圈通以正弦交流电流 I_1 时，线圈周围产生正弦交变磁场 H_1，该磁场使置于其中的金属导体产生感应电涡流 I_2，I_2 又产生新的交变磁场 H_2。根据楞次定律，H_2 将反抗原磁场 H_1，导致传感器线圈的等效阻抗发生变化。由此可知，线圈阻抗的变化完全取决于被测金属导体的电涡流效应。而电涡流效应既与被测导体的电阻率 ρ、磁导率 μ 及几何形状有关，又与线圈几何参数和线圈中的励磁电流频率有关，还与线圈与导体间的距离 x 有关。因此，传感器线圈受电涡流影响时的等效阻抗 Z 的函数关系式为

$$Z=F(\rho,\mu,r,f,x) \tag{2-2-21}$$

式中：r——传感器线圈与被测导体的尺寸因子。

由式（2-2-21）可知，如果保持式中其他参数不变，而只改变其中一个参数，则传感器线圈阻抗 Z 就是这个参数的单值函数。通过与传感器配用的测量电路测出阻抗 Z 的变化量，即可实现对该参数的测量。例如，变化 x，可作为位移、振动测量；变化 ρ 或 μ 值，可作为材质鉴别或探伤。电涡流式传感器等效电路如图 2-2-94（b）所示。

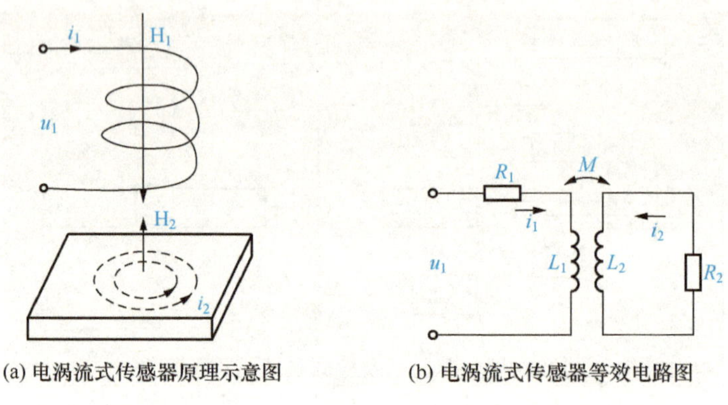

(a) 电涡流式传感器原理示意图　(b) 电涡流式传感器等效电路图

图 2-2-94　电涡流式传感器工作原理与等效电路

3　电涡流式传感器的种类与结构

电涡流在金属导体内的渗透深度与被测导体的电阻率 ρ、磁导率 μ，以及传感器线圈中的励磁电流频率 f 有关。电涡流式传感器根据线圈中的励磁电流频率 f 的高低分为高频反射式和低频透射式两种，目前应用较为广泛的是高频反射式电涡流传感器。

1）高频反射式电涡流传感器

高频反射式电涡流传感器的原理如前所述，其结构较为简单，主要部件是一个固定在框架上的扁平线圈。线圈可以粘贴在框架的端部，也可以绕在框架端部的槽内。图 2-2-95 为一种高频反射式电涡流传感器的结构示意图。传感器线圈与被测金属导体间是磁性耦合，电涡流传感器是利用这种耦合程度的变化来进行测量的。因此，被测物体的物理性质，以及它的尺寸都与总的测量装置特性有关。一般来说，被测金属导体的电导率越高，传感器的灵敏度也越高。

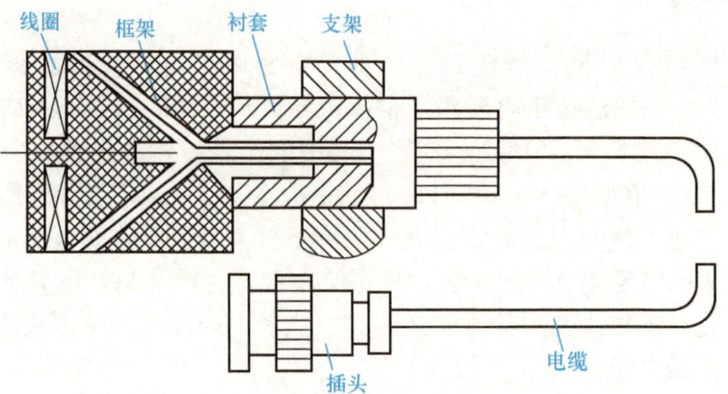

图 2-2-95　高频反射式电涡流传感器结构图

为了充分有效地利用电涡流效应，对于平板形的被测导体，则要求其半径应大于线圈半径的1.8倍，否则灵敏度要降低。当被测导体是圆柱体时，其直径必须为线圈直径的3.5倍以上，灵敏度才不受影响。

2）低频透射式电涡流传感器

低频透射式电涡流传感器的激励信号频率较低，因而有较大的贯穿深度，适合于测量金属材料的厚度。低频透射式电涡流传感器的工作原理如图2-2-96所示，传感器有发射线圈 L_1 和接收线圈 L_2，L_1 和 L_2 分别位于被测材料的两侧。由振荡电路产生的低频电压 u_1 加到发射线圈 L_1 两端，接收线圈 L_2 两端产生感应电压 u_2，u_2 的大小与 u_1 的幅值、频率及两个线圈的匝数、结构和两者的相对位置有关。若两线圈间无金属导体，则 L_1 的磁通量 Φ_1 有较多的穿过 L_2，在 L_2 上产生的感应电压 u_2 最大。

如果在两个线圈之间放置一块金属板，由于在金属板内产生电涡流，消耗了部分磁场能量，到达接收线圈 L_2 的磁通量减小，从而引起 u_2 下降，而金属板厚度越大，电涡流损耗越大，u_2 就越小。由此可见，u_2 的大小可以反映金属板的厚度，一般情况下，线圈 L_2 的感应电压 u_2 与被测金属厚度的增大按负幂指数的规律减小。为了较好地进行厚度测量，激励频率应选得较低。频率太高，贯穿深度小于被测厚度，不利于进行厚度测量，通常选激励频率为1kHz左右。实际工作中，测薄金属板时，频率应略高些；测厚金属板时，频率应低些。在测量电阻率 ρ 较小的材料时，应选较低的频率（如500Hz）；测量 ρ 较大的材料时，应选用较高的频率（如2kHz），从而保证在测量不同材料时能得到较好的线性和灵敏度。

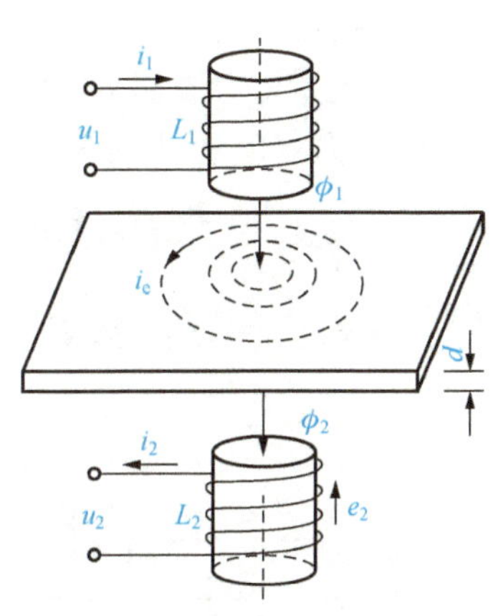

图2-2-96 低频透射式电涡流传感器工作原理图

4 电涡流式传感器的测量电路

电涡流式传感器的线圈与被测金属导体间的距离 x 的变化可以转换为品质因数、阻抗、电感三个参数的变化。测量电路的任务就是将这种变化转换为相应的电流、电压或频率输出。一般来说，利用品质因数的测量转换电路使用较少。利用阻抗的测量转换电路一般采用电桥电路。利用电感的测量转换电路一般采用谐振电路，根据输出是电压幅值还是电压频率，谐振电路可分为调幅和调频两种。

1）调幅测量电路

调幅测量电路的组成如图2-2-97所示，电涡流传感器线圈 L 和电容器 C 组成并联谐振回路，石英晶体振荡器构成一个交流恒流源，给谐振回路提供一个稳定频率（f_0）激励电流 I_0，LC 回路输出电压为

$$U_o = I_0 f(Z) \tag{2-2-22}$$

在没有被测物体时，并联谐振回路的谐振频率

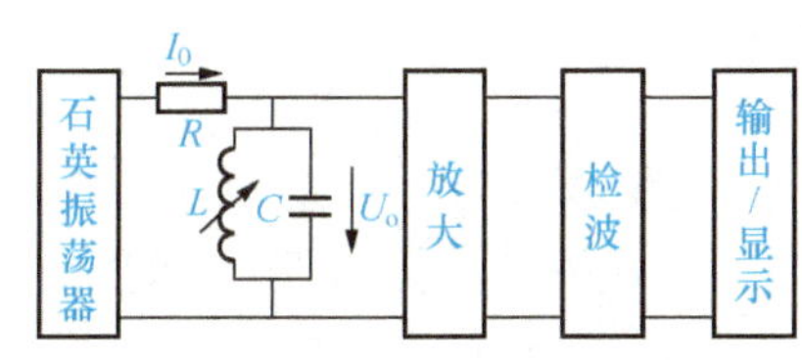

图2-2-97 调幅测量电路的组成结构图

$f=\frac{1}{2\pi\sqrt{LC}}$等于石英振荡器的频率 f_0，此时 LC 并联回路呈现阻抗最大。即式（2-2-18）中 $f(Z)$ 最大，故此时谐振回路输出电压 U_o 最大。当金属被测物体靠近传感器线圈时，线圈的等效电感 L 发生变化，导致回路失谐，使回路阻抗 $f(Z)$ 降低，输出电压 U_o 也跟着降低。传感器线圈的等效电感 L 的数值随被测物体与传感器线圈距离 x 的变化而变化，因此输出电压 U_o 也随 x 而变化。U_o 经过放大、检波后，由指示仪表直接显示 x 的大小。

2）调频测量电路

调频测量电路组成如图 2-2-98（a）所示，由振荡部分和显示部分两部分组成。传感器线圈接入 LC 振荡回路，当传感器与被测导体距离 x 改变时，在涡流影响下，传感器的电感量变化将导致振荡频率的变化，变化的振荡频率是距离 x 的函数。该频率可以由数字频率计直接测量，或者通过频率-电压（f-U）变换，用数字电压表测量对应的电压。

调频测量电路振荡部分电路如图 2-2-98（b）所示。它由克拉泼电容三点式振荡器（C_2、C_3、L、C 和 BG_1）和射极跟随器（BG_2）两部分组成。振荡器的频率为 $f=\frac{1}{2\pi\sqrt{L(x)C}}$，为了避免输出电缆的分布电容的影响，通常将 L、C 装在传感器内部，此时电缆分布电容并联在大电容 C_2、C_3 上，对振荡频率的影响就大大减小。

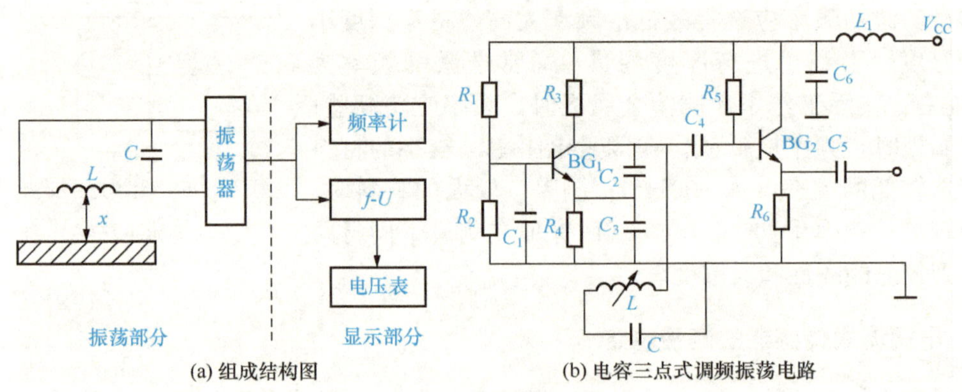

(a) 组成结构图　　(b) 电容三点式调频振荡电路

图 2-2-98　调频测量电路

调频测量电路稳定性较差，因为 LC 振荡器的频率稳定性最高只有 10^{-5} 数量级，虽然可以通过扩大调频范围来提高频率稳定性，但调频的范围不能无限制扩大。另外，这种测量电路不能忽略传感器与振荡器之间连接电缆的分布电容，虽然通过并联大电容 C_2、C_3 可以减少电缆分布电容的影响。

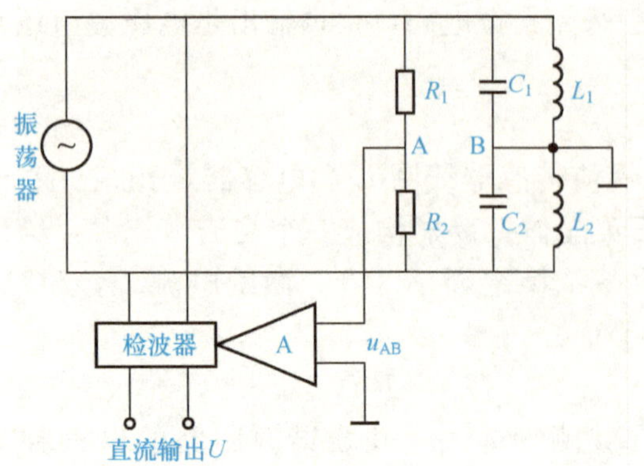

图 2-2-99　电桥测量电路

3）电桥测量电路

电桥测量电路如图 2-2-99 所示，结构简单，主要用于差动电涡流式传感器中。图2-2-99中 L_1 和 L_2 为差动电涡流式传感器的两个线圈，分别与选频电容 C_1 和 C_2 并联组成相邻的两个桥臂，与电阻 R_1 和 R_2 组成另外两个桥臂，电源由振荡器供给，振荡频率根据电涡流式传感器的需求选择。电桥将反应线圈阻抗的变化转换成电压幅值的变化。静态时，电桥平衡，输出电压 $u_{AB}=0$。当传感器接近被测金属导体时，电涡流式传感器的线圈阻抗发生变化，电桥失去平衡，即 $u_{AB}\neq 0$，经过线性放大器 A 和检波器检波后输出直流电压 U，此输出电压 U 与被测距离成正比，通过测量直流输出 U，就可以计算出被测体距离。

5　电涡流式传感器的应用

电涡流式传感器是一种基于电涡流效应的传感器，用于机械中的振动与位移、转子与机壳的热膨胀量的长期监测，生产线的在线自动监测与自动控制，科学研究中的多种微小距离与微小运动的测量等。电涡流式传感器由于具有测量范围大、灵敏度高、结构简单、抗干扰能力强、可以实现非接触式测量等优点，目前已被广泛应用于能源、化工、医学、汽车、冶金、机器制造、军工、科研教学等诸多领域，并且还在不断地扩展。

1）电涡流转速计

电涡流转速计如图 2-2-100 所示，图 2-2-100（a）为实物图，图 2-2-100（b）为组成结构图。在软磁材料制成的输入轴上加工一个凹槽，在距输入轴表面 d_0 处设置电涡流传感器，输入轴与被测旋转轴同轴相连。当被测旋转轴转动时，输入轴连同转动，当转至凹槽时，传感器与软磁材料的距离发生（$d_0+\Delta d$）的变化。由于电涡流效应，这种变化导致传感器线圈的电感量变化，从而导致振荡器输出振荡信号的频率发生变化，振荡信号由检波器检出电压幅值的变化量，然后经整形电路输出脉冲频率信号后，该信号经电路处理便可得到被测转速。

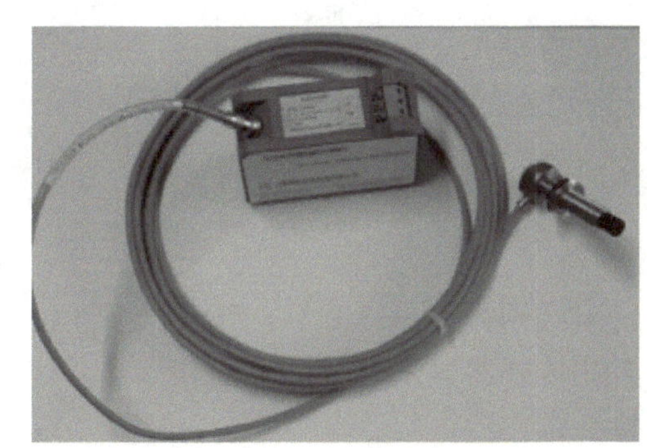

(a) 实物图

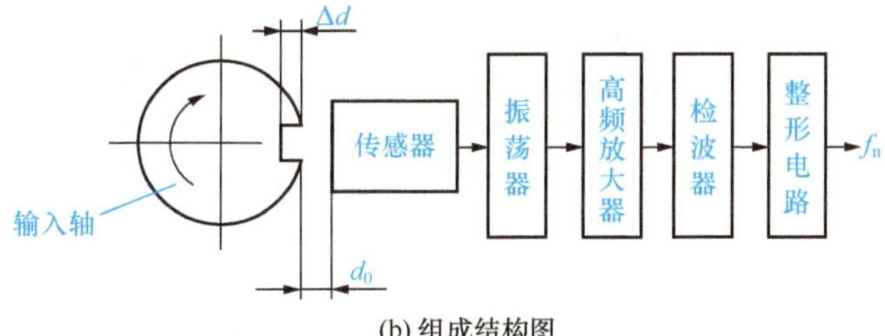

(b) 组成结构图

图 2-2-100　电涡流转速计

2）电涡流位移计

电涡流位移计用来测量各种形状金属导体的位移量，测量位移的范围可从 0～1mm 到 0～30mm，国外个别产品已达 80mm，一般的分辨率为 0.05%。电涡流位移计如图 2-2-101 所示，图 2-2-101（a）为电涡流位移计的实物图，图 2-2-101（b）为电涡流位移计检测汽轮机传动轮的轴向位移量原理图，图 2-2-101（c）为电涡流位移计检测金属试件轴向膨胀量原理图。

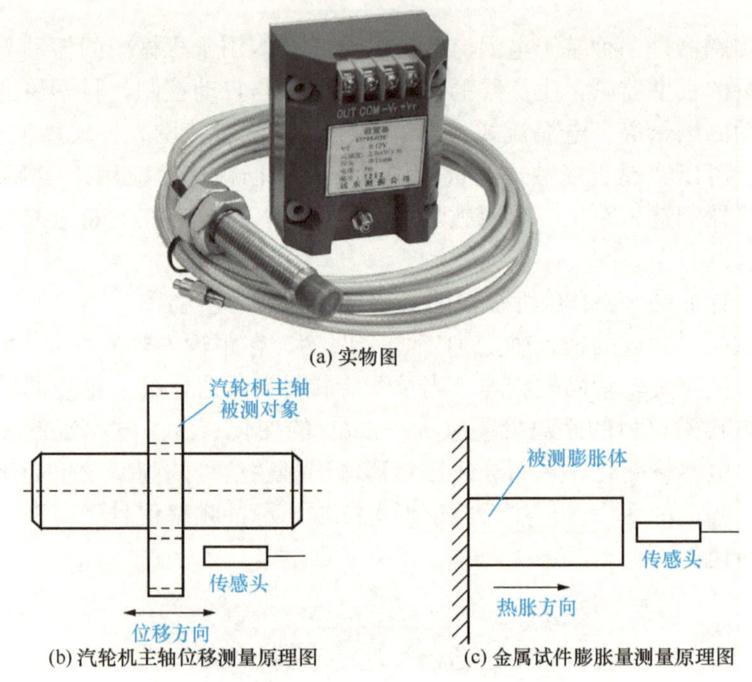

图 2-2-101　电涡流位移计

3）电涡流式液位监控系统

电涡流式液位监控系统组成结构如图 2-2-102 所示。当液位变化时，浮子带动杠杆和涡流板上、下移动，引起涡流传感器输出信号的变化，该信号经转换、放大以后控制电动泵的开启，从而使液位保持一定。

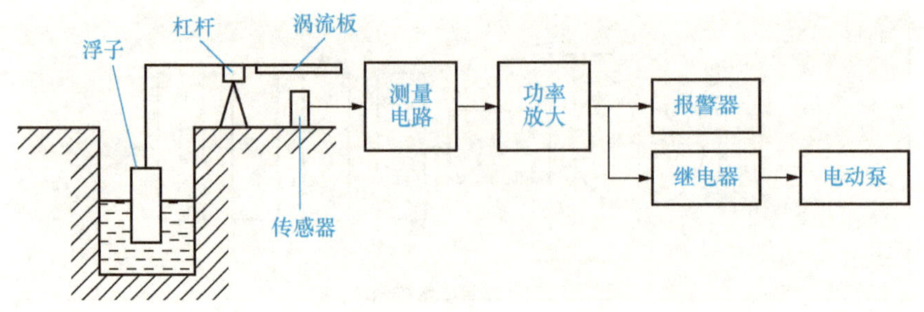

图 2-2-102　电涡流式液位监控系统组成结构图

4）电涡流探伤仪

金属表面裂纹、热处理裂纹、焊接处质量探伤，统称为探伤。探伤时，传感器与被测金属保持距离不变，如果有裂纹出现，导体电阻率会产生变化，引起涡流损耗变化，从而引起输出电压的变化，经放大和处理后显示出来。电涡流探伤仪如图 2-2-103 所示，图 2-2-103（a)为实物图，图 2-2-103（b）为组成结构图。

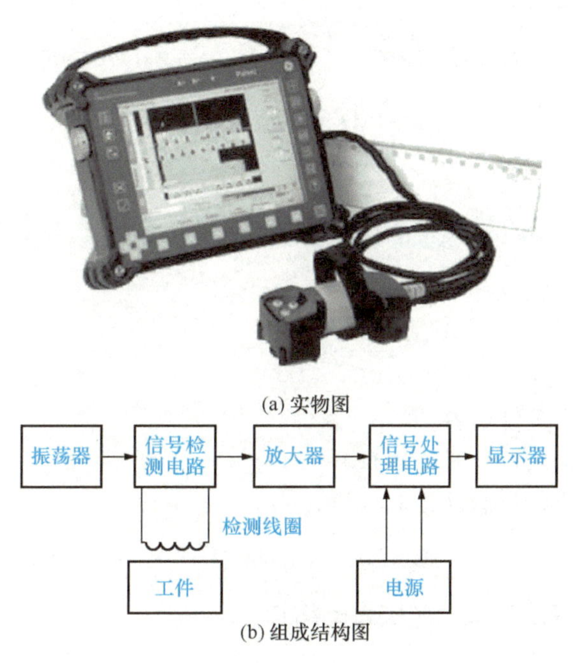

(a) 实物图

(b) 组成结构图

图 2-2-103　电涡流探伤仪

5）电涡流振幅仪

电涡流振幅计可以对各种振动的幅值进行非接触测量。电涡流振幅仪如图 2-2-104 所示，图 2-2-104（a）所示为实物图；图 2-2-104（b）为汽轮机、空气压缩机等旋转体主轴的径向振动振幅测量原理图；图 2-2-104（c）为汽轮机涡轮叶片等被测对象上下振动振幅测量原理图。

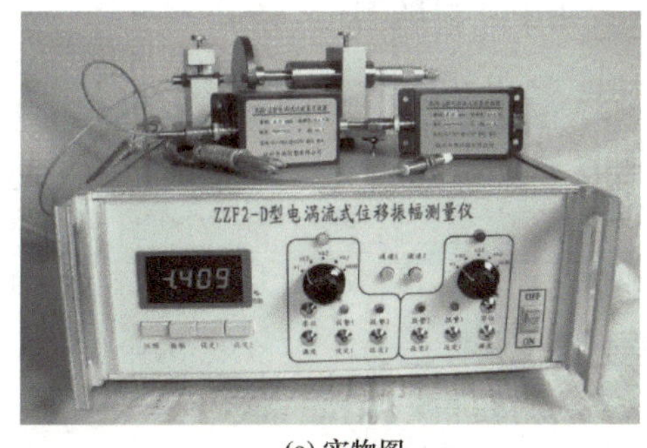

(a) 实物图

图 2-2-104　电涡流振幅仪

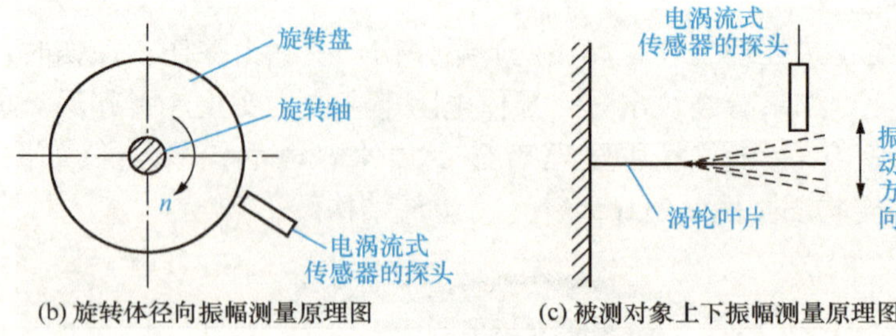

(b) 旋转体径向振幅测量原理图　　(c) 被测对象上下振幅测量原理图

图 2-2-104　电涡流振幅仪（续）

基本技能

技能目标

（1）认识电涡流式传感器。

（2）会用电涡流式传感器检测位移。

（3）会用电涡流式传感器检测振幅。

1　认识电涡流式传感器及相关装置的结构

从市场购买常用电涡流传感器，拆开外部结构，指导学生理解电涡流传感器的结构。

从市场购买常用电涡流传感器检测装置，电涡流位移计、电涡流振幅计、电涡流转速计、涡流探伤仪、涂层测厚仪等，拆开外部结构，观察内部采用的电涡流传感器、检测电路、显示电路等部件。

2　用电涡流式传感器检测位移

将电涡流传感器安装于物体位移测量平台，如图 2-2-105 所示。

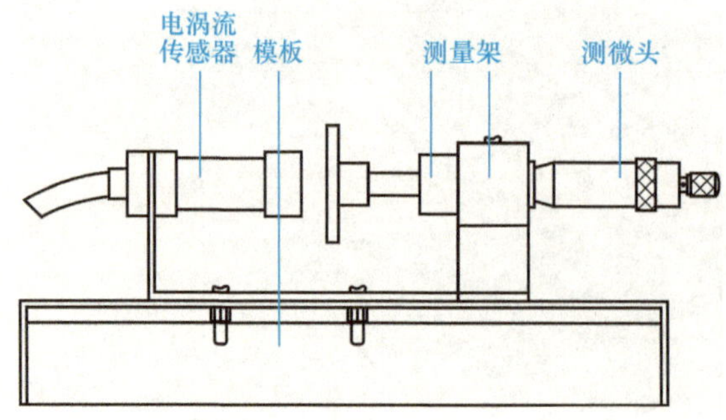

图 2-2-105　电涡流传感器安装图

在测微头端部装上铁质金属圆盘，作为电涡流传感器的被测体。调节测微头，使铁质金属圆盘的平面贴到电涡流传感器的探测端，固定测微头。将电涡流传感器接入如图 2-2-106 所示测量电路，图中 为电涡流传感器，测量电路输出 U_o 接电压表。

电压表量程切换开关选择电压 20V，模块电源用连接导线从主控台接入＋15V

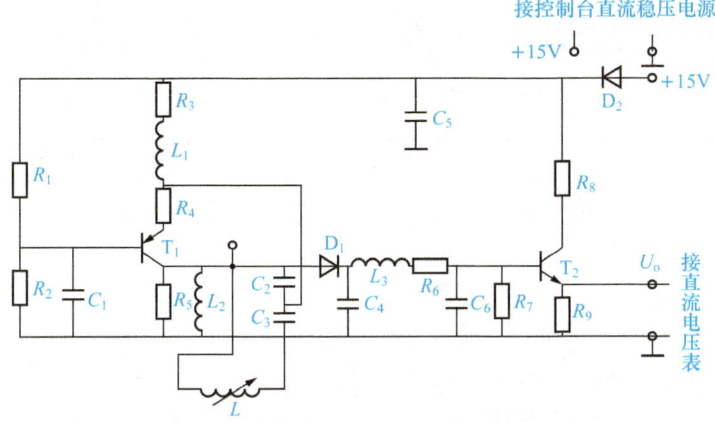

图 2-2-106　电涡流传感器测量电路

电源。合上主控台电源开关，记下电压表读数，然后每隔 0.2mm 读一个数，直到输出几乎不变为止。将结果列入表 2-2-12。

表 2-2-12　电涡流传感器位移/电压特性表

X/mm														
U_o/V														

3　用电涡流式传感器检测振幅

将铁质被测体平放到振动台面的中心位置，根据图 2-2-107 安装电涡流传感器，注意传感器端面与被测体振动台面（铁材料）之间的安装距离即为线性区域（可利用实验（1）铁材料的特性曲线找出）。

按图 2-2-106 将电涡流传感器的连接线接到测量电路上标有“L”的两端，测量电路电源用连接导线从主控台接入+15V 电源。实验模板输出端与示波器相连。将振荡器的“低频输出”接到三源板的“低频输入”端，“低频调频”调到最小位置、“低频调幅”调到最大位置，合上主控台电源开关。

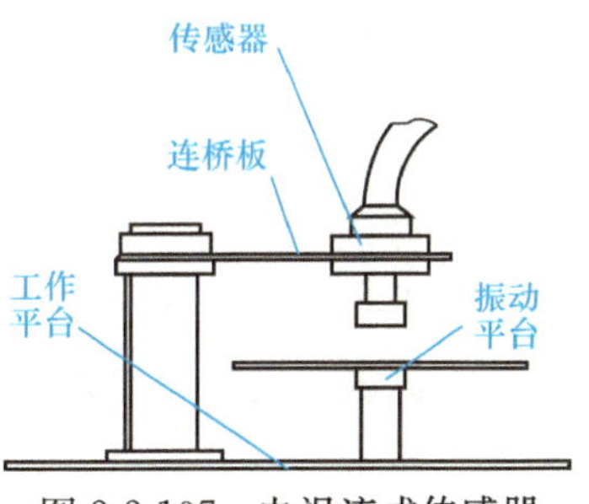

图 2-2-107　电涡流式传感器振幅测量安装图

调节“低频调频”旋钮，使振动台有微小振动（不要达到共振状态）。从示波器观察电涡流实验模块的输出波形。（注意不要达到共振，共振时，幅度过大，振动面可能会面传感器接触，容易损坏传感器。）

任务评价评分表

班级：__________ 姓名：__________ 成绩：__________

评价条目	评价内容与要求	分值	自我评价	教师评价	得分	扣分原因
基本知识	了解电涡流式传感器的结构	10				
	理解电涡流式传感器的工作原理	10				
	掌握电涡流式传感器的测试电路	10				
	了解电涡流式传感器的主要应用	10				
基本技能	认识常见电涡流式传感器	10				
	会用电涡流式传感器检测位移	15				
	会用电涡流式传感器检测振幅	15				
职业素养	态度认真、按时出勤，不迟到、早退	5				
	安全意识强，操作规范	5				
	爱护工具设备，工具设备摆放整齐，操作工环境卫生良好	5				
	节约能源，节约原料	5				

复习与思考题

1. 知识总结

将金属导体置于变化的磁场中，导体内就会产生感应电动势，并自发形成闭合回路，产生的感应电流就像水中旋涡一样在导体中转圈，被称为涡流。涡流现象被称为涡流效应，电涡流式传感器就是利用涡流效应来工作的。

电涡流传感器将被测金属导体之间距离的变化转换成线圈品质因数、等效阻抗和等效电感三个参数的变化，再通过测量、检波、校正等电路变为线性电压（电流）的变化。电涡流式传感器常采用谐振电路和桥式电路作为测量电路。

电涡流传感器主要用于机械中的振动与位移、转子与机壳的热膨胀量的长期监测，生产线的在线自动监测与自动控制，科学研究中的多种微小距离与微小运动的测量等。利用电涡流传感器可以制成电涡流位移计、电涡流振幅计、电涡流转速计、涡流探伤仪、涂层测厚仪等检测仪器。

2. 思考题

1）填空题

(1) 电涡流传感器将被测金属导体之间 __________ 的变化转换成线圈

__________、__________和__________三个参数的变化，再通过__________、__________、__________等电路变为__________电压（电流）的变化。

（2）电涡流式传感器常采用__________和__________作为测量电路。

（3）电涡流传感器的整个测量系统由__________和__________两部分组成。

（4）利用电涡流传感器可以制成__________、__________、__________、__________、__________等检测仪器。

（5）电涡流转速计由__________、__________、__________和__________组成。

2）简答题

（1）何谓涡流效应？并说明电涡流传感器的工作原理。

（2）说明电涡流传感器谐振测量电路的工作原理。

（3）画出电涡流传感器电桥测量电路，并说明其工作原理。

（4）简述电涡流式传感器的应用。

（5）简述电涡流探伤仪的工作原理。

单元 3

常用检测仪表及传感器的应用

单元学习目标

知识目标 ☞

1. 了解检测仪表的基本组成及分类
2. 了解常用变送器的种类及应用
3. 了解常用检测仪表的特点、性能指标和用途
4. 了解传感器在生产、生活中的应用

能力目标 ☞

1. 学会常用检测仪表的故障检修方法
2. 学会观察日用电器中的传感器

项 目 1

常用检测仪表

项目导入语

传感器的输出信号一般是电压、电流或者电参量。这些信号能够被人们看到或者感受到，需要借助检测仪表。换句话说，检测仪表是将传感器的输出信号变换成人们能直接看到或者感受到的直观信息的装置或者设备。在实际工作中，很多检测仪表内置传感器，构成一个完整独立的设备。随着技术进步，很多检测仪表内嵌微处理器或者专用计算机系统，对测量数据进行非线性补偿、数据分析、数据处理、数据挖掘等，如我们常用的数字存储示波器。

由于传感器种类繁多，输出信号类型复杂，而检测仪表亦种类繁多，为使传感器与检测仪表兼容或者匹配，在传感器之后加入变送器，变送器将传感器的输出信号变换成标准信号，如 0～5V、4～20mA 等，以备检测仪表或其他后续设备所用。

通过本项目的学习，使大家了解何为检测仪表、检测仪表的分类、常用检测仪表基本参数及故障分析。

任务1 认识检测仪表

基本知识

知识目标

（1）初步认识检测仪表。

（2）了解检测仪表的分类。

（3）认识变送器。

（4）了解检测仪表的发展前景。

1 认识检测仪表

用来检测生产过程中各个有关参数的技术工具称为检测仪表，也称测量仪表。工业生产中有压力、流量、温度、液位等物理仪表，有气体分析、水分分析、微量元素分析等分析仪表。图 3-1-1 为常用检测仪表。

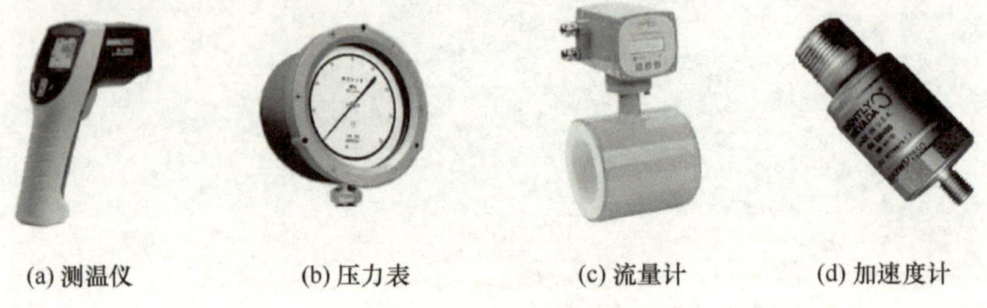

(a) 测温仪　(b) 压力表　(c) 流量计　(d) 加速度计

图 3-1-1　常用检测仪表

检测仪表通过专门的检测元件去感受被测量，转换成相应信号，经传送和放大，显示出其数值。它通常由传感（实现被测量的一次转换）、转换放大（或变送，实现信号的二次或多次转换）和显示三部分组成，如图 3-1-2 所示。

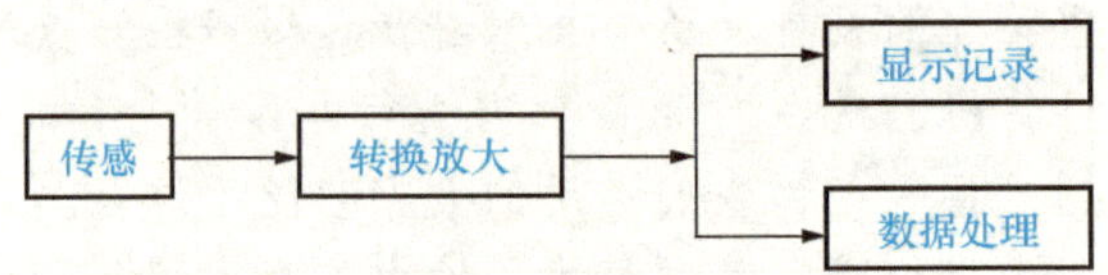

图 3-1-2　检测仪表的组成框图

2 检测仪表的分类

检测仪表的分类方法很多，常用的有以下几种。

1）按被测参数分类

按被测参数的不同，检测仪表可分为温度测量仪表、压力测量仪表、流量测量仪表、物位测量仪表、机械量测量仪表（如转速计、加速度计）、工业分析仪表（如 pH 计、溶解氧测定仪）等，如图 3-1-3 所示。

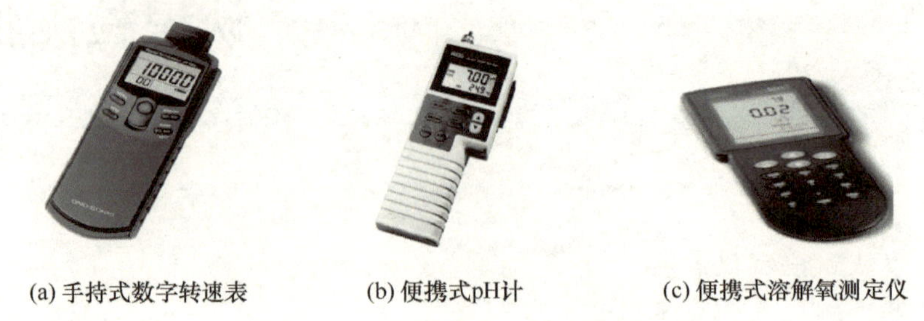

(a) 手持式数字转速表　(b) 便携式pH计　(c) 便携式溶解氧测定仪

图 3-1-3　按被测参数分类的检测仪表

2）按检测原理或检测元件分类

根据仪表的检测原理或检测元件，检测仪表可分为弹簧管压力表、超声波流量计、活塞式压力计、靶式流量计、转子流量计、电磁流量计等，如图 3-1-4 所示。

(a) 弹簧管压力表

(b) 活塞式压力计

图 3-1-4　按检测原理或检测元件分类的检测仪表

3）按仪表输出信号分类

检测仪表的输出信号有模拟信号、数字信号、开关信号等。模拟式检测仪表的输出信号是连续变化的模拟量，如各种指针式仪表以及笔式记录仪表等。数字式检测仪表的输出信号是离散的数字量。开关式检测仪表的输出信号只有开或关两种，如一氧化碳报警器。图 3-1-5 为按输出信号分类的各种检测仪表。

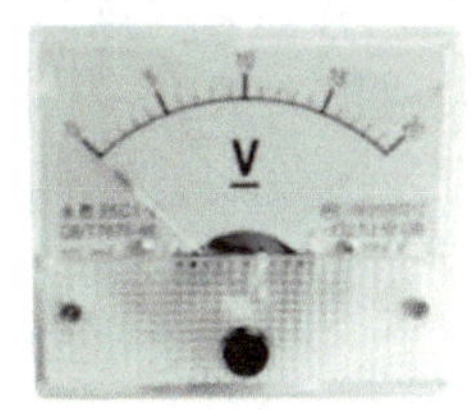

(a) 指针式仪表

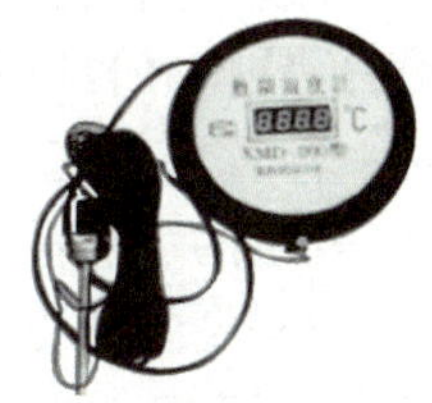

(b) 数字式仪表

(c) 家用一氧化碳报警器

图 3-1-5　按输出信号分类的各种检测仪表

3　变送器

变送器是从传感器发展而来的，它是单元组合仪表中不可缺少的基本单元之一。工业生产过程中，在测量元件将压力、温度、流量、液位等参数检测出来后，需要由变送器将测量元件的信号转换成一定的标准信号，送至显示仪表或调节仪表进行显示、记录和调节，如温度/湿度变送器、压力变送器、差压变送器和液位变送器等。

变送器的分类方法很多，根据变送参数不同可分为压力、差压、温度、流量、液位变送器等。根据变送器驱动能源的不同可分为气动、电动变送器。以压缩空气为驱动能源的为气动变送器，以电力为能源的为电动变送器。图 3-1-6 为几种常见的变送器。

变送器与电源的连接方式有二线制和四线制两种。二线制方式中，供电电源、负载电阻、变送器是串联的，即两根导线同时传送变送器所需的电源和输出电流信号；四线制方式中，供电电源、负载电阻是分别与变送器相连的，即供电电源和变送器输出信号分别用两根导线传输。

(a) 气动浮筒液位变送器　(b) 气动压力变送器　(c) 温度变送器　(d) 智能差压变送器

图 3-1-6　常见的变送器

4　检测仪表的发展前景

随着科学技术的不断发展，新的测量方法和工具随之出现。例如，利用扩散硅压阻原理的扩散硅差压变送器；利用可变电容原理的可变电容式压力变送器（或差压变送器）；利用弦振动原理的振弦式压力变送器和振弦式数字式压力表；利用流体振荡原理的卡曼旋涡流量计和旋进式旋涡流量计等。这些仪表均可提高测量精度，减少可动部件，容易调整。另一方面，近年来在检测仪表中引入微计算机进行数据分析、计算、处理、校验、判断及存储等工作，实现了原来单个仪表根本不能实现的许多功能，提高了测量效率、测量精度和测量的经济性。例如有些数字式仪表，内附微处理器后，就具有自动校正、自动调节零点、存储最低和最高测量值、计算平均值和自行判断误差等能力。

测量信息的数字化，也是当前的一种发展趋势。数字信息使传输、存储、运算、判断、显示等大为方便，数字仪表可提高测量的可靠性和稳定性，受噪声影响小，不存在漂移。因此，由数字仪表组成的检测系统越来越多地得到应用。此外，随着微计算机的广泛应用和迅速发展，使传感器能直接与计算机联用，目前正致力于数字式变换器的研究。

知识链接：智能检测仪表

智能检测仪表就是在常规仪表中采用微处理器技术，使检测仪表数字化、直观化、精度高，消除人眼观测模拟仪表的主观误差。智能化检测仪表具有常规检测仪表无法实现的功能，如算术和逻辑运算功能、记忆功能，可以处理和存储检测数据；具有自诊断、自校正和自动调零的功能；使调节仪表具有智能化、分析、判断处理能力，并根据所控制对象的特性，输出最优控制量。

1　智能检测仪表的组成结构与工作原理

智能检测仪表一般由硬件和软件两大部分组成。硬件部分包括 MCU 部分、过程输入输出通道（模拟量输入输出通道和开关量输入输出通道）、人机交互部分和接口电路以及 USB、Internet、GPRS、短消息数据通信接口等。MCU 部分用来存储数据、程序，并进行一系列运算处理，它通常由微处理器、ROM、RAM、Flash、FRAM、I/O 接口和定时/计数电路等芯片组成，或者它本身就是一个单片机或嵌入式系统。模拟量输入输出通道用来输入输出模拟信号；开关量输入输出通道用于输入输出数字信号。人机交互部分是操作者与仪表之间的桥梁，通信接口则用来实现仪表与外界的数据交换功能，进而实现网络化互联的需求。

智能检测仪表的软件通常包括监控程序、中断处理（或服务）程序以及实现各种算法的功能模块。监控程序是仪表软件的中心环节，它接收和分析各种命令，管理和协调全部程序的执行；中断处理程序是在人机交互部分或其他外围设备提出中断申请并为主机响应后直接转去执行的程序，以便及时完成实时处理任务；功能模块用来实现仪表的数据处理和控制功能，包括各种测量算法（如数字滤波、标度变换、非线性校正等）和控制算法（如 PID 控制、前馈控制、纯滞后控制、模糊控制等）。

传感器拾取被测参量的信息并转换成电信号，经滤波去除干扰后送入多路模拟开关；由单片机逐路选通模拟开关将各输入通道的信号逐一送入程控增益放大器，放大后的信号经 A/D 转换器转换成相应的脉冲信号后送入单片机中；单片机根据仪器所设定的初值进行相应的数据运算和处理，如非线性校正等；运算的结果被转换为相应的数据进行显示和打印；同时单片机把运算结果与存储于片内 FlashROM 闪速存储器或 E2PROM 电可擦除存储器内的设定参数进行运算比较后，根据运算结果和控制要求，输出相应的控制信号，如报警装置触发、继电器触点等。此外，智能仪器还可以与 PC 组成分布式测控系统，由单片机作为下位机采集各种测量信号与数据，通过串行通信将信息传输给上位机——PC 机，由 PC 进行全局管理。

2　智能检测仪表的特点

与传统检测仪表相比，智能检测仪表具有以下功能特点。

（1）操作自动化。仪器的整个测量过程如键盘扫描，量程选择，开关启动闭合，数据的采集、传输与处理以及显示打印等都用单片机或微控制器来控制操作，实现测量过程的全部自动化。对于传统的模拟示波器，操作人员需要调节合适的 X 轴灵敏度、Y 轴灵敏度、触发方式、触发电平等，才能在示波器上显示稳定的波形。而新型的智能化数字存储示波器，如图 3-1-7 所示，只需设置为 AUTO 模式，所有的操作都由数字存储示波器自动完成，即可在屏幕上显示稳定的波形。

（2）具有自测功能。自测功能包括自动调零、自动故障与状态检验、自动校准、自诊断及量程自动转换等。智能仪表能自动检测出故障的部位甚至故障的原因。这种自测试可以在仪器启动时运行，同时也可在仪器工作中运行，极大地方便了仪器的维护。

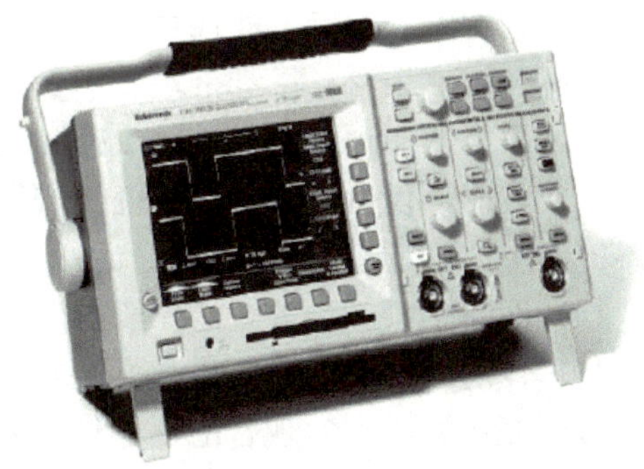

图 3-1-7　数字存储示波器

（3）具有数据处理功能。这是智能仪器的主要优点之一。智能检测仪表由于采用了单片机或微控制器，使得许多原来用硬件逻辑难以解决或根本无法解决的问题，现在可以用软件非常灵活地加以解决。例如，传统的数字万用表只能测量电阻、交直流电压、电流等，而智能型的数字万用表不仅能进行上述测量，而且还具有对测量结果进行诸如零点平移、取平均值、求极值、统计分析等复杂的数据处理功能，不仅使用户从繁重的数据处理中解放出来，也有效地提高了仪器的测量精度。

（4）具有友好的人机界面。智能检测仪表使用键盘代替传统仪器中的切换开关，操作人员只需通过键盘输入命令，就能实现某种测量功能。与此同时，智能检测仪表还通过显示屏将仪器的运行情况、工作状态以及对测量数据的处理结果及时告诉操作人员，使仪器的操作更加方便直观。

（5）具有可程控操作能力。一般的智能检测仪表都配有 GPIB、RS232C、RS485 等标准的通信接口，可以很方便地与 PC 和其他仪器一起组成用户所需要的多种功能的自动测量系统，来完成更复杂的测试任务。

3 智能检测仪表的发展趋势

（1）微型化。微型智能检测仪表指微电子技术、微机械技术、信息技术等综合应用于仪表的生产中，从而使仪表成为体积小、功能齐全的智能仪器。它能够完成信号的采集、线性化处理、数字信号处理，控制信号的输出、放大、与其他仪器的接口、与人的交互等功能。微型智能仪器随着微电子机械技术的不断发展，其技术不断成熟，价格不断降低，因此其应用领域也将不断扩大。它不但具有传统仪器的功能，而且能在自动化技术、航天、军事、生物技术、医疗领域起到独特的作用。例如，目前要同时测量一个病人的几个不同的参量，并进行某些参量的控制，通常病人的体内要插进几个管子，这增加了病人感染的机会，微型智能仪器能同时测量多参数，而且体积小，可植入人体，使得这些问题得到解决。

（2）多功能化。多功能本身就是智能检测仪表的一个特点。例如，为了设计速度较快和结构较复杂的数字系统，仪表生产厂家制造了具有脉冲发生器、频率合成器和任意波形发生器等功能的函数发生器。这种多功能的综合型产品不但在性能上（如准确度）比专用脉冲发生器和频率合成器高，而且在各种测试功能上提供了较好的解决方案。

（3）人工智能化。人工智能是计算机应用的一个崭新领域，利用计算机模拟人的智能，用于机器人、医疗诊断、专家系统、推理证明等各方面。智能检测仪表的进一步发展将含有一定的人工智能，即代替人的一部分脑力劳动，从而在视觉图形及色彩辨读、听觉语音识别及语言领悟、思维推理、判断、学习与联想等方面具有一定的能力。这样，智能仪表可无需人的干预而自主地完成检测或控制功能。显然，人工智能在现代仪器仪表中的应用，使我们不仅可以解决用传统方法很难解决的一类问题，而且可望解决用传统方法根本不能解决的问题。

（4）网络化。新型的智能仪表融合 ISP 和 EMIT 技术，实现仪表系统的 Internet 接入网络化。伴随着网络技术的飞速发展，Internet 技术正在逐渐向工业控制和智能仪器仪表系统设计领域渗透，实现智能仪器仪表系统基于 Internet 的通信能力以及对设计好的智能仪器仪表系统进行远程升级、功能重置和系统维护。

在系统编程（In-System Programming，ISP）技术是对软件进行修改、组态或重组的一种最新技术。它是 LATTICE 半导体公司首先提出的一种使我们在产品设计、制造过程中的每个环节，甚至在产品卖给最终用户以后，具有对其器件、电路板或整个电子系统的逻辑和功能随时进行组态或重组能力的最新技术。ISP 技术消除了传统技术的某些限制和连接弊病，有利于在板设计、制造与编程。ISP 硬件灵活且易于软件修改，便于设计开发。由于 ISP 器件可以像任何其他器件一样，在印刷电路板 PCB 上处理，因此编程 ISP 器件不需要专门编程器和较复杂的流程，只要通过 PC、嵌入式系统处理器甚至 INTERNET 远程网进行编程。

EMIT（嵌入式微型因特网互联技术，Embedded Micro Internetworking Technology）是 emWare 公司创立 ETIeXtend the Internet 扩展 Internet 联盟时提出的，它是一种将单片机等嵌入式设备接入 Internet 的技术。利用该技术，能够将 8 位和 16 位单片机系统接入 Internet，实现基于 Internet 的远程数据采集、智能控制、上传/下载数据文件等功能。

（5）虚拟仪器仪表化。虚拟仪器仪表化是智能仪器发展的新阶段。测量仪表的主要功能都是由数据采集、数据分析和数据显示三大部分组成的。在虚拟现实系统中，数据分析和显示完全用 PC 的软件来完成。因此，只要额外提供一定的数据采集硬件，就可以与 PC 组成测量仪器仪表。这种基于 PC 的测量仪器仪表称为虚拟仪器仪表。在虚拟仪器仪表中，使用同一个硬件系统，只要应用不同的软件编程，就可得到功能完全不同的测量仪器仪表。可见，软件系统是虚拟仪器仪表的核心，“软件就是仪器”。

传统的智能仪器仪表主要在仪器仪表技术中用了某种计算机技术，而虚拟仪器仪表则强调在通用的计算机技术中吸收仪器仪表技术。作为虚拟仪器仪表核心的软件系统具有通用性、通俗性、可视性、可扩展性和升级性，能为用户带来极大的利益，因此，具有传统的智能仪器仪表所无法比拟的应用前景和市场。

任务评价评分表

班级：__________　　姓名：__________　　成绩：__________

评价条目	评价内容与要求	分值	自我评价	教师评价	得分	扣分原因
基本知识	认识检测仪表	10				
	了解检测仪表的分类	10				
	认识变送器	10				
	了解检测仪表的发展前景	10				
知识链接	认识智能检测仪表	10				
	了解智能检测仪表的组成结构和工作原理	10				
	了解智能检测仪表的特点	10				
	了解智能检测仪表的发展趋势	10				
职业素养	态度认真，按时出勤，不迟到、早退	5				
	安全意识强，操作规范	5				
	爱护工具设备，工具设备摆放整齐，操作工环境卫生良好	5				
	节约能源，节约原料	5				

任务2 了解常用检测仪表

基本知识

知识目标

(1) 了解各种检测仪表的作用和分类。

(2) 了解常用检测仪表的主要型号和性能指标。

1 温度检测仪表

温度检测仪表大多是把热电偶、热电阻测得的温度信号正比地转变为直流信号输出，并配以单元组合仪表，即温度变送器。目前我国生产的温度变送器输出信号多为4～20mA，输出为0～10mA的变送器也有少量生产。

1) 温度检测仪表的分类

表3-1-1为温度检测仪表的分类。

表3-1-1 温度检测仪表的分类

温度检测方法	测温种类及仪表		测温范围/℃	主要特点
接触式检测法	膨胀式测温仪表	玻璃液体温度计	－100～＋600	结构简单、使用方便、精度较高、价格低廉；检测上限和精度受玻璃质量的限制，易碎、不能远传
		双金属温度计	－80～＋600	结构紧凑、牢固、可靠，测量精度低，量程和使用范围有限
	压力式测温仪表	液体压力式温度计	－40～＋200	耐振、坚固、防爆、价格低廉；工业用压力式温度计精度较低、测温距离短、滞后大
		气体压力式温度计	－100～＋500	
	热电阻测温仪表	铂电阻温度计	－260～＋850	检测准确度高，便于远距离、多点、集中检测和自动控制；不能检测高温，须注意环境温度的影响
		铜电阻温度计	－50～＋150	
		半导体热能电阻温度计	－50～＋300	灵敏度高、体积小、结构简单、使用方便、互换性较差、测量范围有一定限制
	热电效应	热电偶温度计	0～3500	测温范围广，便于远距离、多点、集中检测和自动控制；需进行冷端温度补偿，在低温段测量准确度较低

续表

温度检测方法	测温种类及仪表			测温范围/℃	主要特点
非接触式检测式	辐射式测温仪表	亮温法	光学高温计	800～3200	结构简单、轻巧、价格便宜、不破坏温场，可测运动物体的温度，易受外界的影响
			光电高温计	600～1000	结构简单、轻巧、价格便宜、不破坏温场，可测运动物体的温度，易受外界的影响，但价格较贵；可自动测量、记录和控制
			红外温度计	－50～＋800	
		色温法	比色高温计	800～2000	比色温度接近真实温度，结构复杂、价格较贵；可自动测量、记录和控制
		全辐射温度法	辐射高温计	400～2000	不破坏温场、测温范围大，可测运动物体的温度，易受外界环境影响，标定较困难
			辐射式光纤温度计		

2）常用温度检测仪表介绍

下面介绍两种常用的温度检测仪表。

（1）SBWR 系列热电偶/热电阻温度变送器模块。SBWR 系列热电偶/热电阻温度变送器模块实物图和接线图如图 3-1-8 所示。

(a) 实物

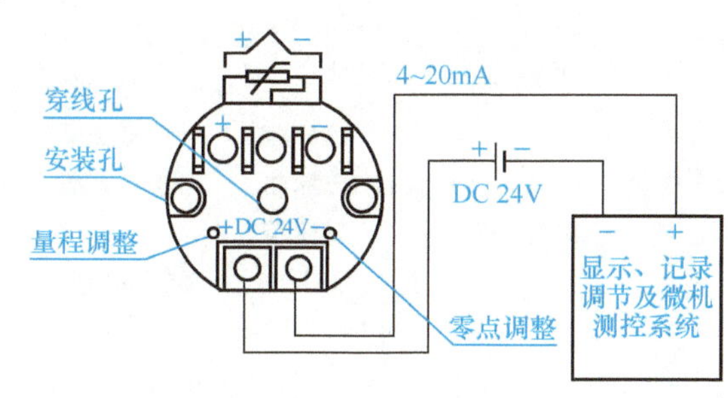

(b) 接线图

图 3-1-8　SBWR 系列热电偶/热电阻温度变送器

主要技术指标如下。

① 测量准确度等级：±0.1%、±0.2%、±0.5%。

② 负载电阻：0～600Ω。

③ 冷端补偿误差：<1～2℃/K、E、J、S、B。

④ 电源、输出二线制：DC 24V、4～20mA。

⑤ 环境温度：－25～＋85℃。

⑥ 电源：DC 24V（特殊声明可采用 DC 12V 供电）。

⑦ 可具有防爆特性：本质安全型。

（2）SM320 手枪式红外测温仪。SM320 手枪式红外测温仪如图 3-1-9所示。

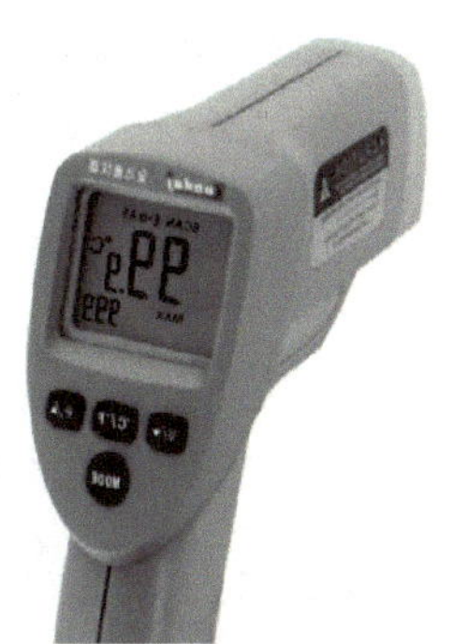

图 3-1-9　SM320 手枪式红外测温仪

主要技术指标如下。

① 重量：220g。

② 测量范围：−32～320℃（−25～608℉）。

③ 测量准确度等级：±2℃（±4℉）或±2%。

④ 分辨力：0.1℃（0.1℉）。

⑤ 响应时间：500ms。

⑥ 使用环境：0～50℃（32～122℉），10%～90%RH。

⑦ 电源：9V。

⑧ 外形尺寸：155mm×56mm×187mm。

2 压力检测仪表

压力或差压检测仪表通常是将测量的现场压力或差压信号转换成标准的信号输出，即压力、差压变送器。其检测方式有电容式、压阻式、电感式、振动频率式等。

1）压力检测仪表的分类

由于被测压力种类、检测场合、检测范围和准确度要求不同，目前在生产、科研和计量部门使用的压力计种类繁多，它们可以按各种方法进行分类，如表 3-1-2 所示。

表 3-1-2 压力检测仪表的类别

<table>
<tr><th colspan="2">分类方式</th><th colspan="5">类 别</th></tr>
<tr><td rowspan="3">按作用原理和准确度等级分</td><td>作用原理</td><td>液柱式压力计</td><td>活塞式压力计</td><td colspan="2">弹性式压力计</td><td>电气式压力计</td></tr>
<tr><td rowspan="2">准确度等级</td><td rowspan="2">一等标准
二等标准
三等标准
0.5、1.0、
1.5、2.5 级</td><td rowspan="2">国家标准
工作基准
一等标准
二等标准
三等标准</td><td>精密压力计</td><td>一般压力计</td><td rowspan="2">0.01、0.02、
0.05、0.1、0.2、
0.5、1.0、1.5、
2.5、4.0 级</td></tr>
<tr><td>0.25、0.40、
0.60 级</td><td>1.0、1.5、
2.5、4.0 级</td></tr>
<tr><td colspan="2">按测量范围分</td><td colspan="5">微压：<10kPa；低压：10～250kPa；中压：0.5～100MPa
高压：10～1000MPa；超高压：>1000MPa</td></tr>
<tr><td colspan="2">按被测压力的特点和种类分</td><td colspan="5">气压计：检测大气压力的压力计；压力计：检测表压力的压力计
真空计：检测负压的压力计；差压计：检测两处压力差的压力计
微压计：用于检测 10kPa 以下的压力计</td></tr>
<tr><td colspan="2">按显示方法和功能分</td><td colspan="5">现场显示型：如指针式压力计、记录式压力计
远距离显示型：如远传压力计、电气式压力计
报警或调节型：如电接点式压力计
数字显示型：如数字式压力计</td></tr>
<tr><td colspan="2">按用途分</td><td colspan="5">普通型、耐热型、耐振型、密封型、禁油型、蒸汽型</td></tr>
</table>

图 3-1-10 1151 智能电容式变送器

2）常用压力检测仪表介绍

常用的压力检测仪表以电容式压力仪表居多，如图 3-1-10 是 1151 智能电容式变送器。

（1）1151 智能电容式变送器的主要特点。

① 具有高精度、高可靠性，精度均达到 0.1%～0.2%。

② 把压力测量元件对温度和静压的特征信号存储

在内部程序存储器（PROM）内，在线测量时能随着温度和静压的变化而自动补偿。

③ 应用数字通信技术，能进行远距离设定量程、零位等有关数据。

④ 具有自诊断检测功能等。

(2) 1151智能电容式变送器的主要技术指标。

① 测量范围：0～0.12kPa，0～41.37kPa；量程比为1∶15（智能型），1∶6（普通型）。

② 测量准确度等级：±0.1%（智能型），±0.2%～±0.25（普通型），±0.5%（微差压）。

③ 输出信号：直流电流4～20mA。

④ 供电电源：直流电流12～45V。

3 流量检测仪表

在工业生产过程中，为了有效地指导生产操作，监视和控制生产过程，经常需要检测生产过程中各种流动介质（如液体、气体或蒸汽、固体粉末等）的流量，以便为管理和控制生产提供依据。同时，厂与厂、车间与车间之间常有物料的输送，需要对它们进行精确的计量，作为经济核算的重要依据。所以，流量检测在现代化生产中显得十分重要。

1）常用流量检测仪表介绍

流量检测仪表又称流量计，目前最常用的流量计有涡流流量计、质量流量计、超声波流量计、液体流量计、微波固体流量计等，如图3-1-11所示。

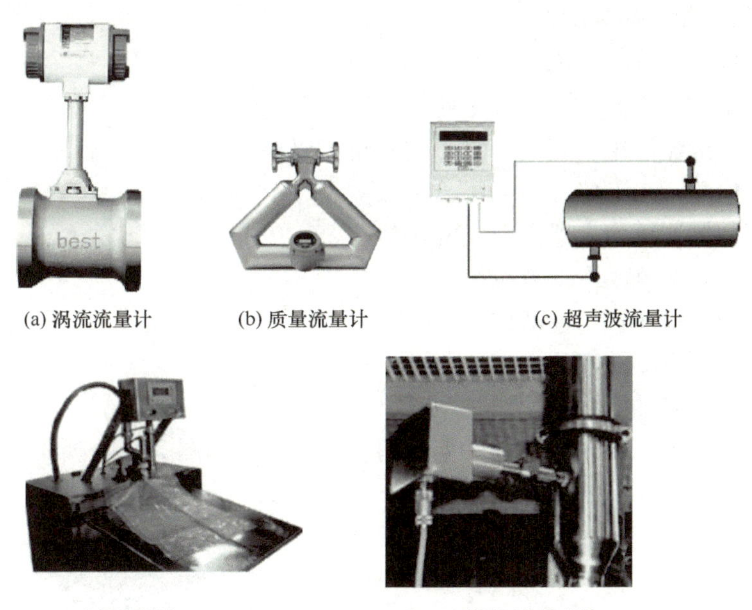

(a) 涡流流量计　(b) 质量流量计　(c) 超声波流量计

(d) 液体流量计　(e) 微波固体流量计

图3-1-11　常用流量计外形图

2）流量检测仪表的选用

流量检测仪表的选择原则是按其对被测介质的适用性进行选择。由于流量检测仪表的原理、结构、特点不同，因而有不同的物理特性和适用场合。为了使用好流量检测仪表，选用时必须考虑以下要求及条件。

① 按照流量范围或流量刻度选用。

② 按照工艺要求及流量参数变化选择。

③ 按照安装要求选用。

4 物位检测仪表

物位检测仪表用于测控物料的位置。物位检测可分为液体物位和固体物位检测两种。

1）常用物位检测仪表

（1）电容物位仪。AM90 系列电容式物位仪如图 3-1-12 所示。

主要特点如下。

① 测量强腐蚀性的液体，如酸、碱、盐、污水等。

② 可测量高温、高压介质；过程温度为－40～220℃；过程压力为－0.1～4.0MPa。

主要技术指标如下。

① 电源：DC 24V±10%。

② 输出：4～20mA（三线制）。

③ 测量介质：相对介电常数 $\varepsilon>1.6$。

④ 功耗：≤3W。

⑤ 准确级：0.5%FS。

⑥ 环境温度：－30～70℃。

⑦ 环境湿度：0～95%RH。

⑧ 测量范围：0～1000pF。

主要应用如下。

① 化工厂：检测涤纶、氨纶、酸、碱等化工原料的液位。

② 环保：检测污水液位。

③ 锅炉厂：检测压力容器内介质的液位。

④ 液力机械：检测润滑油液位。

⑤ 粮食部门：检测食用油液位。

⑥ 油田：检测成品油液位。

⑦ 油漆厂：检测油漆液位。

（2）超声波物位仪。7ML5221 一体化超声波物位仪如图 3-1-13 所示。

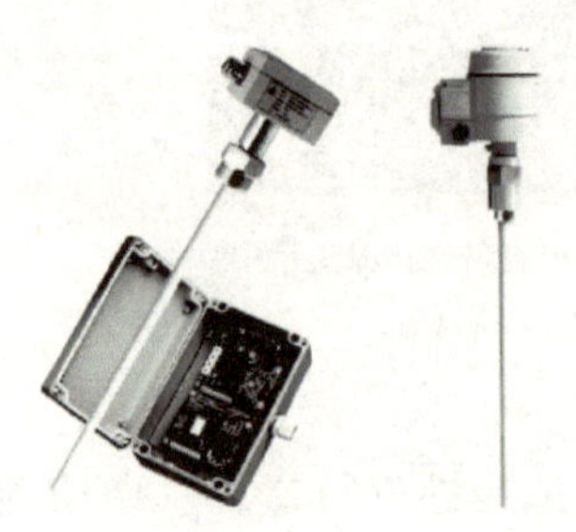

图 3-1-12 AM90 系列电容式物位仪

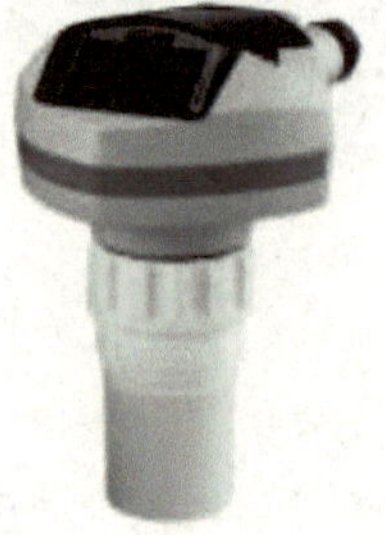

图 3-1-13 一体化超声波液位计

主要特点如下。

① 连续液位测量，最大量程 12m。

② 安装方便，启动简单。

③ 编程可用红外手持编程器。

④ ETFE 或 PVDF 传感器抗化学腐蚀。

⑤ 专利的声智能信号处理。

⑥ 很高的信噪比。

主要技术指标如下。

① 分辨率：≤3mm。

② 精度：量程的 0.15%或 6mm，取其较大值。

③ 重复性：≤3mm。

④ 盲区：0.25m。

⑤ 刷新时间：≤5s。

⑥ 温度补偿：整个温度范围内的补偿功能。

主要应用如下。

① 供水、水处理行业的液位测量。

② 化工储罐的液位测量。

2）其他物位检测仪表

其他常用物位检测仪表有：磁致伸缩液位计，如图 3-1-14（a）所示；光导电子液位仪，如图 3-1-14（b）所示；防爆音叉料位发讯器，如图 3-1-14（c）所示。

(a) 磁致伸缩液位计　(b) 光导电子液位仪　(c) 防爆音叉料位发讯器

图 3-1-14　其他物位检测仪表

基本技能

技能目标

（1）会判定温度检测系统故障。

（2）会判定流量检测系统故障。

（3）会判定压力检测系统故障。

（4）会判定液位检测系统故障。

1 温度检测故障的判断

故障现象：温度指示不正常，偏高或偏低，或变化缓慢甚至不变化等。在排除热电偶和补偿导线极性接反、热电偶或补偿导线不配套等因素后可以按流程逐步进行判断和检查。

故障判断：温度检测故障的判断流程如图 3-1-15 所示。

2 流量检测故障的判断

故障现象：流量指示不正常，偏高或偏低。以电动差压变送器为例（1151DP、1751DP），在处理故障时应向工艺人员了解故障情况，了解工艺情况，如被测介质情况、机泵类型、简单工艺流程等。

故障判断：流量检测故障的判断流程如图 3-1-16 所示。

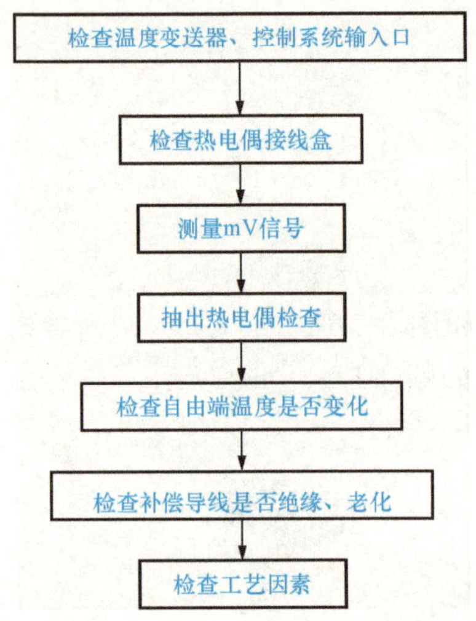

图 3-1-15　温度检测故障判断流程图

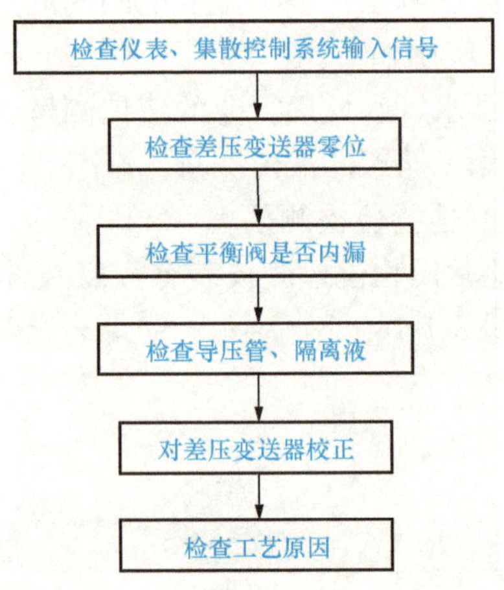

图 3-1-16　流量检测故障判断流程图

3 压力检测故障的判断

故障现象：某一化工容器压力指示不正常，偏高或偏低，或不变化。以电动压力变送器为例（1151GP、1751GP）了解被测介质是气体、液体还是蒸汽，了解简单工艺流程。

故障判断：压力检测故障的判断流程如图 3-1-17 所示。

4 液位检测故障的判断

故障现象：液位指示不正常，偏高或偏低。以电动浮筒液位变送器为检测仪表，了解工艺状况、工艺介质，被测对象是精馏塔、反应釜，还是储罐（槽）、反应器。

故障判断：液位检测故障的判断流程如图 3-1-18 所示。

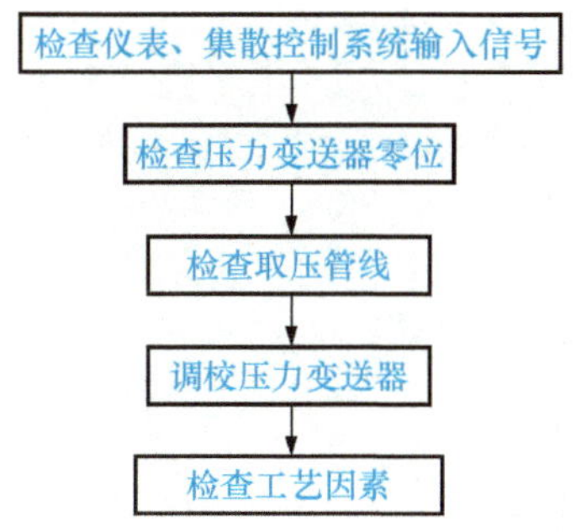

图 3-1-17　压力检测故障判断流程图

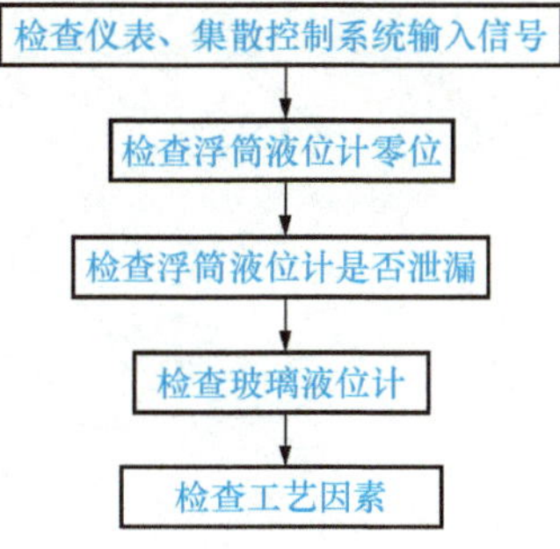

图 3-1-18　液位检测故障判断流程图

任务评价评分表

班级：__________　　　　姓名：__________　　　　成绩：__________

评价条目	评价内容与要求	分值	自我评价	教师评价	得分	扣分原因
基本知识	认识各种检测仪表	10				
	了解各种检测仪表的分类	10				
	了解常见检测仪表的型号	10				
	了解常用检测仪表的性能指标	10				
基本技能	会判定温度检测系统故障	10				
	会判定流量检测系统故障	10				
	会判定压力检测系统故障	10				
	会判定液位检测系统故障	10				
职业素养	态度认真，按时出勤，不迟到、早退	5				
	安全意识强，操作规范	5				
	爱护工具设备，工具设备摆放整齐，操作工环境卫生良好	5				
	节约能源，节约原料	5				

项　目 2

传感器的应用

项目导入语

传感器技术、通信技术、计算机技术构成了信息产业的三大支柱。随着科学技术的迅速发展和生产过程的高度自动化，传感器不仅充当着计算机、机器人、自动化设备的感觉器官及机电结合的接口，而且已渗透到人类生产、生活的各个领域。

虽然我们在日常的工作生活中不一定能直接看到、感受到传感器，但它确实已与我们的工作生活密不可分。本项目通过多个实例全方位向大家展示传感器在工作生活中的应用。通过对常用家用电器——电饭煲的剖析，更深化大家对日常生活中传感器应用的了解，同时也帮助大家理解电饭煲的工作原理，掌握电饭煲的基本维修方法；通过对新型精细农业中常用传感器的介绍，使大家更深刻了解传感器在日常工作中的应用。

任务1　传感器在生活中的应用

基本知识

知识目标

（1）了解家用电器中使用的传感器。

（2）了解服务行业中使用的传感器。

（3）了解图像检测中使用的传感器。

（4）了解安全保护中使用的传感器。

1　家用电器中使用的传感器

传声筒和光敏二极管都是日常生活中常用的传感器。彩色电视机中的光敏二极管则是检测遥控器发出的红外线并将其变换成电信号以控制相应元器件通断的装置，如图 3-2-1（a）所示。如图 3-2-1（b）所示，传声器（俗称话筒、麦克风）是将声音转换成相应电信号的装置。此外，温度传感器也是饮水机、冰箱、空调等家用电器中必不可少的传感器之一。

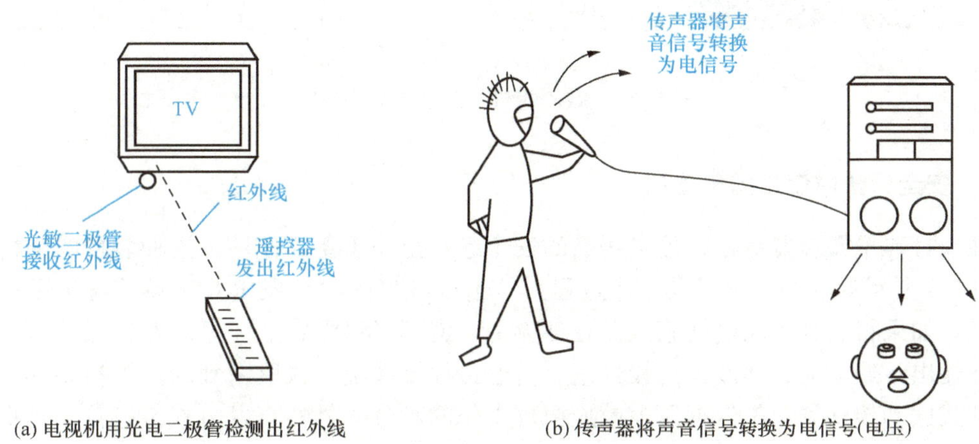

(a) 电视机用光电二极管检测出红外线　　(b) 传声器将声音信号转换为电信号(电压)

图 3-2-1　家用电器中使用的传感器

2　服务行业中使用的传感器

我们去饭店都有这样的经历：当走近自动门时，门会自动打开，远离门时，门会自动关闭；当我们要洗手时，手一旦靠近水龙头，水龙头会自动出水。这都是传感器在起作用。自动门和自动水龙头分别如图 3-2-2 和图 3-2-3 所示。

图 3-2-2　自动门

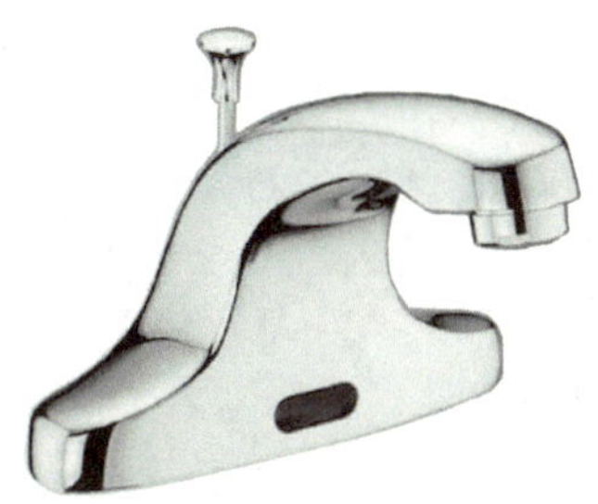

图 3-2-3　自动水龙头

3　图像检测中使用的传感器

数码相机在日常生活中使用得越来越普遍。数码相机的实物图和结构框图如图 3-2-4 所示。其工作原理可以表述为：外界景物发射或反射的光线通过镜头传播到相机内部的图像传感器上，使用者按动电门，取景器电路锁定信号，于是彩色图像传感器将感应到的光线强弱转换为连续的电信号输出，变换成数字信号后存储到存储卡中。

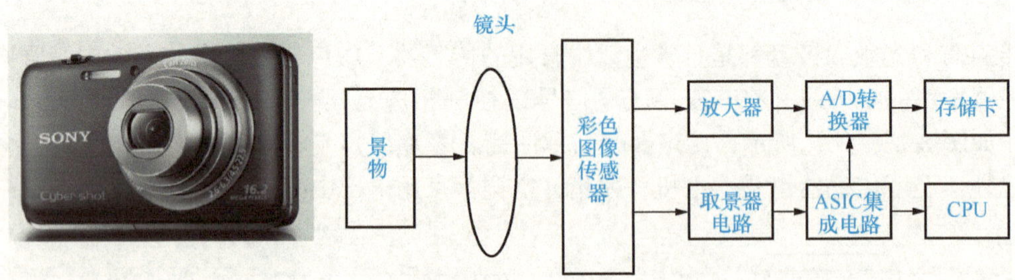

图 3-2-4 数码相机及其基本结构框图

4 安全保护中使用的传感器

玻璃打碎报警装置对各种珍贵物品的安全起着至关重要的作用。这种装置的结构可用如图 3-2-5 所示的框图表示。其工作过程为：当玻璃打碎时会发出几千赫兹甚至更高频率的振动，如果将高分子压电薄膜黏贴在玻璃上，就可以感受到这一振动并将振动信号转换成电压输出，经放大、滤波、比较处理后传送给报警系统。这里用到的薄膜振动感应片属于压电式振动传感器，是依据压电效应原理工作的高分子材料自发电式传感器，是报警装置的核心部件之一。

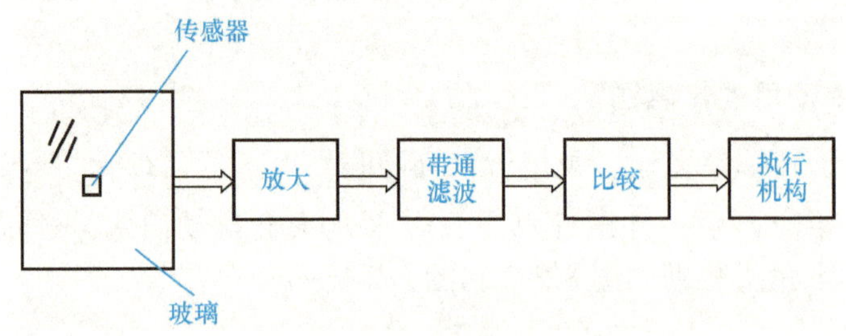

图 3-2-5 玻璃打碎报警装置结构框图

基本技能

技能目标

（1）了解电饭煲的结构和工作原理。

（2）掌握电饭煲常见的故障现象、故障原因和处理办法。

电饭煲是家庭生活中不可缺少的家用电器，其工作过程分为 5 步：吸水过程、旺火过程、维持沸腾过程、停止升温过程、焖饭过程。常用的电饭煲分两种，一种是采用机械控制的普通电饭煲，如图 3-2-6 所示；另一种是采用微电脑模糊控制技术的自动电饭煲，如图 3-2-7 所示。自动电饭煲以微处理器为核心，逻辑结构比较复杂，下面重点介绍普通电饭煲的结构与维修。

图 3-2-6　普通电饭煲

图 3-2-7　自动电饭煲

1　电饭煲的结构与工作原理

电饭煲是采用电热盘加热的，由于热惰性关系，在煮饭过程中，便自然形成低温吸水过程，然后逐步进入旺火过程；水开后便维持沸腾过程，精确的控温元件能够准确地在米饭干水后超过 103℃时切断电源；电热盘的余热保证焖饭过程的热需要。保温过程是通过另一只保温开关断续接通来实现的。

电饭煲煮饭过程如图 3-2-8 所示。220V 交流电一路经保险丝 FU 加在发热器一端，另一路经限温器（磁缸）加在发热器另一端，发热器加电发热煮饭。同时，220V 交流电经限电流电阻 R_1 加在煮饭指示灯两端，让指示灯发亮。电饭煲经加热器加热水温升高，直至沸腾，水分蒸干后电饭煲内温度继续上升至 103℃，限温器磁钢（相当于温度传感器）失去磁性，开关断开，进入保温状态，此时，220V 交流电经过发热盘加在保温器两端（保温器电阻远大于发热器内阻），维持保温。同时 220V 交流电经限流电阻 R_2 加在保温指示灯 HL_2 上，指示保温状态。

电饭煲外形结构如图 3-2-9 所示，电饭煲内部结构如图 3-2-10 所示。

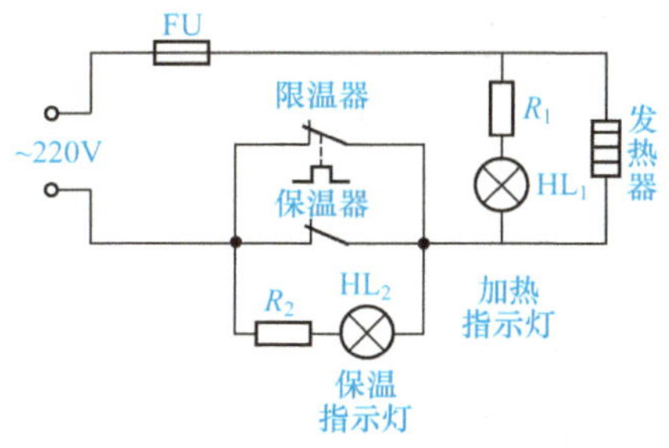

图 3-2-8　电饭煲电路图

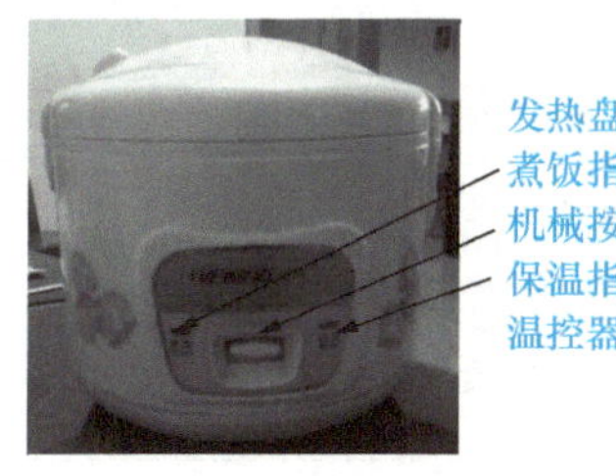
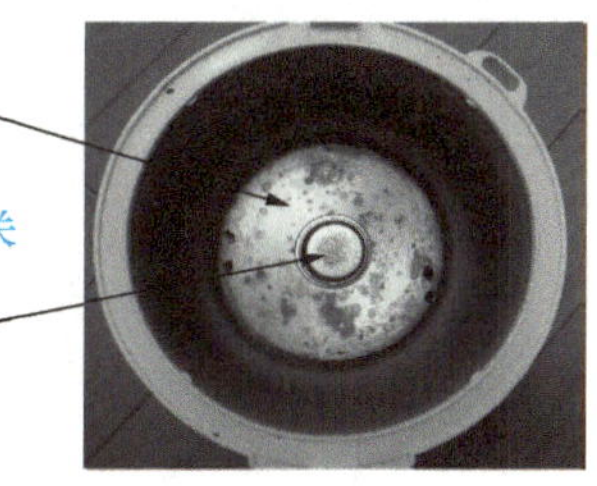

图 3-2-9　电饭煲外形结构

2　电饭煲的常见故障与维修

电饭煲在使用过程中，常见以下几类故障：不通电、煮不熟饭或者煮糊饭、不能保温。现用具体的实例学习这几类故障的分析与维修。

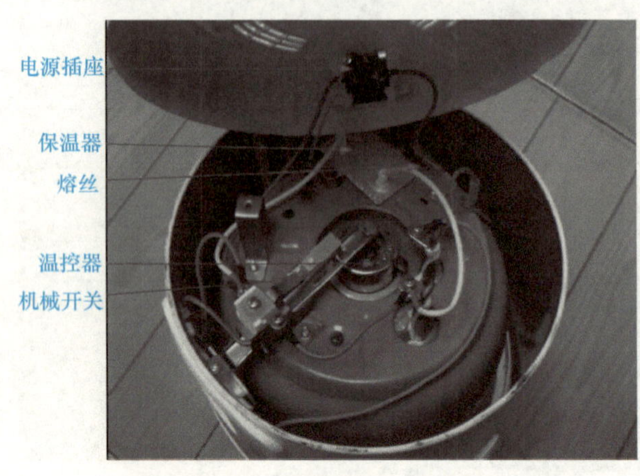

图 3-2-10 电饭煲内部结构

(1) 故障现象：指示灯不亮，发热盘不发热，整机不工作。

① 故障分析：如图 3-2-8 所示，220V 交流电经保险丝和煮饭开关后加载在发热元件两端，发热盘得电发热开始煮饭过程；同时电压经电阻 R_1 降压后加载在煮饭灯 HL_1 两端，使煮饭指示灯点亮，指示煮饭工作状态。本例中指示灯不亮，发热元件也不发热，故障原因应该是电源插头、电源线、熔丝等部件出现损坏。

② 解决办法：先用万用表交流电压 750VA 挡，测量电源线插上后两端有无交流 220V 电压。如无电压，说明电源线断线，更换；如有电压，则拆开电饭煲底盖，观察连接插座有无损坏，如插座损坏，则更换插座；如插座完好，则用万用表“通断”挡测量熔丝是否烧断（正常时应导通，烧断时无穷大），同时观察所有接线是否有断裂，从而找到故障点。经仔细查，发现系熔丝烧断，更换熔丝，整机恢复正常。

(2) 故障现象：只有保温指示灯亮，按下煮饭按键煮饭灯不亮，不能煮饭。

① 故障分析：如图 3-2-8 所示，保温指示灯亮，说明电源已经进入电饭锅内部，并且熔丝也是正常的。当按下煮饭按键时，煮饭指示灯不亮，发热盘也不能发热，说明 220V 交流电没有加载到发热盘两端，应该是按键开关没有接通所致。

② 解决办法：拆开电饭煲，按下煮饭开关后，用万用表交流挡测量发热盘两端没有 220V 交流电，顺着线路检查，发现机械开关貌似接通，但用万用表通断挡测量却不通，仔细观察，发现是机械开关触点因经常通断大电流而烧蚀，因而其虽然闭合，但不能接通电路。用细纱布仔细打磨触点，直到接通电路为止。经这样处理后，整机恢复正常。

其他故障现象、故障原因和处理方法参见表 3-2-1。

表 3-2-1 机械电饭煲常见故障及处理方法

序号	故障现象	故障原因	处理方法
1	指示灯不亮，电热盘不热	电源线不良	更换电源线
		配线松脱	修正配线
		温度熔丝熔断	更换熔丝
2	指示灯不亮，电热盘发热	指示灯或降压电阻没有接通	焊接好元件
		指示灯或降压电阻损坏	更换元件
3	指示灯亮，电热盘不热	电热盘没有电压	重新固定配线
		电热管元件烧坏	更换电热盘

续表

序号	故障现象	故障原因	处理方法
4	饭不熟或煮饭时间过长	内锅与电热盘间有异物	用 320 目砂纸清除异物
		内锅变形	更换内锅
		电热盘变形	轻微变形可用砂纸打磨，严重变形则应更换电热盘
		磁钢限温器失灵	更换限温器
		煮粥沸腾后功率太小	把转换开关转到煮饭挡
5	煮成焦饭	磁钢限温器动作受阻	修正杠杆组件结构
		磁钢限温器失灵	更换限温器
6	不能自动保温	双金属温控器失灵	更换双金属温控器
7	煮粥溢出	煮饭沸腾后功率太大	把转换开关转到煮粥挡
		煮饭沸腾后不调功，全功率加热	更换上盖温度开关
		电路板故障	更换电路板

常见机械性电饭煲的结构分解图参见图 3-2-11。

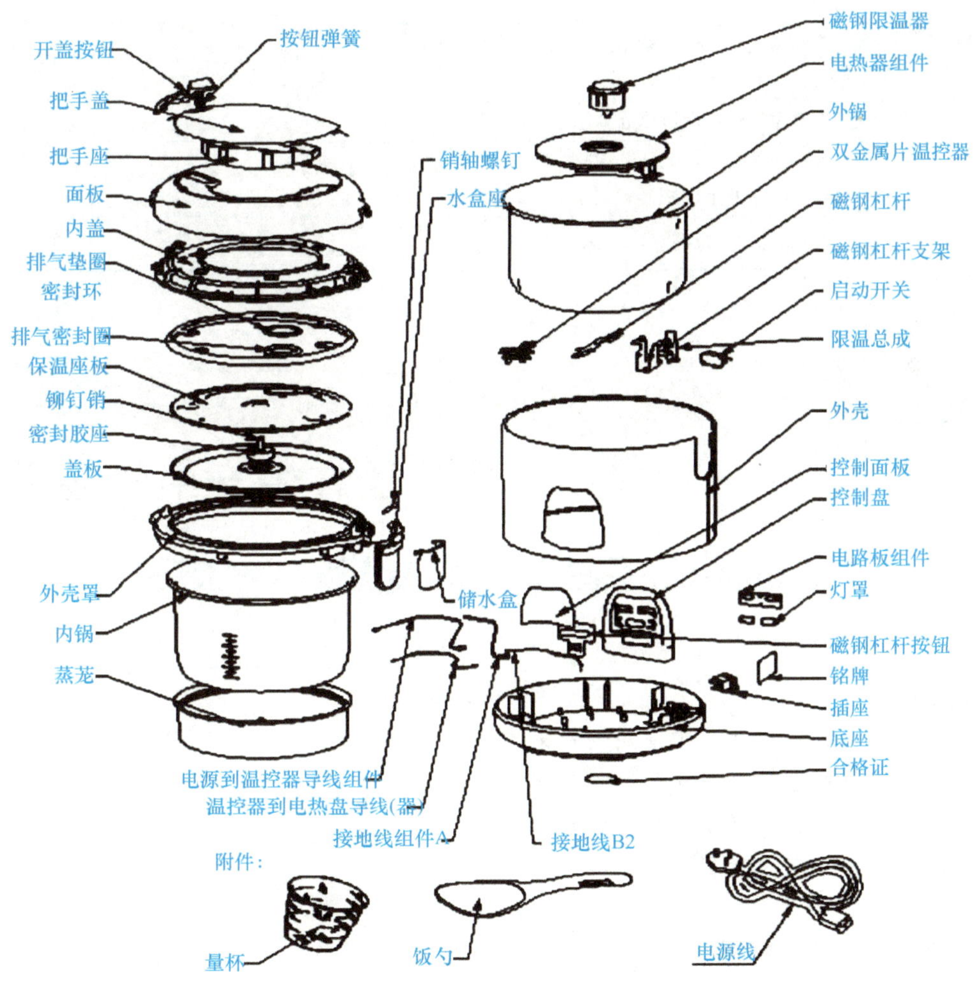

图 3-2-11　常见机械性电饭煲的结构分解图

任务评价评分表

班级：__________ 姓名：__________ 成绩：__________

评价条目	评价内容与要求	分值	自我评价	教师评价	得分	扣分原因
基本知识	了解家用电器中使用的传感器	10				
	了解服务行业中使用的传感器	10				
	了解图像检测中使用的传感器	10				
	了解安全保护中使用的传感器	10				
知识链接	了解电饭煲的结构	10				
	理解电饭煲的工作原理	10				
	掌握电饭煲常见故障现象、故障原因和处理办法	20				
职业素养	态度认真，按时出勤，不迟到、早退	5				
	安全意识强，操作规范	5				
	爱护工具设备，工具设备摆放整齐，操作工环境卫生良好	5				
	节约能源，节约原料	5				

传感器在生产中的应用

基本知识

知识目标

（1）了解自动化生产中使用的传感器。

（2）了解地震救助中使用的传感器。

（3）了解农业生产中使用的传感器。

（4）了解汽车中使用的传感器。

1 自动化生产中使用的传感器

图 3-2-12 所示为食用油的自动化生产线。自动化生产线要保证食用油能准确地注入油

桶，并能控制一定的重量，装完后能拧好顶盖，然后在合适的位置贴好商标，整个过程都需要通过仪器检测出油桶的位置、注油量、油桶盖的安装位置以及商标粘贴位置，以达到自动化控制的目的。

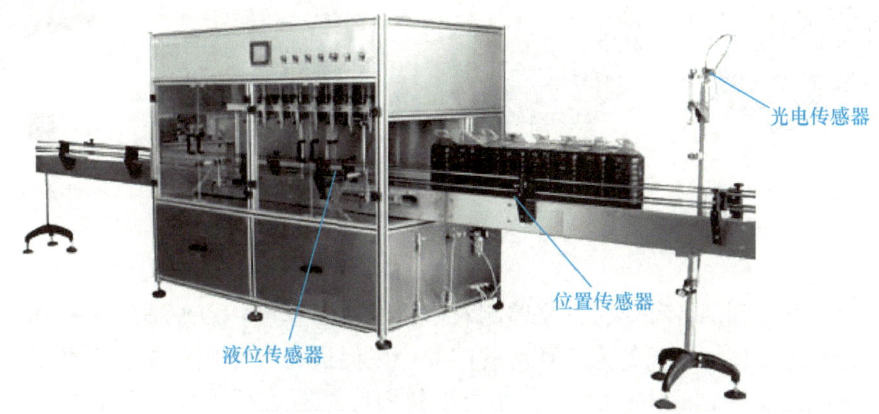

图 3-2-12　食用油的自动化生产线

现代化的生产过程大都采用了自动计数系统，它轻而易举地解决了生产中工件数目繁多、难以计数的问题。图 3-2-13 所示为光电计数机，它运用了光电传感器，可实现自动计数、缺料报警及剔除不良计数工件的功能。

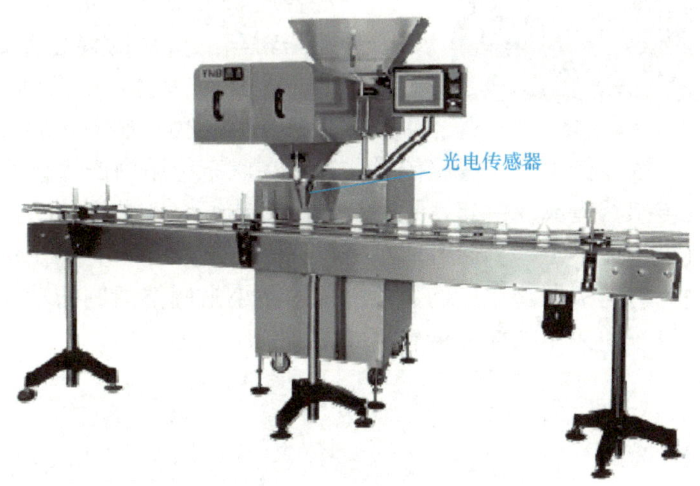

图 3-2-13　光电计数机

2　地震救助中使用的传感器

地震之后须寻找生命迹象，及时、准确地将压在废墟下的伤员救出是当务之急。使用先进的探测设备可以圆满完成搜救任务。生命探测设备如图 3-2-14 所示。

3　农业生产中使用的传感器

在农作物生长的整个过程中，可以利用各种传感器收集信息，以便及时采取相应的措施完成科学种植。例如，通过传感器测量土壤的成分以确定土壤应施肥的种类和数量；在植物

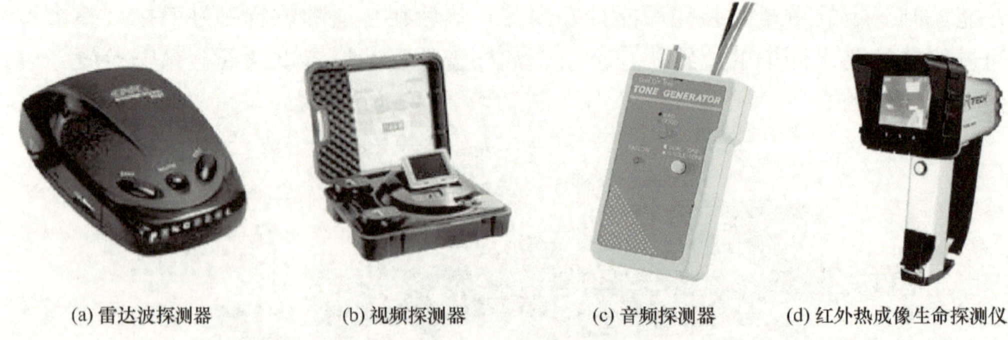

(a) 雷达波探测器　(b) 视频探测器　(c) 音频探测器　(d) 红外热成像生命探测仪

图 3-2-14　生命探测设备

的生长过程中还可以利用各种传感器来监测农作物的成熟程度，以便适时采摘和收获；可以利用气敏传感器进行植物生长的人工环境的监控，以促进光合作用；在蔬菜种植环境的监测中可以利用传感器进行灭鼠、灭虫等；还可以利用传感器自动控制农田水利灌溉。塑料大棚中种植操作就可多处使用传感器，如图 3-2-15 所示。

图 3-2-15　塑料大棚

4　汽车中使用的传感器

一辆普通家用轿车上所用的传感器有百余种之多，而豪华轿车上所用的传感器数量有二百余种，显示仪表可多达数十台，仅发动机上就有很多种，如温度传感器、压力传感器、旋转传感器、流量传感器、位置传感器、浓度传感器、爆震传感器等。在汽车轮胎内嵌入微型传感器，将压力传感器和微型温度传感器集成在一起，同时测出压力和温度。微型传感器可以保证轮胎适当充气，避免充气过量或不足，从而可节约 10%的燃油；再如，汽车上的雨量传感器隐藏在前挡风玻璃后面，它能根据落在玻璃上雨水量的大小来调整雨刷的动作，因而大大减少了开车人的烦恼。汽车中使用的部分传感器如图 3-2-16 所示。

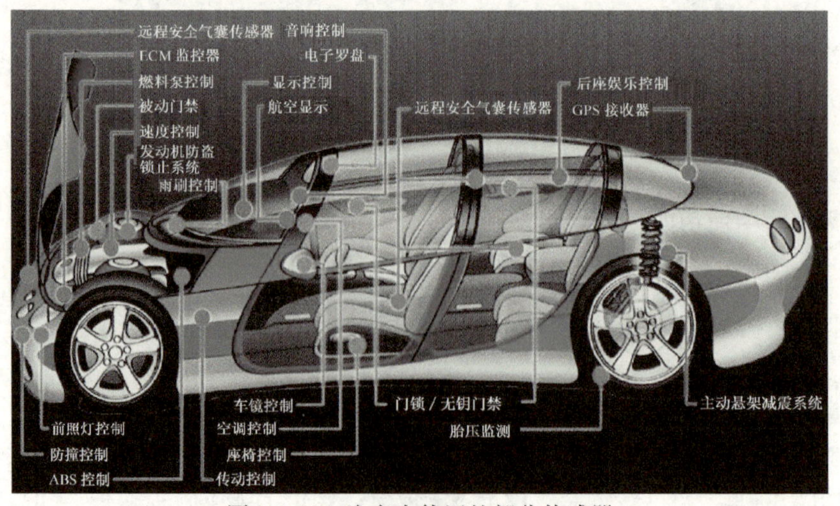

图 3-2-16　汽车中使用的部分传感器

综上所述，传感器的应用技术在发展经济、推动社会进步方面起着非常重要的作用。显然，系统自动化程度越高，对传感器的依赖性就越大。传感器对系统的功能起决定性的作用，它的发展水平、生产能力和应用领域已成为一个国家科学技术进步的重要标志，如果没有传感器对原始数据进行准确、可靠地采集、检测，那么系统信息的转换、处理、传输和显示，乃至对被控制对象的控制都将失去意义。

知识链接：传感器在现代农业中的应用进展

进入 21 世纪，信息技术的发展日新月异，信息技术的三大支柱技术——传感器技术，通信技术和计算机技术实现了质的飞跃。在具体的科学实验和科技应用中，传感器技术犹如“感官”，通信技术如“神经”，计算机技术犹如人的“大脑”，而作为获取信息的“感官”，传感器在整个信息系统中的作用显得尤为重要。

现代设施农业常用的传感器包括空气温湿度传感器、土壤温度传感器、土壤水分含量传感器、CO_2 含量传感器、光照强度传感器、NH_3 含量传感器、肥分（氮、磷、钾含量）传感器等，此外在喷灌和滴灌场合还可能用到水流量传感器、水温传感器等。下面介绍各类常用传感器及其用途。

1　空气温湿度传感器

空气温湿度传感器用于检测设施农业的空气环境温湿度，一般使用的有效温度范围在 0～50℃，有效湿度范围在 30%～90%。该传感器大部分安装在温室、大棚或畜禽舍中空气流通较好的遮阳处，一般根据温室、大棚或畜禽舍长度安装 1～4 个不等，以避免空气流通差导致的局部小气候效应。常见的温湿度传感器有 ESM-112、LTM8901 等。

LTM8901 是全新概念的温湿度传感器，采用 1-wire（单总线）数据通信，实现高精度、高互换性、方便的现场校准/安装，传感器之间可以联网，也可以单只使用。其主要技术指标如下。

1）湿度特性

① 湿度测量量程：1%～99%RH（−25～+60℃）。

② 湿度测量精度：±3.0%RH。

③ 回差：±2.0%RH（典型值）。

④ 年漂移：±0.5%RH（典型值）。

⑤ 响应时间：5s（典型值）。

2）温度特性

① 温度测量分辨率：0.0625℃。

② 温度测量精度：±0.5℃。

③ 工作温度范围：−25～+60℃。

④ 外型尺寸：70mm×50mm×25mm。

(a) 挂壁式　　(b) 烧结铜封装棒式

图 3-2-17　LTM8901 外形图

其外形如图 3-2-17 所示，图 3-2-17（a）是挂壁式，适用于一般农业大棚环境；图 3-2-17

(b) 是烧结铜封装棒式，可用于工业环境。

2 土壤温度传感器

土壤温度传感器用于检测土壤温度，一般使用的有效温度范围在10～40℃（土壤热容积较大，温度变化不很明显），安装在作物根部土壤中，以测量作物的生长、发育的土壤温度及浇水后土壤温度变动情况。根据温室或大棚长度安装2～4个不等，安装时根据不同作物根系深度确定埋土深度。常见的土壤温度传感器有LTM8877。

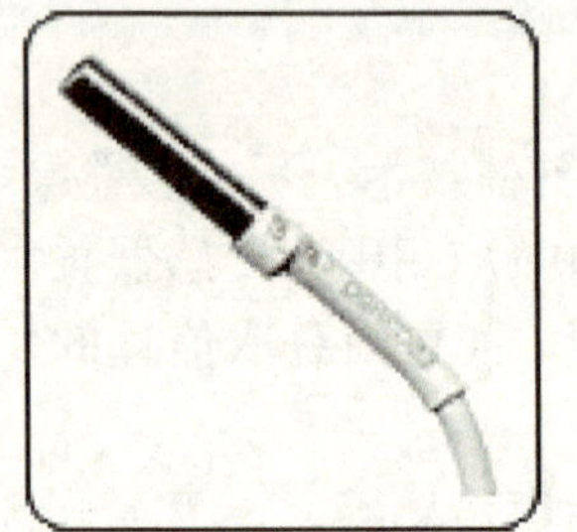

图3-2-18 LTM8877外形图

LTM8877数字化土壤温度传感器（数字化温度防水探头）以Dallas半导体公司的数字化温度传感器DS1820为核心，采用单总线技术，可轻松组建传感器网络，其测量温度范围为－10～＋85℃，在－10～＋85℃范围内精度为±0.5℃。LTM8877外形如图3-2-18所示，其防水封装$\phi6\times30$mm镀铬铜管，后端有一段500mm线缆，接线定义为：红线，电源(＋5V)；黑线，地线；白线（或其他），信号线。

3 土壤水分传感器

土壤水分传感器用于检测土壤中的水分含量，便于及时和适量浇灌。目前有两种表示方式，其一为容积含水量，即V/V%；其二为质量含水量，即M/M%，大部分产品以容积含水量表示，一般有效范围在10%～70%。因不同土质能容纳水量不同，故不同土质在浇灌等量水后，所显示的容积含水量会有不同。根据温室或大棚长度安装2～4个不等，安装时根据不同作物根系深度确定埋土深度。常见的土壤水分传感器有TDC210S、FDS-100等。

FDS-100土壤水分传感器采用了3根探针的测量方式，主要用于农田、温室、花卉等作物养植方面对土壤水分的监测。土壤水分传感器采用环氧树脂纯胶体封装制成，可以长期深埋在土壤中而不会受到损坏，是一款高性能、低价格、防水性能好的土壤水分测量仪。其主要技术指标如下。

① 单位：%（m^3/m^3）。

② 量程：0～100%。

③ 探针长度：5.3cm。

④ 探针直径：3mm。

⑤ 探针材料：不锈钢。

⑥ 密封材料：环氧树脂。

⑦ 测量准确度等级：±3%。

⑧ 工作温度范围：－40～85℃。

⑨ 工作电压：5～12V。

⑩ 工作电流：21～26mA，典型值21mA。

⑪ 测量主频：100MHz。

⑫ 输出信号：DC 0～1.875V。

⑬ 电流型 DC 0～20mA。

⑭ 测量稳定时间：2s。

⑮ 响应时间：<1s。

⑯ 测量区域：以中央探针为中心，围绕中央探针的直径。

FDS-100 土壤水分传感器外形如图 3-2-19 所示。

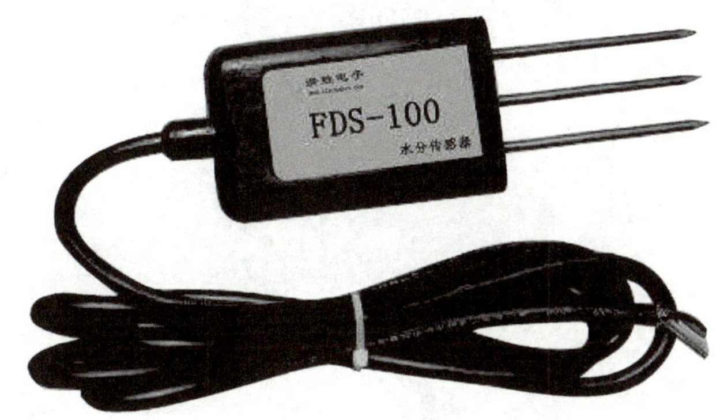

图 3-2-19 FDS-100 土壤水分传感器外形图

4 CO_2 含量传感器

CO_2 含量传感器用于检测环境中 CO_2 含量，便于决定是否增施气肥或需通风换气。一般以 ppm 为单位，有效范围在 100～1000ppm 之间。该传感器可以用在温室、大棚中，也可以用在密封/半密封的畜禽舍中。温室、大棚中主要检测有光照情况下 CO_2 含量是否低于作物光和作用的最佳浓度，在畜禽舍中主要检测密封环境下 CO_2 浓度是否超出影响畜禽能生长发育的最大浓度，以便及时通风换气。独栋温室、大棚或畜禽舍安装 1 个即可。常见的 CO_2 传感器有 BMG-CO_2-NDIR。

BMG-CO_2-NDIR 防护型二氧化碳传感器是在进口红外二氧化碳传感器基础上设计的一款专门在农业等多种高湿场合使用的产品。该产品采用多重防护，确保内部的传感器不受外界高湿等环境影响，确保传感器可靠稳定工作。其主要技术指标如下。

① 采用红外传感器，10 年以上工作寿命。

② 量程：0～2000ppm、0～5000ppm、0～10 000ppm 可选。

③ 检测分辨率：±10ppm。

④ 测量准确度等级：±5%。

⑤ 重复准确度等级：±1%。

⑥ 壳体材料：防高湿塑料外壳。

⑦ 外型尺寸：ϕ60×90mm，整机重量：200g。

⑧ 隔爆等级：Exd IIC T6。

⑨ 防护等级：IP65。

⑩ 工作环境温度：0～50℃。

⑪ 工作环境湿度：0～100%RH。

⑫ 模拟信号输出：4～20mA 线性输出。

⑬ 工作电压：DC 24V。

⑭ 供电功率：不小于 1.6W。

⑮ 接线顺序：红线，DC 24V；黑线，GND；黄线，输出+；绿线，输出－（4～20mA 输出）。

BMG-CO_2-NDIR 二氧化碳传感器外形如图 3-2-20 所示。

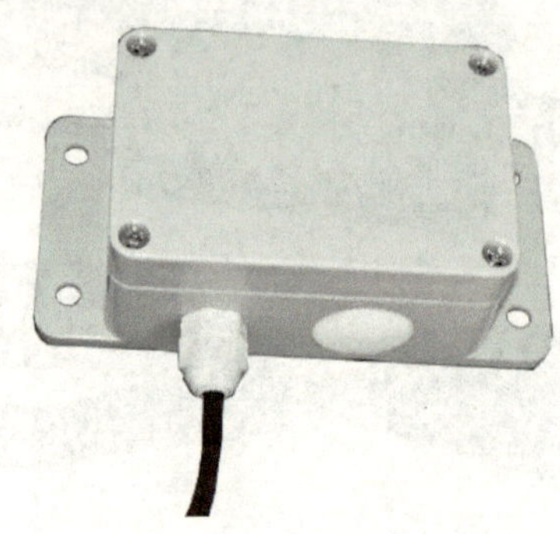

图 3-2-20　BMG-CO_2-NDIR 二氧化碳传感器外形图

5　光照度传感器

光照度传感器用于检测作物生长环境的光照强度，以决定是否需要遮阳或补光。光照度的单位为 lx（勒克斯）该传感器的有效范围在 200～200000Lx。光照度传感器一般安装在温室、大棚中，用来检测作物生长所需要的光照强度是否满足最基本需要或是否达到作物的最佳生长状态，如与 CO_2 传感器联合使用，可以为何时增施气肥提供参考。安装光照度传感器时应考虑向阳并且避免被遮挡，一般安装 1 个即可。常见的光照度传感器有 TBQ-6、RY-G/W 等。

TBQ-6 型光照度传感器采用对弱光也有较高灵敏度的硅兰光伏探测器作为传感器；具有测量范围宽、线性度好、防水性能好、使用方便、便于安装、传输距离远等特点，适用于各种场所。尤其适用于农业大棚、城市照明等场所。其主要技术指标如下。

① 测量范围：200～200000Lx。

② 光谱范围：400～700nm 可见光。

③ 电源电压：DC 24V（DC 12V～DC 30V）。

④ 输出信号：4～20mA 或 0～5V。

⑤ 测量误差：小于±7%。

⑥ 工作环境温湿度：0～40℃、0～70%RH。

⑦ 储存环境温湿度：－10～＋50℃，0～80%RH。

⑧ 大气压力：80～110kPa。

图 3-2-21　TBQ-6 型光照度传感器外形图

TBQ-6 型光照度传感器外形如图 3-2-21 所示，应安装在四周空旷，感应面以上没有任何障碍物的地方（感应面应保持清洁），然后将其牢牢固定，再将传感器输出电缆与记录仪表相连接，即可观测。最好将电缆牢固地固定在安装架上，以减少断裂或在有风天发生间歇中断现象。

任务评价评分表

班级：__________　　姓名：__________　　成绩：__________

评价条目	评价内容与要求	分值	自我评价	教师评价	得分	扣分原因
基本知识	了解自动化生产中使用的传感器	10				
	了解地震救助中使用的传感器	10				
	了解农业生产中使用的传感器	10				
	了解汽车中使用的传感器	10				
知识链接	认识常见农业生产传感器	10				
	了解常见农业生产传感器的功能	15				
	了解常见农业生产传感器的性能指标	15				
职业素养	态度认真，按时出勤，不迟到、早退	5				
	安全意识强，操作规范	5				
	爱护工具设备，工具设备摆放整齐，操作工环境卫生良好	5				
	节约能源，节约原料	5				

复习与思考题

1. 知识总结

用来检测生产过程中各个有关参数的技术工具称为检测仪表。检测仪表通过专门的检测元件去感受被测量，转换成相应信号，经传送和放大，显示出其数值。它通常由传感、转换放大和显示3部分组成。工业生产中有压力、流量、温度、液位等物理仪表，有气体分析、水分分析、微量元素分析等分析仪表。

按被检测参数不同，检测仪表可分为温度测量仪表、压力测量仪表、流量测量仪表、物位测量仪表、机械量测量仪表、工业分析仪表等。根据仪表的检测原理或检测元件，检测仪表可分为弹簧管压力表、超声波流量计、活塞式压力计、靶式流量计、转子流量计、电磁流量计等。检测仪表的输出信号有模拟信号、数字信号、开关信号等。

工业生产过程中，在测量元件将压力、温度、流量、液位等参数检测出来后，需要由变送器将测量元件的信号转换成一定的标准信号，送至显示仪表或调节仪表进行显示、记录和调节。根据变送参数不同可分为压力、差压、温度、流量、液位变送器等。根据变送器驱动能源的不同可分为气动、电动变送器。以压缩空气为驱动能源的为气动变送器，以电力为能源的为电动变送器。

变送器的连接方式有二线制和四线制两种。二线制方式供电电源、负载电阻、变送器是串联的，即二根导线同时传送变送器所需的电源和输出电流信号；四线制方式供电电源、负载电阻是分别与变送器相连的，即供电电源和变送器输出信号分别用二根导线传输。

目前检测仪表主要发展方向为：①新测量方法和工具的出现；②测量信息数字化。常用的检测仪表有温度检测仪表、压力或差压检测仪表、流量检测仪表、物位检测仪表。

智能传感器是一种带有微处理机的，兼有信息检测、信息处理、信息记忆、逻辑思维与判断能力的传感器。智能传感器主要由4部分组成：电源、敏感元件、信号处理单元和通信接口。智能传感器与传统的传感器相比，最突出的特征是数字化、智能化、阵列化、小型化和微系统化。

传感器技术、通信技术、计算机技术构成了信息产业的三大支柱。随着科学技术的迅速发展和生产过程的高度自动化，传感器不仅充当着计算机、机器人、自动化设备的感觉器官及机电结合的接口，而且已渗透到人类生产、生活的各个领域。

2. 思考题

1）填空题

（1）检测仪表通常由______、______和______组成。

（2）按被测参数不同，检测仪表可分为______、______、______、______、______和______。

（3）变送器根据变送参数不同分为______、______、______、______和______。

（4）压力检测仪表按用途可分为______、______、______、______、______和______。

（5）流量检测仪表又称______，常用的流量计有：______流量计、______流量计、______流量计、______流量计、______流量计等。

（6）物位检测仪表用于______。物位检测可分为______物位和______物位检测两种。

（7）智能传感器主要由4部分组成：______、______、______和______。

（8）智能传感器与传统的传感器相比，最突出特征是______、______、______、______和______。

(9) ____________、____________、____________构成了信息产业的三大支柱。随着科学技术的迅速发展和生产过程的高度自动化，传感器不仅充当着____________、____________、____________的感觉器官及机电结合的接口。

2) 简答题

(1) 何为检测仪表，一般有哪些检测仪表？

(2) 简述检测仪表的发展前景。

(3) 何为变送器，变送器的作用是什么？

(4) 变送器的连接方式有几种，它们分别如何连接？

(5) 简述温度检测仪表的分类及特点。

(6) 简述流量仪表的选用原则。

(7) 试说明 7ML5221 一体化超声波物位仪的特点。

(8) 简述智能传感器的使用场合。

(9) 举两个实例说明传感器在生活中的应用。

单元 4

抗干扰与信号处理技术

单元学习目标

知识目标

1. 了解常见干扰信号的来源、种类、性质与特点
2. 理解常见干扰信号的传输途径、作用方式，以及常用抗干扰方法
3. 了解一般数据采集系统结构，以及数据采集系统主要组成部分的基本情况
4. 了解标定、校准与非线性校正的基本概念

能力目标

1. 学会简单分析干扰来源、传输途径，以及使用常用的抗干扰方法
2. 学会传感器标定、校准、校正的基本方法

项目1

干扰与抗干扰技术

项目导入语

由于传感器的输出信号非常微弱（很多传感器输出信号是μV级电压），在很多工作现场，传感器的输出信号需要传输一定距离才能被采集或使用，而且很多工作现场环境比较恶劣，干扰信号种类多、幅度大，故抗干扰技术是传感器应用的重点和难点。本项目讲述了干扰来源、干扰分类，分析了干扰耦合途径，结合这些关于干扰的基本知识，向大家展示了常用的抗干扰方法。

通过本项目的学习，使大家对干扰有一定认识，对常用的抗干扰方法有一定了解，基本了解传感器应用系统中出现的干扰问题和解决办法。

认识干扰

基本知识

知识目标

（1）认识干扰。

（2）了解干扰的来源和种类。

（3）理解干扰三要素。

（4）了解干扰信号耦合途径。

（5）理解常用的抗干扰技术。

1 噪声与干扰

所有有用信号以外的信号总称噪声。例如，由导体内部自由电子无规则运动产生的本征热噪声；由电动机、电焊机等设备启动、运行带来的人为噪声；由雷电、宇宙射线、太阳黑子带来的自然噪声。噪声可以是声音形式，如收音机中发出的“吱吱”声；也可以是其他形式，如电视机画面出现的雪花点。噪声信号幅度较小时，对有用信号不产生影响，噪声信号幅度大到一定程度，影响系统工作，这就产生了干扰。噪声是一种信号，它客观存在，无法完全消除，只能在数量上尽量减小直至不产生干扰；干扰是一种效应，是噪声信号对系统造成的一种不良反应。干扰信号是指对系统产生不良影响的噪声信号。抗干扰技术就是各种将影响系统正常工作的干扰减少到最小的技术。

2 干扰信号的来源和种类

根据干扰信号产生的物理机理，干扰信号可以分多种类型，如表 4-1-1。本章主要讨论电和磁的干扰。

表 4-1-1 按信号产生的物理机理分类干扰

类型	原因	措施
机械干扰	机械振动或冲击引起的振动、变形、连接导线位移	减振
热干扰	生成热引起温度波动和环境温度变化使电气元件参数变化及产生附加电动势	热屏蔽、恒温、温度补偿
光干扰	光照激发电子摆脱原子核，产生电子-空穴对，对信号电流产生干扰	光屏蔽
电和磁干扰	通过电路和磁场两个路径影响系统工作	电磁屏蔽、接地、隔离、滤波
射线干扰	射线辐射会使气体电离，半导体被激发出电子-空穴对，金属逸出电子产生干扰电流	射线屏蔽
化学干扰	一方面腐蚀元器件，另一方面形成化学电势	密封，保洁
湿度干扰	造成绝缘电阻下降，漏电流增强，改变介电常数造成电路参数变化	防潮密封

3 干扰三要素

干扰的产生必需三个要素，如图 4-1-1 所示，即干扰源、耦合途径和感受体。干扰源就是产生干扰信号的电路；感受体就是被干扰的电路；耦合途径是指干扰信号从干扰源到感受体经过的途径。只有三个要素全部存在才会产生干扰，所以抗干扰技术的总体思路是减弱或消除干扰三要素，其中最主要的是耦合途径。

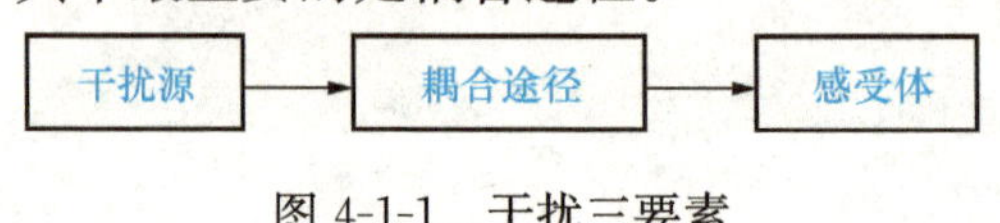

图 4-1-1 干扰三要素

4 干扰信号耦合途径

干扰信号耦合途径主要有直接耦合、电容性耦合、互感性耦合、共阻耦合和漏电耦合等。

1）直接耦合

直接耦合是指电源或信号源的干扰信号直接通过传输线传输到被干扰电路，如图4-1-2所示。对于电源线耦合的电源干扰一般采用退耦的方法抗干扰，即在被干扰电路的电源端接退耦电容。对于信号线耦合的信号干扰一般采用滤波的方法，在被干扰电路信号输入端加滤波电路，或者被干扰电路中采用数字滤波器。

2）电容性耦合

电容性耦合（又称静电耦合）是干扰源导线与被干扰传输线之间存在寄生电容（两根导线并行布线时产生的分布电容），寄生电容将干扰信号从干扰源引到被干扰电路，如图4-1-3所示。电容性耦合干扰的大小与干扰源信号大小 E_N、角频率 ω、分布电容容量 C_m，以及被干扰电路输入阻抗 Z_i 有关。要减小电容性耦合干扰应尽量减小分布电容，如增大干扰源导线与被干扰传输线间距，缩短它们并行布线长度；减小被干扰传输线输入阻抗等。

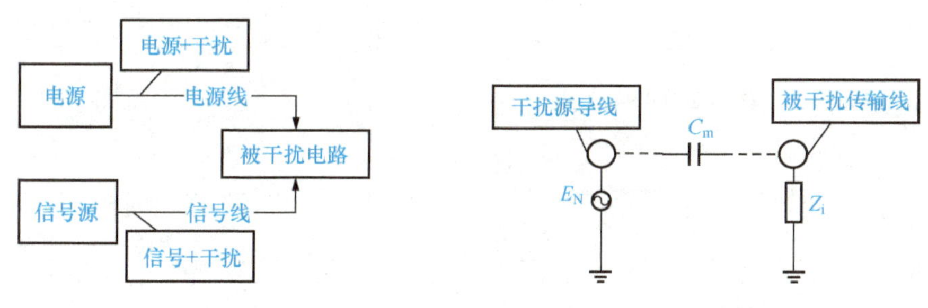

图 4-1-2 直接耦合方式

图 4-1-3 电容性耦合方式

3）互感性耦合

互感性耦合（又称电磁耦合）是干扰源导线与被干扰传输线之间存在互感，如图 4-1-4 所示，干扰源导线的电流 I_N 变化通过互感系数 M 耦合到被干扰传输线上。互感性耦合干扰的大小与干扰源导线电流 I_N 和角频率 ω，以及互感系数 M 成正比，要减少互感性耦合干扰就应设法减少上述参数，其中主要是减少互感系数 M。

4）共阻耦合

共阻耦合是指干扰源回路和被干扰回路之间存在公共阻抗 Z_i，干扰源电路电流 I_N 流过公共阻抗 Z_i 产生电压 $U_N(U_N=Z_i\times I_N)$，干扰被干扰回路。干扰源回路和被干扰回路之间的公共阻抗有下述几种情况。

（1）干扰源和被干扰回路共用电源 U_S，电源内阻 Z_0 即是公共阻抗，如图 4-1-5 所示。减少共用电源共阻干扰的主要措施是减小共用电源内阻 Z_0，或者干扰源电路和被干扰电路独立供电。

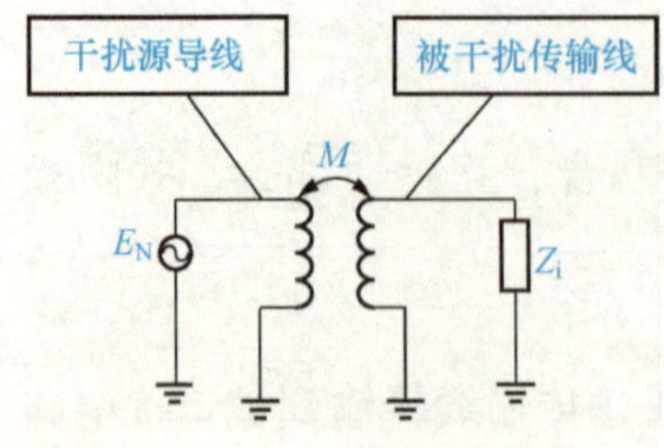

图 4-1-4　互感性耦合方式

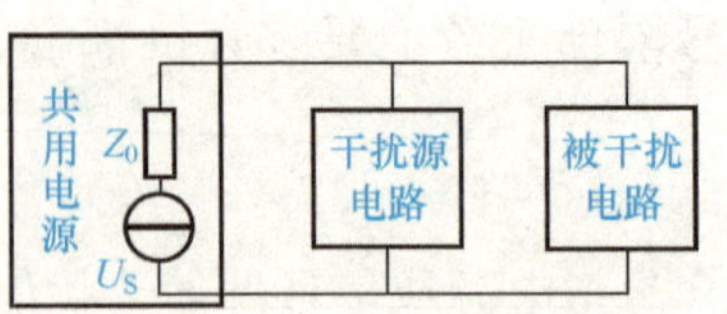

图 4-1-5　共用电源共阻干扰

（2）干扰源和被干扰回路共用地线，地线的（分布）电阻 Z_0 即是公共阻抗，如图 4-1-6所示。减少共用地线共阻干扰的主要措施减小共地分布电阻 Z_0，或者采用特殊接地技术。

（3）干扰源和被干扰回路共用信号源 U_S，信号源内阻 Z_0 即是公共阻抗，如图 4-1-7所示。减少共用信号源共阻干扰的主要措施减小共用信号源内阻 Z_0，或者采用独立信号源，信号源输出采用特殊隔离技术等。

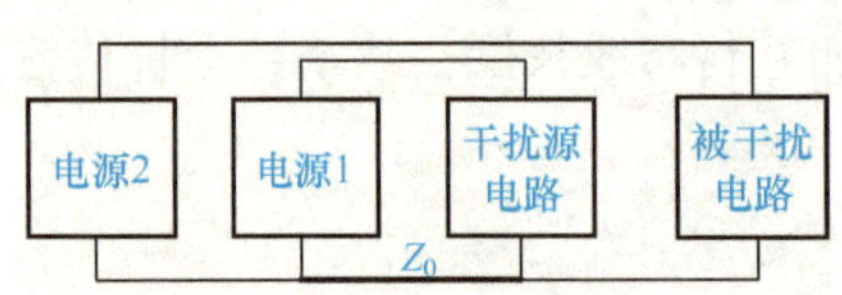

图 4-1-6　共用地线共阻干扰

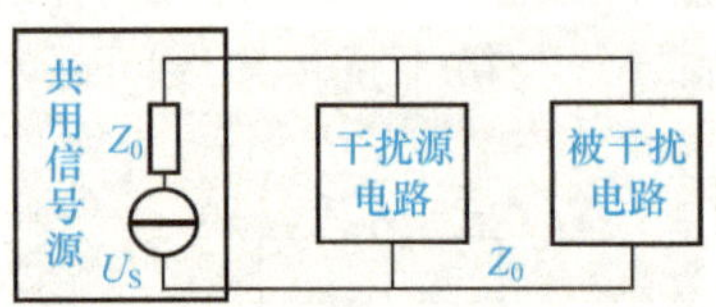

图 4-1-7　共用信号源共阻干扰

5）漏电耦合

漏电耦合是指干扰源回路和被干扰回路间存在不良绝缘，干扰信号通过不良绝缘 R_m 干扰被干扰回路，如图 4-1-8 所示。漏电耦合干扰与绝缘电阻 R_m，以及被干扰回路输入阻抗 Z_i 有关。减少漏电耦合干扰应尽量增大绝缘电阻 R_m，减少干扰回路输入阻抗 Z_i。

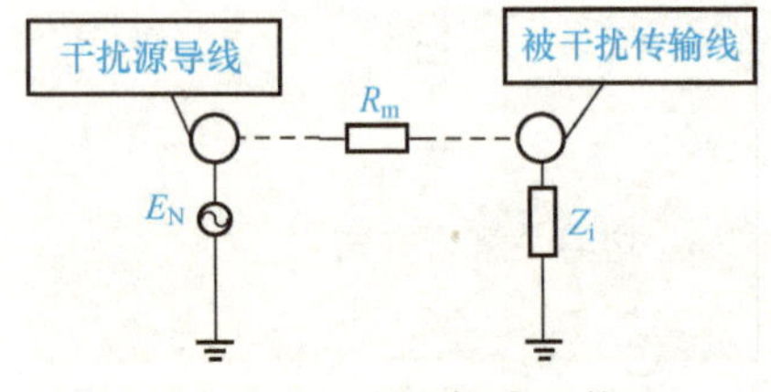

图 4-1-8　漏电耦合干扰

任务评价评分表

班级：__________　　姓名：__________　　成绩：__________

评价条目	评价内容与要求	分值	自我评价	教师评价	得分	扣分原因
基本知识	认识干扰	10				
	了解干扰的来源和种类	20				
	理解干扰三要素	20				
	了解干扰信号耦合途径	30				

续表

评价条目	评价内容与要求	分值	自我评价	教师评价	得分	扣分原因
职业素养	态度认真、按时出勤，不迟到、早退	5				
	安全意识到，操作规范	5				
	爱护工具设备，工具设备摆放整齐，操作工环境卫生良好	5				
	节约能源，节约原料	5				

抗干扰技术

基本知识

知识目标

（1）理解常用抗干扰技术工作原理。

（2）了解各种抗干扰技术的实际使用。

抗干扰技术的目标是尽量减小或消除噪声信号，避免干扰源影响被干扰电路的正常工作。抗干扰技术从干扰三要素出发，通过各种技术手段减少、消除干扰源干扰被干扰电路，其中最主要的是耦合途径。常用的抗干扰技术有屏蔽技术、接地技术、浮空技术、隔离技术及滤波技术等。

1 屏蔽技术

屏蔽技术是指将干扰源或者被干扰电路用专门的防护材料包裹起来，切断耦合途径，防止其干扰被干扰电路或者被干扰源干扰。根据需屏蔽的物理量，如电场、磁场，屏蔽技术分为静电屏蔽、电磁屏蔽、磁屏蔽，从而选择不同的防护材料，如低电阻材料、高磁导率材料。一般情况下，为提高抗干扰效果，将屏蔽材料接地，所以屏蔽技术往往和接地技术同时采用，屏蔽技术、接地技术是主要的抗干扰技术。

（1）静电屏蔽。静电屏蔽主要用于防止静电干扰（即电容性耦合引起的干扰），它将干扰源用良好的导电性金属容器包裹起来，并将该金属容器接地，隔离内外电场，防止干扰源对其他电路的电场干扰；也可将被干扰电路用金属容器包裹起来接地，防止被干扰电路被干扰源干扰。如图 4-1-9 所示，图 4-1-9（a）是干扰源正电荷（+Q）的空间电场分布（默认负电荷−Q 在无穷远处），对被干扰电路 M 产生干扰；图 4-1-9（b）是干扰源(+Q)

周围包裹导电层，电场还是向四周扩散，还是对被干扰电路产生干扰；图 4-1-9（c）将包裹的导电层接地，电场被导电层屏蔽，不再向导电层外扩散，不对被干扰电路产生干扰。若将被干扰电路包裹在接地导电金属层中，情况正好相反。

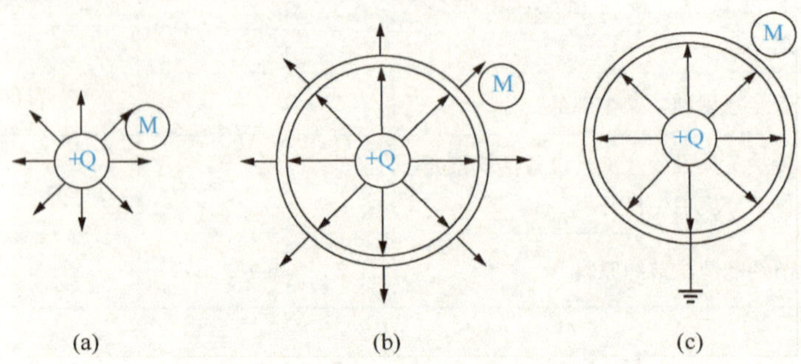

图 4-1-9 静电屏蔽原理

（2）电磁屏蔽。采用良好的导电金属材料制作屏蔽层，高频磁场作用于屏蔽层时，屏蔽层导电材料产生电涡流，电涡流产生的磁场削弱或者抵消干扰源磁场，从而起到屏蔽效果。电磁屏蔽的屏蔽层本身无需接地，为了使电磁屏蔽的屏蔽层同时起到静电屏蔽的效果，一般也将其屏蔽层接地。大多数屏蔽层包裹在干扰源外面，某些特殊情况亦可包裹在被干扰电路外面。

由于高频电流的集肤效应，高频电涡流只集中在屏蔽层表面，对屏蔽层厚度并无太大要求，在实际产品中屏蔽层厚度主要从屏蔽层机械强度角度考虑。正常情况下，屏蔽层应该无缝包裹，某些情况下需开孔或开槽时，应考虑孔槽位置和方向不要影响电涡流路径。孔槽面积过大亦会造成电场泄漏，降低静电屏蔽效果。

（3）低频磁屏蔽。低频磁屏蔽主要用于防止低频磁场的干扰。与高频磁场不同，低频磁场产生的电涡流较小，由电涡流产生的反相磁场亦小，对干扰源磁场的抵消效应弱，采用高频电磁屏蔽的高导电率屏蔽层屏蔽低频磁干扰效果差。低频磁屏蔽的屏蔽层采用高导磁材料，如坡莫合金材料作为屏蔽层，为提高屏蔽效果，屏蔽层需要一定厚度以减少屏蔽层磁阻，将低频磁场的磁通量限制在屏蔽层内，不扩散到屏蔽层外围空间，对被干扰电路产生干扰。为提高屏蔽效果可以采用多层屏蔽手段。

2 接地技术

接地是指将电气设备或者其中的一部分接到地线上。地线分以下两种。

（1）电源地指电力系统的地线，也称实地，即大地。这种接地主要为了保证人身和设备的安全，常见于供电系统，以及大型电气设备外壳接地。

（2）信号地指信号源及信号处理系统的地线，也称虚地。这种接地主要为了给噪声信号提供一条 0 阻（或低阻）通道，防止噪声对系统形成干扰。

本任务主要讨论第 2 种信号接地。信号接地主要消除以下两种干扰。

① 电容性耦合干扰：静电屏蔽或电磁屏蔽中将屏蔽层接地消除电容性耦合干扰。

② 共阻性耦合干扰：共阻耦合干扰中有一种共地共阻耦合干扰，通过合理的接地可以减少或消除此干扰。

消除共地共阻耦合干扰的接地方法如下。

（1）单点接地。电路的各部分或者各个电路各自采用独立的导线连接到信号地线，消除它们之间的公共地线，从而消除共地共阻耦合干扰。如图 4-1-10 所示为单管放大电路，图 4-1-10（a）中晶体管 VT_1 的输入回路和输出回路有一段公共电阻 Z_0，输出信号在 Z_0 上产生的电压降对输入回路产生干扰。解决此问题的方法是输入/输出回路分别采用独立的导线连到地线上，如图 4-1-10（b）所示，输入回路连接地线 Z_i，输出回路连接地线 Z_o，它们之间没有公共阻抗，不会产生共地共阻耦合干扰。

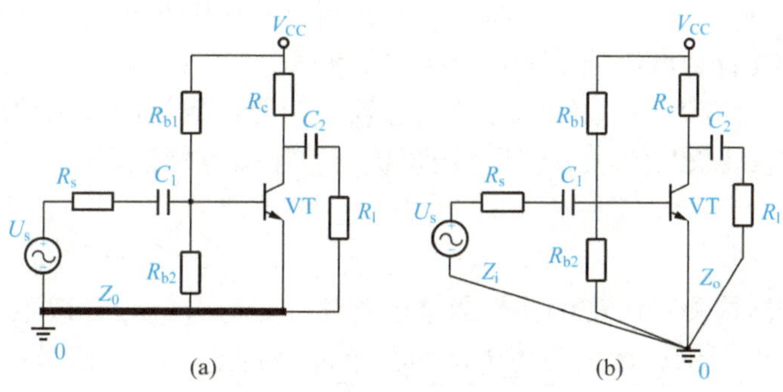

图 4-1-10　单管放大电路单点接地

对于系统中多个电路若采用如图 4-1-11（a）的接地方式（其中 Z_0、Z_1 和 Z_2 是各个电路地线分布阻抗），电路 1、电路 2 和电路 3 存在公共阻抗 Z_0，电路 1 在 Z_0 上产生的压降对电路 2 和电路 3 产生干扰，同时电路 3 在 Z_0 上产生的压降亦会对电路 1 和电路 2 产生干扰。解决此问题的办法是各个电路各自采用独立导线连至地线，如图 4-1-11（b）所示，地线没有公共阻抗，也就不存在共地共阻耦合干扰。

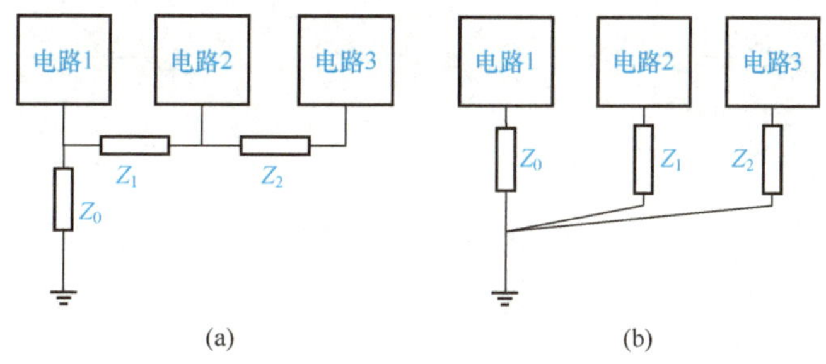

图 4-1-11　多个电路单点接地

（2）分类接地。随着电子产品、电子系统功能的增加和性能的提高，电路越来越复杂，做到完全单点接地比较困难时，可以采用分类接地的方法。

① 模拟/数字电路分开接地。将所有模拟电路的地线接在一起，将所有数字电路的地线接在一起，再将模拟电路地线和数字电路地线接到系统地线，如图 4-1-12 所示。由于模拟电路容差能力比数字电路差，模拟电路、数字电路分开接地可减少数字电路对模拟电路的共地共阻耦合干扰，特别是数字电路开关过程对模拟电路的干扰。

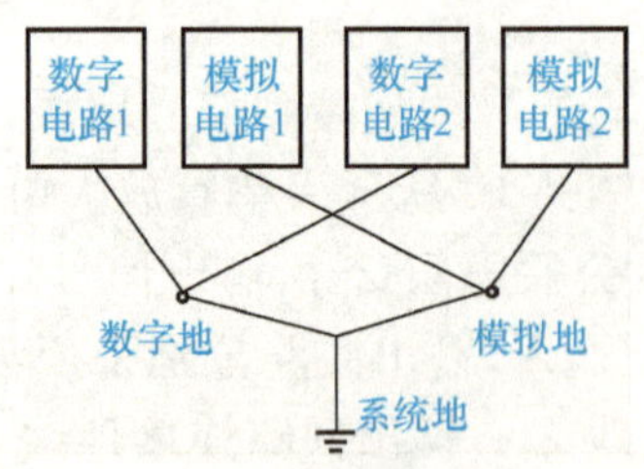

图 4-1-12 模拟/数字电路分开接地

② 强电/弱电分开接地。与模拟/数字电路分开接地类似，将输送电能的强电和传输信号的弱电分开接地可减少或避免强电/弱电间共地共阻耦合干扰。

③ 输入/输出分开接地。输入/输出分开接地类似于模拟/数字电路分开接地。将所有输入回路地线接在一起，将所有输出回路地线接在一起，再将输入回路地线和输出回路地线接到系统地线。输入/输出分开接地可减少或避免输入/输出回路间共地共阻耦合干扰。在实际电路中这种干扰容易形成正反馈，产生自己振荡。

(3) 多点接地。高频电路地线的分布电感效应激增，线间耦合和地线阻抗增加，当地线长度超过信号波长 1/20 时，为降低地线阻抗可采用多点接地。

3 浮空技术

结构复杂的数据检测系统传感器与测量电路往往是分开的，分成独立的两个，甚至多个部件，如图 4-1-13 所示。如果采用传统的各个部件接地，噪声信号 E_n 就会通过各部件地线干扰数据检测系统正常工作，如图 4-1-13 (a) 所示。浮空技术就是检测系统信号地（系统参考电平）与实地完全分开，防止系统多点接实地后，干扰信号从地线窜入，干扰系统正常工作，如图 4-1-13 (b) 所示。

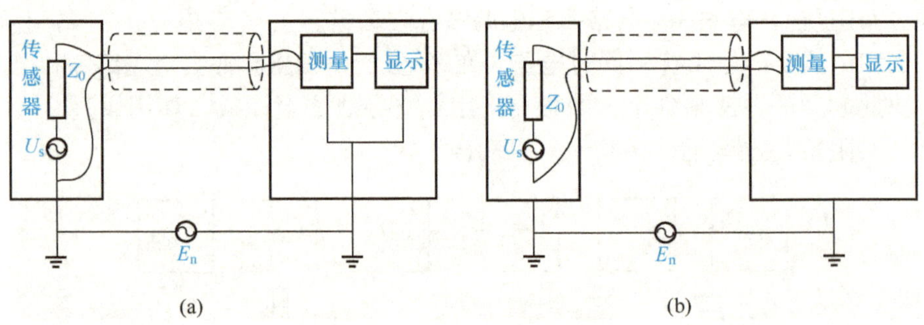

图 4-1-13 浮空技术原理

4 隔离技术

对于由多级电路组成的复杂数据检测系统，为了防止多点接地时，多地电位差噪声对系统的干扰，可以采用隔离技术。隔离技术对前后级电路进行电隔离，前后级信号通过其他物理量（如磁、光等）传递。隔离技术主要有电磁隔离和光隔离。

(1) 电磁隔离。电磁隔离抗干扰原理如图 4-1-14 所示，前后两级电路分别接地，两接地点间存在一定的电位差 E_n，采用电磁隔离技术，在前后级之间加入隔离变压器，前级电信号在隔离变压器一次侧绕组变换成磁信号，通过铁芯耦合，在隔离变压器的二次侧绕组变换成电信号传输到后级电路。由于前级电路与后级电路之间没有电回路，干扰信号 E_n 不能形成干扰回路，不会对电路正常工作产生干扰。

（2）光隔离。光隔离的工作原理与电磁隔离的工作原理相似，如图 4-1-15 所示。电磁隔离通过隔离变压器将电信号变换成磁信号，再变换成电信号；光隔离通过光耦合器将电信号变换成光信号，再变换成电信号。光耦合器由发光二极管和光敏晶体管组成，其体积小，转换速度快，广泛应用于模拟电路和数字电路中信号的耦合隔离。

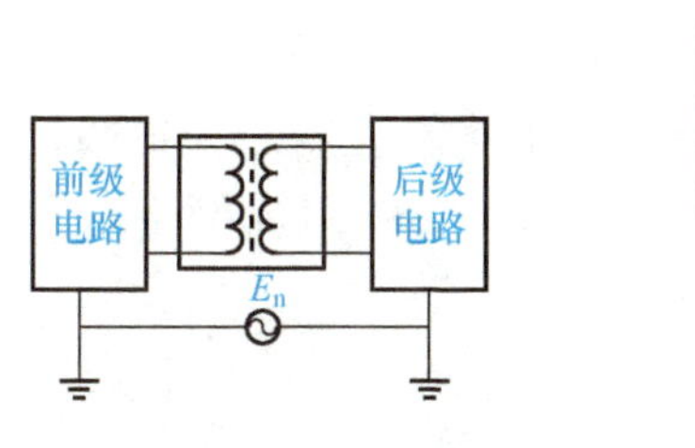

图 4-1-14　电磁隔离

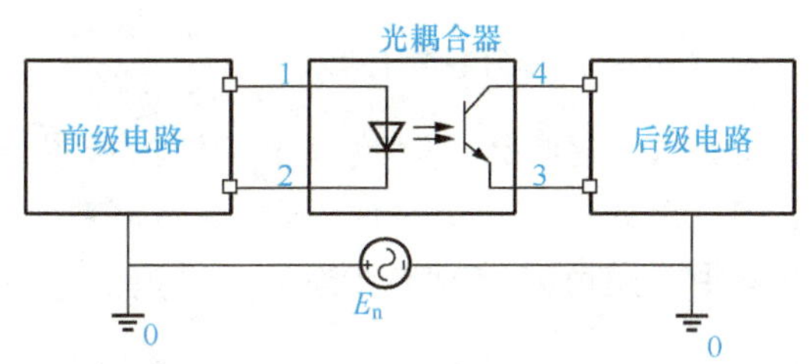

图 4-1-15　光电隔离

5　滤波技术

滤波是将信号中特定波段频率滤除的操作，是抑制和防止干扰的一项重要措施。滤波抗干扰是基于干扰信号与有效信号频率不同，滤波器滤除干扰信号，让有效信号正常通过，从而防止干扰信号干扰系统正常工作。根据滤波的实现方式分为无源滤波、有源滤波、数字滤波。根据滤波使用场合分为电源滤波和信号滤波。

（1）电源滤波。电源滤波是滤除电源上的干扰信号，防止干扰信号从电源窜入干扰系统正常工作。对于交流供电系统，一般干扰信号频率高于工频 50Hz，采用低通滤波器。交流电源一般都采用 220/380V 系统，电压高、电流大，只能采用无源滤波方式。为提高滤波性能，增加抗干扰能力，一般电源滤波采用对称型滤波，如图 4-1-16所示。若干扰信号频率较高，滤波元件参数取小，如 $L_1=L_2=1000\mu H$，$C_1=0.1\mu F$。若干扰信号频率较低，如主要滤除 50Hz 工频信号的高次谐波，滤波元件参数取大，如 $L_1=L_2=0.5\sim 2H$，$C_1=16\sim 32\mu F$。

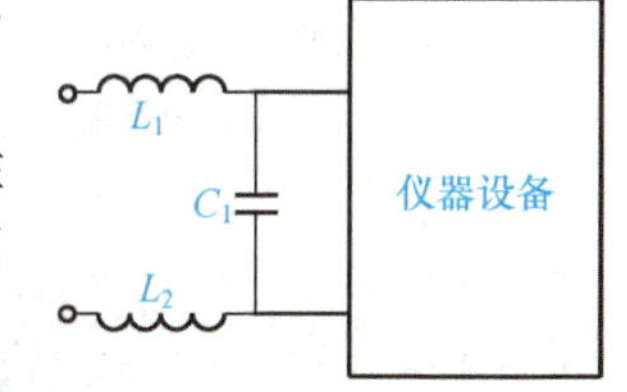

图 4-1-16　交流电源滤波电路

对于直流电源，为减少纹波干扰和共用电源内阻干扰，在直流源输出端加Ⅱ型 *RC* 或 *LC* 滤波，如图 4-1-17 所示。对于多回路共用电源，为增强滤波效果，提高抗干扰能力，可在每路负载上加 *RC* 或 *LC* 滤波。对于数字电路或含有数字集成电路的电路，为防止器件开关时产生干扰或其他器件开关干扰其工作，可在集成电路近电源端并联一个 0.01～0.1μF 瓷片电容。

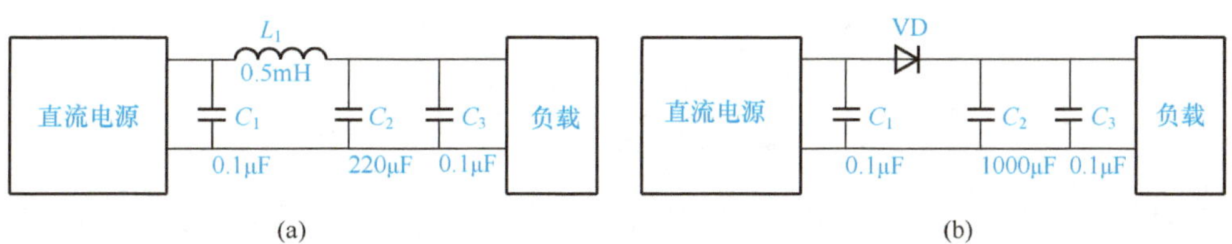

图 4-1-17　直流电源滤波电路

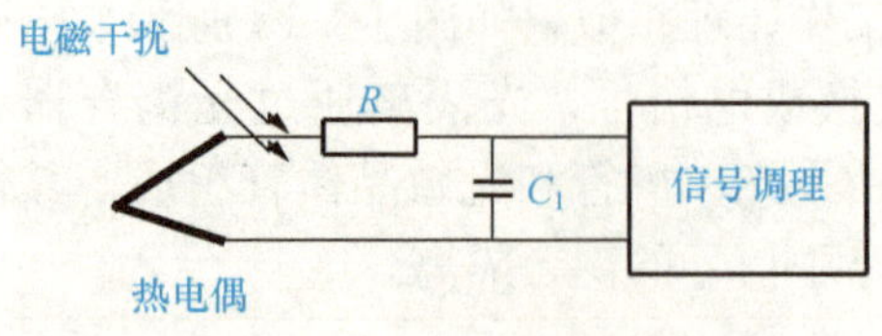

图 4-1-18 信号回路低通滤波电路

(2) 信号滤波。在信号回路上滤波器滤除干扰信号，防止干扰信号干扰系统正常工作。如图 4-1-18所示为热电偶测量电路，空间电磁波干扰信号窜入信号线，对系统正常工作造成干扰，*RC* 低通滤波器滤除干扰信号，保证进入信号调理电路只有热电偶测量信号，没有电磁干扰信号。简单的无源 *RC* 滤波品质因数 *Q* 低，滤波效果差，抗干扰能力弱。为提高性能可采用有源滤波，即有源器件，如运算放大器、晶体管等，和 *RC* 或 *LC* 组成网络。在带微处理器的检测系统中，还可采用数字滤波的方法滤除干扰信号。

任务评价评分表

班级：__________　　姓名：__________　　成绩：__________

评价条目	评价内容与要求	分值	自我评价	教师评价	得分	扣分原因
基本知识	认识检测仪表	10				
	了解检测仪表的分类	10				
	认识变送器	10				
	了解检测仪表的发展前景	10				
知识链接	认识智能检测仪表	10				
	了解智能检测仪表的组成结构和工作原理	10				
	了解智能检测仪表的特点	10				
	了解智能检测仪表的发展趋势	10				
职业素养	态度认真，按时出勤，不迟到、早退	5				
	安全意识强，操作规范	5				
	爱护工具设备，工具设备摆放整齐，操作工环境卫生良好	5				
	节约能源，节约原料	5				

项　目 2

信号处理技术

项目导入语

随着半导体技术、计算机技术的发展，越来越多的传感器应用系统内带微处理器，有的甚至带有专用计算机系统。大家知道，计算机只能识别数字电压信号，即高电平和低电平，而传感器输出的是微弱的电压信号、电流信号或其他电参量，因此需要专门的信号处理电路将传感器的输出信号变换成计算机能识别的信号。本项目向大家展示这些信号处理电路，主要包括信号预处理电路、信号放大电路、信号转换电路以及非线性补偿电路。信号预处理电路将传感器输出的电参量转换成电压信号，一般有 R/U 电路（电阻/电压转换电路）、C/U 电路（电容/电压转换电路）、L/U（电感/电压转换电路）和 I/U（电流/电压转换电路）等。信号放大电路用于将微弱的电压信号放大，一般放大到和V级电压或峰值5V电压。信号转换电路是将模拟电压信号转换成数字电压信号，以便计算机识别。非线性补偿电路用于补偿传感器输入/输出间的非线性，减少测量的非线性误差，提高测量的准确性。

通过本项目的学习，使大家对智能仪表、智能测控系统中的信号处理有一定的了解。

信号预处理

基本知识

知识目标

（1）了解传感器数据采集系统的组成与结构。

（2）了解常用传感器信号的预处理方法。

（3）理解常用传感器信号的预处理电路。

1 传感器数据采集系统

数据采集是将被测对象的各种参量（物理量、化学量、生物量等）通过传感元件变换，对其预处理、放大、转换后，再由计算机进行显示、传输、储存、分析的过程。完成数据采集功能的系统称为数据采集系统。数据采集是信息技术的重要组成部分之一。信息技术主要包括信息获取、传输、处理、存储、显示和应用等，其中信息技术的三大支柱技术是信息获取技术、通信技术和计算机技术，常称为 3C 技术，即 Collection、Communication 和 Computer。其中，信息获取技术是信息技术的基础和前提，而数据采集技术是信息获取的主要手段和方法，它是以传感器技术、测试技术、电子技术和计算机技术等技术为基础的一门综合应用技术。

数据采集系统是一种计算机系统，它由硬件和软件两大部分组成，其硬件部分的结构如图 4-2-1 所示。

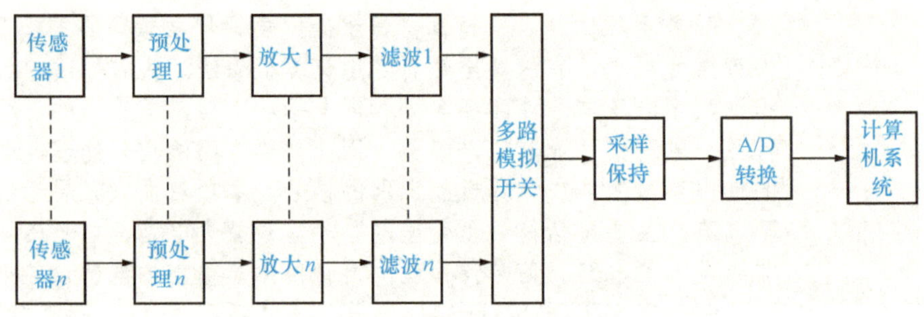

图 4-2-1 数据采集系统硬件结构图

传感器

传感器的主要作用是把非电量（如温度、湿度、流量等）按一定规律转换成电量（如电压、电流、电阻、电容等)。本书单元 2 详细描述了各种传感器的工作原理、结构和使用方法。

2）预处理

预处理的主要作用是将传感器变换出来的电量转换成方便后续电路（如放大、滤波等）处理的电信号。一般情况下，后续电路主要处理电压信号，如放大电路、滤波电路、A/D 转换电路等，都是对电压信号的处理或变换，故预处理电路主要将传感器输出的电量，如电流、电阻、电容、电感等，按一定规律转换成相应的电压信号。例如电桥电路，将传感器输出的电阻变化转换成电压变化，即电压信号。

3）放大

由于预处理输出的信号比较微弱，例如，热电偶输出的信号只有几毫伏到几十毫伏，电阻应变片输出的信号只有几豪伏，而后续电路需要的电压幅度较大，如 A/D 转换，大部分 A/D 转换器满量程电压 5V 左右。放大电路的作用是放大信号，同时起到隔离和缓冲作用，防止后续电路影响预处理电路。

4）滤波

传感器以及后续电路中的器件会产生内部噪声，外部噪声也会通过各种耦合途径窜入信号通道，如通过电源耦合进来的工频 50Hz 的噪声信号。另外，放大电路将有用信号放大的同时，噪声也被放大。为防止噪声信号对数据采集系统工作造成干扰，通过滤波电路滤除噪声信号，以提高模拟信号的信噪比。

5）多路模拟开关

大多数数据采集系统需要采集多个物理量，即多路巡回检测，若每个物理量都由一组独立电路完成数据采集，除了需要多个传感器、预处理电路、放大电路、滤波电路（如图 4-2-1所示，分别有 1～n）外，还需要多个采样保持电路和 A/D 转换电路。这一方面增加硬件成本；另一方面，多个 A/D 转换挂载在计算机系统的总线上也会增加系统总线负担。为此，在采样保持电路前加一级多路模拟开关，多路模拟开关通过计算机控制实现对前级（包括传感器、预处理电路、放大电路、滤波电路）分时切换，从而只需一路采样保持电路和 A/D 转换电路。由于多路前级共用一路后级（采样保持电路和 A/D 转换电路），当前级路数较多时，一个采样周期较长；另一方面，若采集的物理量变化速度较快，数据信号的频率较高，就会有部分信号丢失。当数据信号频率超过 50kHz 时，一般不适合通过多路模拟开关分时切换。

6）采样保持

当数据信号频率较高时，直接对其进行 A/D 转换，可能会造成 A/D 转换未结束而输入信号值已经发生变化，从而导致 A/D 转换精度下降，甚至 A/D 转换错误等情况。采样保持电路在特定时刻采样高速信号，并将该信号保持在内部直到 A/D 转换结束，保证 A/D 转换精度。对于频率较低的缓慢变化信号，可以省略采样保持环节。

7）A/D 转换

自然界的物理量、化学量和生物量都是模拟信号，而计算机只能处理数字信号。A/D 转换即模数转换，将模拟信号转换成数字信号，以便计算机识别、显示、存储、处理。

8）计算机系统

计算机系统是整个数据采集系统的核心，它控制整个系统正常工作，如控制多路模拟开关当前采集哪路数据，或者控制 A/D 转换，将 A/D 转换结果输入计算机后进行显示、存储、分析、处理。

2　传感器信号预处理

传感器信号预处理电路的主要作用是将经传感器变换的电量（电阻、电感、电容等电参量）转换成后续电路所需的电压信号（绝大多数后续电路处理电压信号，极少情况处理电流信号）。根据传感器类型，常用预处理电路有电桥电路、R/U 变换电路、C/U 变换电路、L/U 变换电路，以及 I/U 变换电路。

1）电桥电路

电桥电路是最常用的预处理电路，它可以将传感器输出的阻抗（$R/L/C$）变化精确地转换成电压或者电流变化，因此它是一种阻抗/电压（或电流）变换电路。从测量学角度看，它是一种零示平衡测量，具有较高的准确度。基本电桥电路如图 4-2-2 所示，由 Z_1、Z_2、Z_3 和 Z_4 四个阻抗臂组成，a、c 两端加电压 E，b、d 输出信号 U_o。有关电桥工作原理单元 2 已有详述，在此不再重复。

2）R/U 变换电路

对于电阻性传感器，传感器输出电阻量，需通过 R/U 变换电路将其转换成电压信号，后续电路才能处理。电桥电路是常用 R/U 变换电路，但是电桥电路调试比较复杂，在一些精度要求不高的场合可采用简单 R/U 变换电路。如图 4-2-3 所示。图 4-2-3（a）是电阻分压电路，R_x 是电阻式传感器，敏感量发生变化造成 R_x 变化，在 R_x 上分得的电压 $\dot{U}_o$ 也发生变化。这种分压电路组成的 R/U 转换电路转换灵敏度低。为提高转换灵敏度可采用图 4-2-3（b），用电流源给 R_x 供电，输出电压信号 $\dot{U}_o$ 灵敏度大大提高。

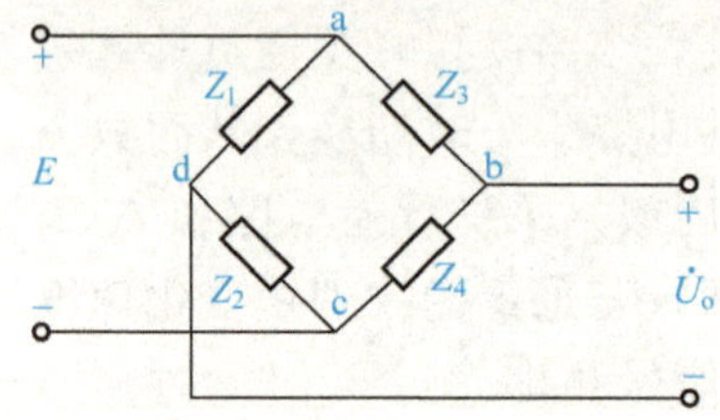

图 4-2-2　基本电桥电路

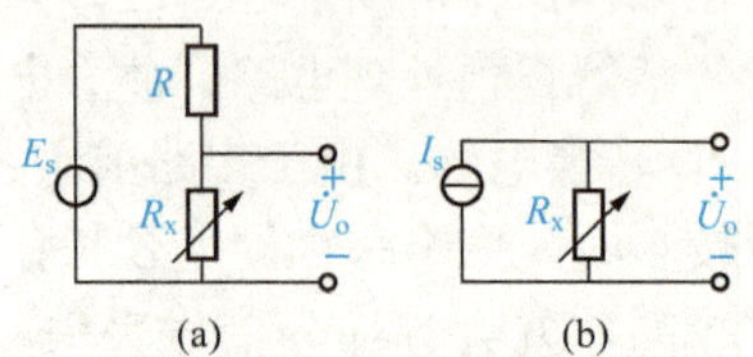

图 4-2-3　简单 R/U 变换电路

图 4-2-3 所示的简单 R/U 电路的输出阻抗较大，而且随 R_x 变化。为减小预处理电路的输出阻抗，可采用放大式 R/U 变换电路，如图 4-2-4 所示。若 A 为理想运放，E 为基准电压，预处理电路 U_o 的输出见式（4-2-1），可以看出 U_o 正比于 R_x，而且 U_o 从运放输出，输出阻抗小，带负载能力强。但是运放放大有效信号的同时也放大了噪声信号，因此放大式 R/U 电路容易受到噪声干扰。

$$\dot{U}_o = -\frac{E}{R}R_x \tag{4-2-1}$$

图 4-2-4 的放大式 R/U 变换电路 R_x 两端都不接地，在实际产品中为了提高数据采集系统的抗干扰能力，要求传感器有一段必须接地，可采用接地式 R/U 变换电路，如图 4-2-5所示。VF 是结型场效应管，与 R_s 组成恒流源电流，输出电流 I_s，见式（4-2-2），其中 I_{DSS}是场效应管饱和漏极电流，g_m 是场效应管跨导。若 A 是理想运算放大器，利用理想运放虚短/虚断特性可求得输出电压 U_o，如式（4-2-3）所示。

$$I_s = \frac{I_{DSS}}{1 + g_m R_s} \tag{4-2-2}$$

$$\dot{U}_o = \frac{R_x R_f}{R_p} I_s \tag{4-2-3}$$

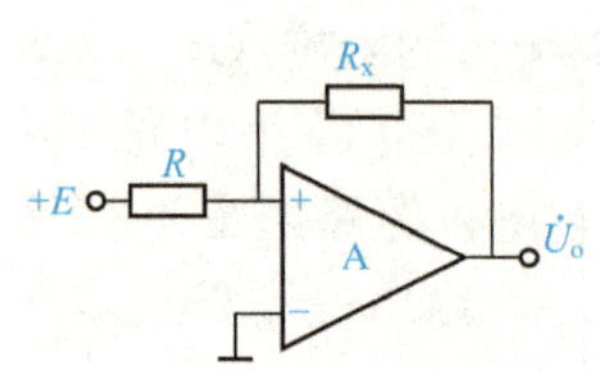

图 4-2-4　放大式 R/U 变换电路

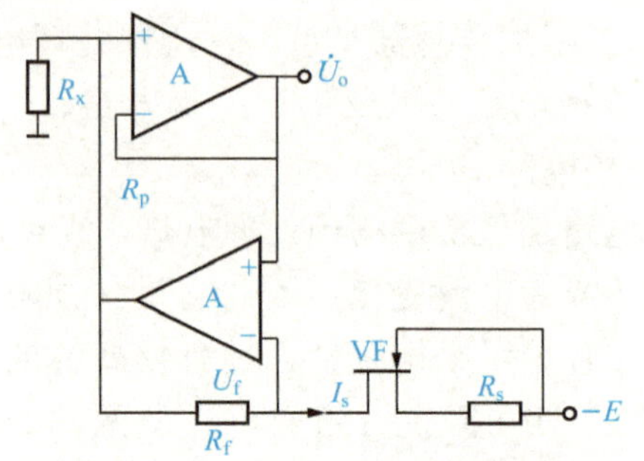

图 4-2-5　接地式 R/U 变换电路

3）C/U 变换电路

C/U 变换电路用于将电容性传感器输出的电容量转换成电压信号。常用 C/U 变换方法如下。

（1）电桥法：通过交流电桥，将电容量大小转换成输出信号的振幅或相位大小。

（2）振荡法：组成 LC 或 RC 振荡电路，将电容大小转换成输出信号频率大小。

（3）移相法：组成移相电路，将电容大小转换成输出信号相位大小。

（4）谐振法：组成串联或者并联谐振，将电容大小转换成成电压或者电流大小。

（5）放大法：通过运放，将电容大小转换成输出电压大小。

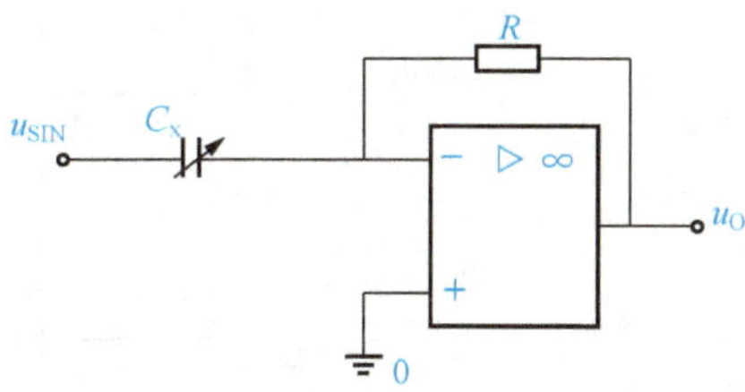

图 4-2-6　放大法 C/U 变换电路

放大法 C/U 变换电路如图 4-2-6 所示，u_{SIN}是正弦波信号，作为 C/U 变换电路的激励信号；C_x 是电容式传感器。设 $u_{SIN}=A\sin\omega t$，则输出电压 u_o 如式(4-2-4)所示。后续还需检波电路检出 u_o 的幅值 U_o，如式（4-2-5）所示，该幅值与电容式传感器输出的电容量大小 C_x 成正比。

$$u_o=-\mathrm{j}\omega RC_xA\sin\omega t \tag{4-2-4}$$

$$U_o=-\omega C_xRA \tag{4-2-5}$$

谐振法 C/U 变换电路如图 4-2-7（a）所示，高频电源通过变压器给 LC 并联谐振电路提供电源，其中 L 是变压器副边等效电感，C 由 C_1 和 C_x 组成，C_x 是电容式传感器，C_1 用于调整并联谐振回路工作点（类似于单管放大电路静态工作点），保证输出信号与电容变化呈线性关系。谐振法 C/U 变换电路等效电路如图 4-2-7（b）所示，输出电压 u_o 为

$$u_o=\frac{\frac{1}{\mathrm{j}\omega c}}{\mathrm{j}\omega l+\frac{1}{\mathrm{j}wc}}\dot{E}=\frac{\dot{E}}{1-\omega^2LC+\mathrm{j}\omega RC} \tag{4-2-6}$$

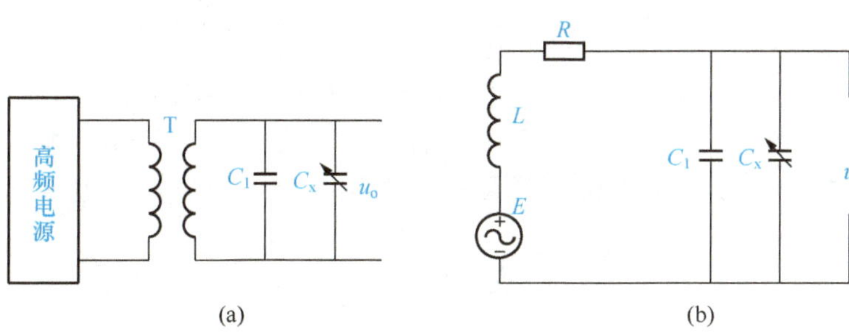

图 4-2-7　谐振法 C/U 变换电路

另一种比较常用的 C/U 变换电路是脉宽调制电路，如图 4-2-8 所示。C_1、C_2 是电容式传感器，并且它们反相变换，即 $C_1=C_0+\Delta C$，$C_2=C_0-\Delta C$。双稳态触发器的两个输出 Q 和$\overline{Q}$产生反相脉冲电压，Q 为高电平时，经 R_1 对 C_1 充电，A 点电压升高，当 $u_A>u_S$ 时，双稳态触发器翻转，$\overline{Q}$为高电平时，经 R_2 对 C_2 充电，B 点电压升高。若 $C_1=C_2$，它们的充电时间相等，u_o 输出方波，其直流分量等于 0；若 ΔC 为正，$C_1>C_2$，C_1 的充电时

间 T_1 大于 C_2 的充电时间 T_2，u_o 输出正的时间大于负的时间，其直流分量大于 0；反之输出直流分量小于 0。通过检测输出信号的直流分量便可得出电容大小，从而计算被测量的大小。

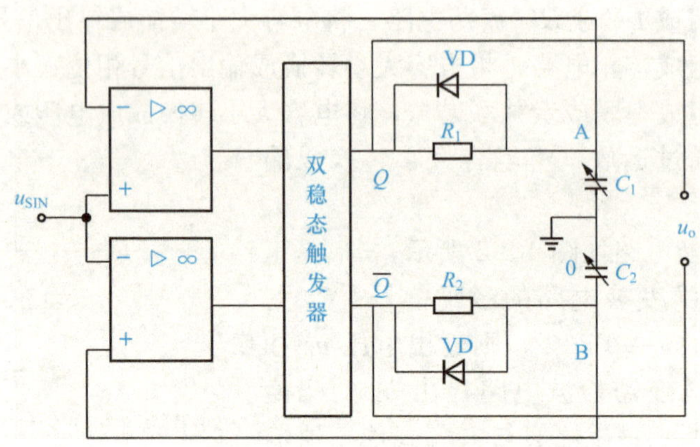

图 4-2-8 脉宽调制 C/U 变换电路

4）L/U 变换电路

L/U 变换电路将电感式传感器输出的电感大小转换成电压信号，以便后续电路处理。L/U 变换方法基本和 C/U 变换方法相似。放大法 L/U 变换电路如图 4-2-9 所示。u_{SIN} 是正弦波信号，作为 L/U 变换电路的激励信号；L_x 是电感式传感器。设 $u_{SIN}=A\sin\omega t$，则输出电压 u_o 如式（4-2-7）所示。后续还需检波电路检出 u_o 的幅值 U_o，如式（4-2-8）所示，该幅值与电容式传感器输出的电容量大小 L_x 成正比。

$$u_o = -\mathrm{j}\,\frac{\omega L_x}{R}A\sin\omega t \tag{4-2-7}$$

$$U_o = -\omega\frac{L_x}{R}A \tag{4-2-8}$$

5）I/U 变换电路

I/U 变换电路将电流式传感器输出的电流大小转换成电压信号，以便后续电路处理。简单 I/U 变换电路如图 4-2-10 所示。I_x 是电流式传感器；R 是采样电阻。为使 I/U 变换精度尽量高，采样电阻 R 的阻值精度尽量高。根据欧姆定律，输出电压 u_o 如式（4-2-9）所示。

$$u_o = RI_x \tag{4-2-9}$$

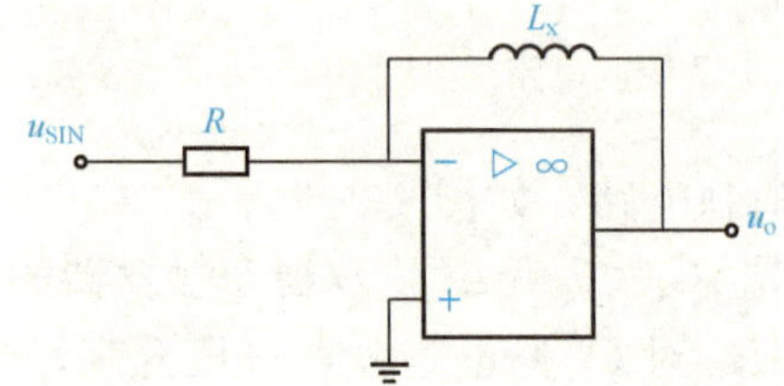

图 4-2-9 放大法 L/U 变换电路

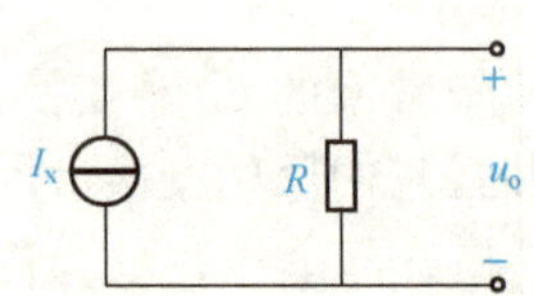

图 4-2-10 简单 I/U 变换电路

对于简单 I/U 变换电路，采样电阻 R 不能太大，以免增加 I/U 转换误差。为此可采用放大式 I/U 变换电路，如图 4-2-11 所示。I_x 是电流式传感器，运放接成负反馈放大电路，输出电压 u_o 如式（4-2-10）所示。

$$u_o = -RI_x \tag{4-2-10}$$

若电流式传感器内阻不大，运放的失调电压将被放大（$1+R/R_s$）倍。其中，R_s 是电流式传感器内阻，产生较大转换误差。若电流式传感器输出电流 I_x 较小，运放的输入偏置电流 I_b 会进一步增大转换误差。为此可采用 T 形网络放大式 I/U 变换电路，如图 4-2-12 所示，在理想条件下，输出电压 u_o 如式（4-2-11）所示。

$$U_o = -\left[R_3 + R_1\left(1+\frac{R_3}{R_2}\right)\right]I_x \tag{4-2-11}$$

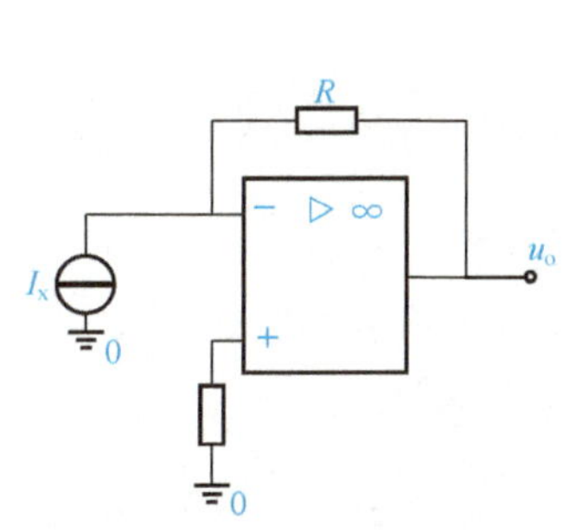

图 4-2-11　放大式 I/U 变换电路

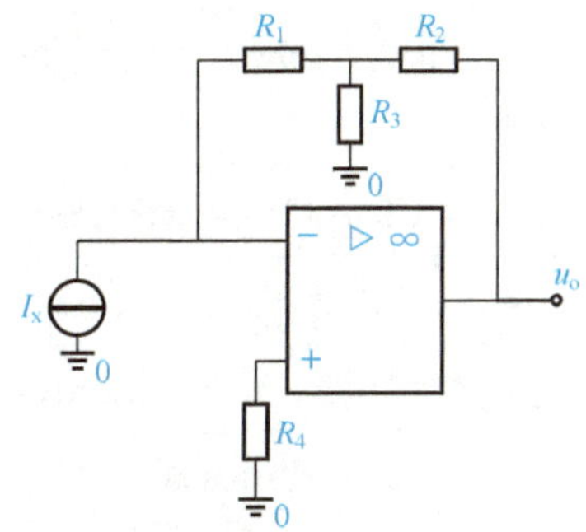

图 4-2-12　T 形网络放大式 I/U 变换电路

为减少电流式传感器共模干扰对系统造成的影响，运放可接成差动放大形式，如图 4-2-13 所示。在理想情况下，输出电压 u_o 如式（4-2-12）所示。

$$u_o = -2RI_x \tag{4-2-12}$$

为提高 I/U 转换灵敏度，同时具有较高的共模抑制比，可采用由多个运放组成的组合式 I/U 变换电路，如图 4-2-14 所示。组合式 I/U 变换电路由两级放大电路组成，前级 A_1 和 A_2 组成差动电流放大，后级 A_3 组成差动电压放大。由图可知

$$U_A = U_C - I_xR_1 \tag{4-2-13}$$

$$U_B = U_D - I_xR_2 \tag{4-2-14}$$

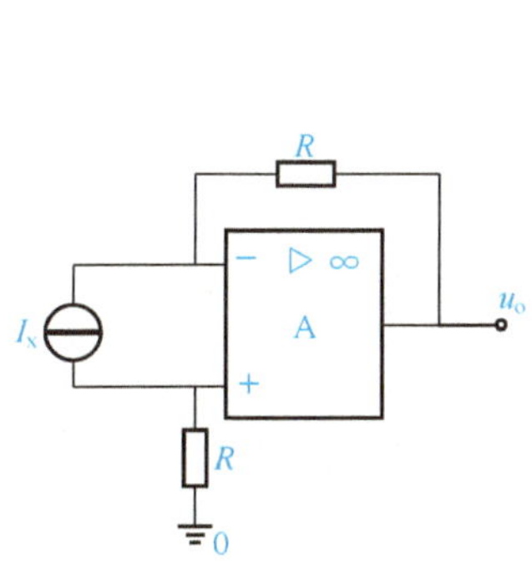

图 4-2-13　差动式 I/U 转换电路

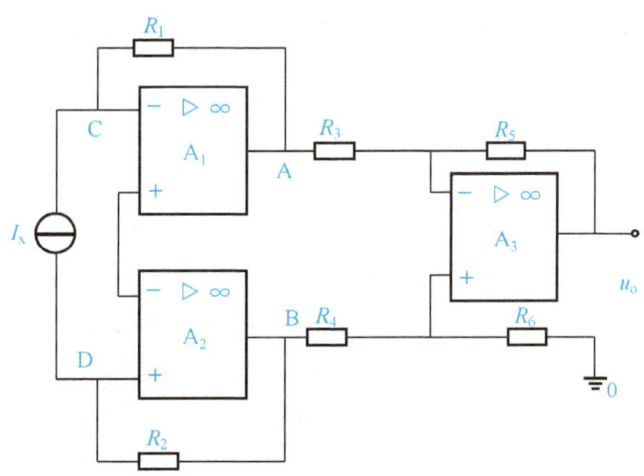

图 4-2-14　组合式 I/U 变换电路

根据理想运放虚短特性，$U_C=U_D$，设 $R_1=R_2$，$R_3=R_4$，$R_5=R_6$，u_o 如式（4-2-15）所示。

$$u_o=\frac{2R_1R_5}{R_3}I_x \tag{4-2-15}$$

任务评价评分表

班级：__________ 姓名：__________ 成绩：__________

评价条目	评价内容与要求	分值	自我评价	教师评价	得分	扣分原因
基本知识	了解传感器数据采集系统的组成与结构	30				
	了解常用传感器信号的预处理方法	25				
	理解常用传感器信号的预处理电路	25				
职业素养	态度认真，按时出勤，不迟到、早退	5				
	安全意识强，操作规范	5				
	爱护工具设备，工具设备摆放整齐，操作工环境卫生良好	5				
	节约能源，节约原料	5				

任务2 信号的放大与转换

基本知识

知识目标

（1）了解运算放大器的基本放大原理。

（2）理解常用的放大电路。

（3）了解 A/D 转换器主要的性能指标。

（4）认识常用的 A/D 转换器 ADC0809。

1　信号的放大

1）运算放大器的基本知识

大多数情况下，传感器预处理电路输出的电压信号比较微弱，一般为几十毫伏到几百毫伏，若直接连接后续的多路模拟开关，多路模拟开关的电压损耗对测量误差影响较大，信号放大电路放大预处理电路输出的电压信号，减少多路模拟开关对测量误差的影响，同时起到隔离作用，防止后续电路对预处理电路的影响，提高预处理电路精度，减少预处理电路的误差。传统信号放大采用晶体管放大电路，晶体管放大电路电路复杂，调试麻烦，放大电路性能指标不高。随着集成电路技术的发展，集成运算放大器性能提高，价格便宜，目前绝大多数信号放大都采用集成运算放大器。集成运算放大器（简称运放）的性能指标可分为输入特性、传输特性和输出特性，如图 4-2-15 所示。输入特性主要包括：失调电压 U_{os}、失调电流 I_{os}、输入阻抗等 R_{id}；传输特性主要包括：开环增益 A_{ud}、共模抑制比 CMRR、增益带宽积 GW；输出特性主要包括：输出阻抗 R_O、输出电压摆幅 U_{om}、输出最大负载电流 I_{om}等。为方便实际分析设计，大多数情况下将实际运放看成理想运放，即认为运放的输入阻抗、开环增益、开环频带、共模抑制比趋于无穷大；失调电压、失调电流为零。

运放未加反馈称为开环状态。由于运放的开环增益很大，只要正相输入端电压稍微大于反相输入端电压，输出正满偏（接近正电源电压）；反之亦然。故运放开环状态很难做到线性放大，开环状态的运放一般用于电压比较。在模拟放大电路中运放一般工作于闭环的负反馈状态，利用运放的高开环增益加上深度负反馈来改善放大电路的性能。运放负反馈放大电路结构如图 4-2-16 所示，运放输入/输出关系见式（4-2-16）。其中，u_{id}是运放差模输入电压，A_{ud}是运放开环增益。整个负反馈电路的输入/输出关系见式（4-2-17）。其中，u_i 是负反馈电路输入；A_{uf}是负反馈电路闭环增益。叠加电路将输入电压 u_i 和输出电压 u_o 反相叠加，转换成运放的差模输入 u_{id}，再通过运放将 u_{id}放大成 u_o。

$$u_o = A_{ud} u_{id} \tag{4-2-16}$$

$$u_o = A_{uf} u_i \tag{4-2-17}$$

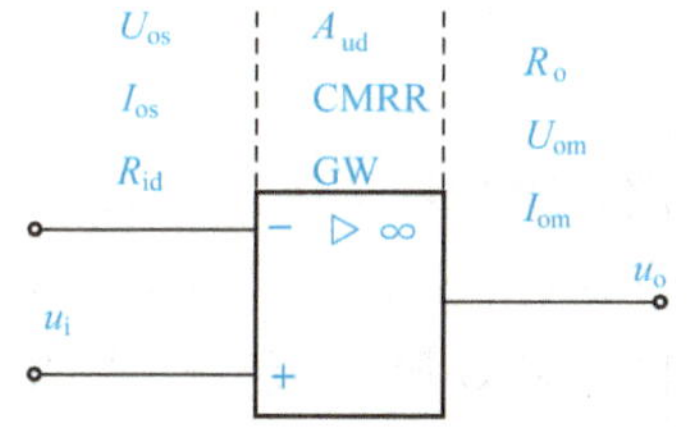

图 4-2-15　运放性能指标

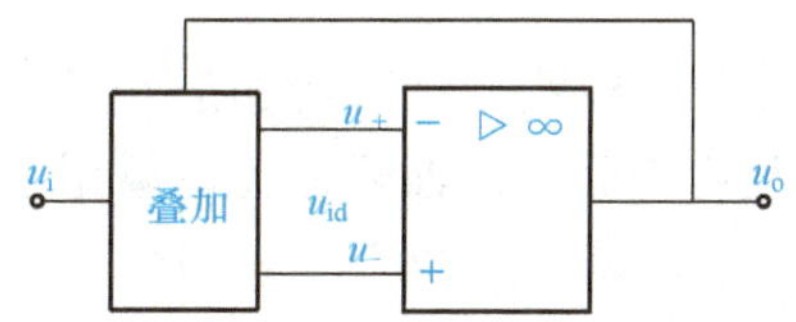

图 4-2-16　运放负反馈放大电路结构

在分析、设计负反馈运放电路时，一般认为运放处于理想状态，处于理想状态的运放有以下两大特性。

① 虚短：两输入端（u_+和 u_-）之间的电位差为零，即 $u_{id}=0$ 或 $u_+=u_-$。

② 虚断：两输入端（u_+和 u_-）之间的电流为零，即 $R_i=\infty$。

理想运放引入负反馈后，其传输特性取决于负反馈网络。如图 4-2-17 所示为运放负反

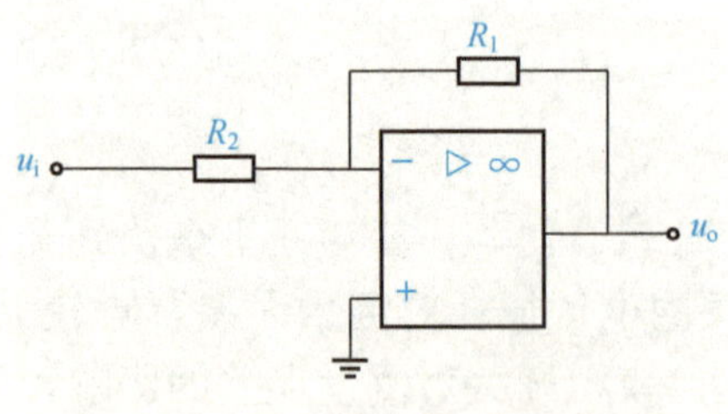

图 4-2-17 运放负反馈放大电路

馈放大电路，根据虚短/虚断特性可计算出输入/输出关系，如式（4-2-18）所示。由此可见运放不稳定、不精确的开环特性，引入负反馈后得到了精确、稳定的闭环特性。虽然实际运放永远达不到理想运放的条件，按照理想运放计算负反馈放大电路与实际结果会有一定差距，这个差距较小，结果还是令人满意的。引入负反馈后理想运放虚短/虚断特性极大地方便了运放负反馈电路的分析和设计，同时随着集成电路工艺的发展，运放的性能大大提高，价格大大降低，运放的应用越来越广。

$$u_o = -\frac{R_1}{R_2} u_i \tag{4-2-18}$$

2）信号放大

如前所述，传感器预处理电路输出信号微弱，需经过放大才能被后续电路处理，如显示、记录、控制等。数据采集系统中，放大电路的输入信号来自传感器预处理电路的输出，传感器预处理电路输出信号幅度低、内阻大，而且伴有较高的共模干扰电压。因此放大电路除了能正常放大电压信号外，还需要满足如下要求。

① 输入阻抗应远远大于传感器预处理输出阻抗，以防止信号放大电路输入阻抗的负载效应影响预处理电路正常工作，造成预处理电路误差增大。

② 抗共模电压干扰强。一般传感器预处理电路有较大的共模电压输出，一方面预处理电路本身带有较大的共模电压，如电桥电路输出信号含有较高的共模电压；另一方面很多数据采集系统传感器与放大器距离较远，预处理电路输出信号很容易受到共模电压干扰，如传感器与放大器接地点电位不同造成共模电压。为了使整个数据采集系统有较强的抗共模干扰能力，放大电路需选用具有较高共模抑制比运放，而且还需采用专门措施来抵抗共模干扰。

③ 在频带范围内有稳定的增益、良好的线性，温度漂移小，噪声电压低，以保证放大器输出信号信噪比高，输出性能稳定。

④ 在特定的数据采集系统中，放大电路需要有一些特殊的功能，如自动增益控制、隔离放大等。

（1）差动放大电路。一般的运放负反馈放大电路，例如图 4-2-17 所示的反相放大电路，共模抑制比较低，很难满足实际数据采集系统的需要。为此可以采用差动放大电路，如图 4-2-18所示，若 $R_1=R_2$，$R_3=R_f$，差模放大电路输入/输出信号关系如式（4-2-19）所示，输出电压 u_o 与两输入电压 u_+ 和 u_- 之差（即差模）成正比。差动放大电路的主要缺点是输入阻抗不大，由虚短特性可知 $R_i=R_1+R_2$，一般为几十千欧。

$$u_o = \frac{R_3}{R_2}(u_+ - u_-) \tag{4-2-19}$$

（2）测量放大电路。实际的数据采集系统需要高输入阻抗、低偏置电流、低失调、低漂移、高共模抑制比的放大电路。简单的差动放大电路如图 4-2-18 所示，虽然有较高的共模抑制比，但是输入阻抗低，还是很难满足需求。这种情况下需要一种专门的放大电路称测量放大器，又称为仪用放大器或数据放大器。测量放大器基本结构如图 4-2-19 所示，它由 3 个运放组成，A_1、A_2 为两个性能一致的同相输入运放电路，构成平衡对差动放大输入级，A_3 是双端输入单端输出的输出级电路，进一步一致 A_1、A_2 输出的共模信号，同时也适应后续单端输入电路，整个电路为上下对称结构。若 $R_3=R_4=R_5=R_6$，输出电压 u_o 为

$$u_o = u_B - u_A = -u_{AB} \tag{4-2-20}$$

为提高放大器输入阻抗，在差动放大器的两个输入端 A、B 分别接两个电压跟随器 A_1 和 A_2（假定 R_g 为无穷大），如图 4-2-19 左边所示，放大器理论输入阻抗无穷大。若 $R_3=R_4=R_a$，$R_5=R_6=R_b$，放大器增益 A_V 为

$$A_V = \frac{u_o}{u_A - u_B} = -\frac{R_b}{R_a} \tag{4-2-21}$$

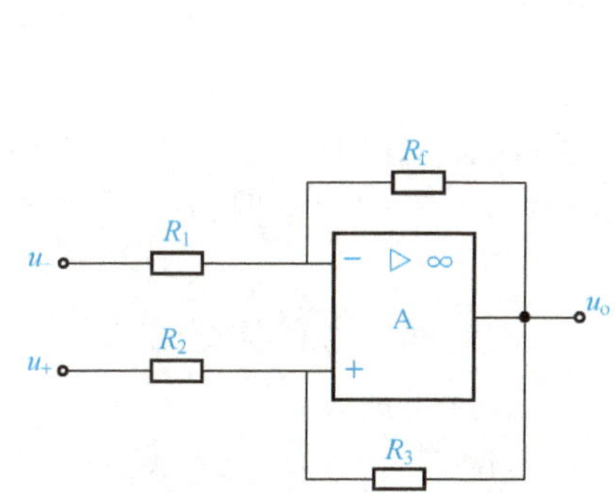

图 4-2-18 差动放大电路

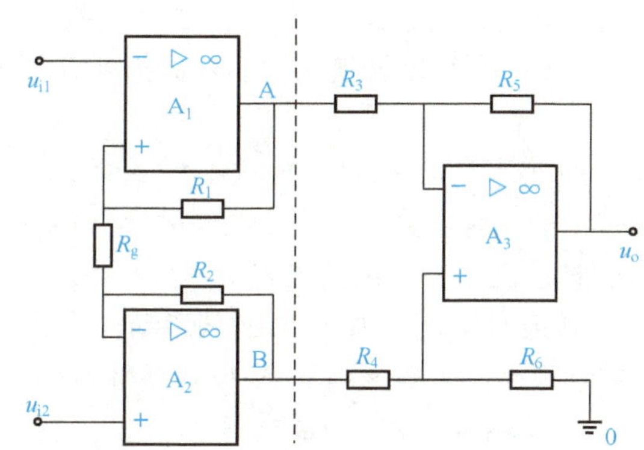

图 4-2-19 测量放大器基本结构

若需调整放大器增益 A_V，必需同步调节 R_3、R_4 或 R_5、R_6，若调节不同步，一方面影响放大器增益误差，另一方面影响放大器共模抑制比。因此在实际应用中不采用这种方法调节测量放大器增益，而是在运放 A_1、A_2 的反相端之间加入增益调节电阻 R_g，来实现增益调节。根据虚短特性，流过电阻 R_g 的电流为

$$i_g = \frac{u_{i1} - u_{i2}}{R_g} = \frac{u_i}{R_g} \tag{4-2-22}$$

式中，$u_i = u_{i1} - u_{i2}$。设 $R_1 = R_2 = R$，则

$$u_{AB} = (R_1 + R_2 + R_g)i_g = \left(1 + \frac{2R}{R_g}\right)u_i \tag{4-2-23}$$

将式（4-2-23）代入式（4-2-20），可得

$$u_o = -u_{AB} = -\left(1 + \frac{2R}{R_g}\right)u_i \tag{4-2-24}$$

测量放大器增益为

$$A_V = \frac{u_o}{u_i} = -\frac{2R}{R_g} \tag{4-2-25}$$

R 为固定电阻，只需调节 R_g 就可调节测量放大器增益，并能保证电路对称，不会降低共模抑制比。

图 4-2-19 是测量放大器基本结构，实际工程中一般采用单片测量放大器，如 INA114、AD521、LH0038、LM363 等。以 INA114 为例，它尺寸小、精度高、价格低，可用于电桥、热电偶、数据采集、医疗仪器等。INA114 只需外接一个电阻就可以调节增益 1～10000，内部输入保护能够长期耐受±40V，失调电压低（50μV），漂移小（0.25μV/℃），共模抑制比高（G=1000 时为 50dB），使用电池（组）或 5V 单电源系统，静态电流最大为 3mA。

2 信号的转换

现代数据采集系统一般都将采集到的数据送入计算机，以便更好地保存、显示、分析和处理。目前计算机只能处理数字量——时间上和幅度上都离散的物理量，而传感器输出的信号几乎都是模拟量——时间上和幅度上都连续的物理量。为了使传感器输出的模拟电压能被计算机识别，需进行模拟/数字转换（Analog to Digital Conversion，简称 A/D 转换）。衡量一个 A/D 转换优劣的性能指标有很多，其中主要的有分辨率、转换时间和转换精度。

① 分辨率是指 A/D 转换输出数字量变动一个最小二进制位（LSB），输入模拟信号的最小变化量。对于输出 n 位二进制的 A/D 转换，其分辨率等于满刻度值除以 2^n，通常用 A/D 转换输出二进制位数来表示其分辨率。

② 转换时间是指 A/D 转换从启动转换到转换结束所需的时间。各种类型的 A/D 转换时间差别很大，一般情况下 A/D 转换分辨率越高，A/D 转换时间越长。

③ 转换精度是指 A/D 转换结果的实际值与理论值的偏差，一般用最低有效位数（LSB）或满刻度值的百分数表示。

目前，A/D 转换器种类繁多，按工作原理分，传统的 A/D 转换器可分为以下 3 类。

① 双积分型 A/D 转换器：转换速度较慢，一般几十毫秒至几百毫秒转换一次，但转换精度高，抗干扰能力强（若将积分时间调整到 20ms 或其整数倍，抗工频干扰能力强），成本低，适用于速度要求不高的场合，如数字万用表等数显仪表。常用的双积分型 A/D 转换器有 AD7750、AD7755、ICL7107 和 ICL7135 等。

② 逐次逼近型 A/D 转换器：转换速度和转换精度适中，抗干扰能力较弱，价格较低，适用于一般工业控制场合。常用 8 位逐次逼近型 A/D 转换器有 ADC090X 系列等，12 位的有 AD574、ADC1210 等，16 位的有 ADC0816/0817 等。

③ 并行型 A/D 转换器：转换速度快，电路规模大，一般分辨率不高，采用新型并/串型结构的 A/D 转换电路结构相对简单，可以提高分辨率，降低成本，一般用于对速度要求较高的场合，如视频处理。常用并行型 A/D 转换有 TLC5510、MAX153 等。

逐次逼近型 A/D 转换器的速度、精度、价格适中，满足大多数数据采集系统的要求。ADC0809 是典型的逐次逼近型 A/D 转换器的，其内部结构分为输入部分、A/D 转换器部分和输出部分三部分。如图 4-2-20 所示，输入部分是一个 8 路模拟开关，具有 8 路模拟量输入通道 IN0～IN7，对于多路数据采集系统无需外加多路模拟开关；A/D 转换部分是一个 8 位逐次逼近型 A/D 转换器，在典型时钟频率 640kHz 下，转换时间约 100μs；输出部分是一个 8 位的三态数据缓冲器，可使 ADC0809 无需接口电路，直接挂

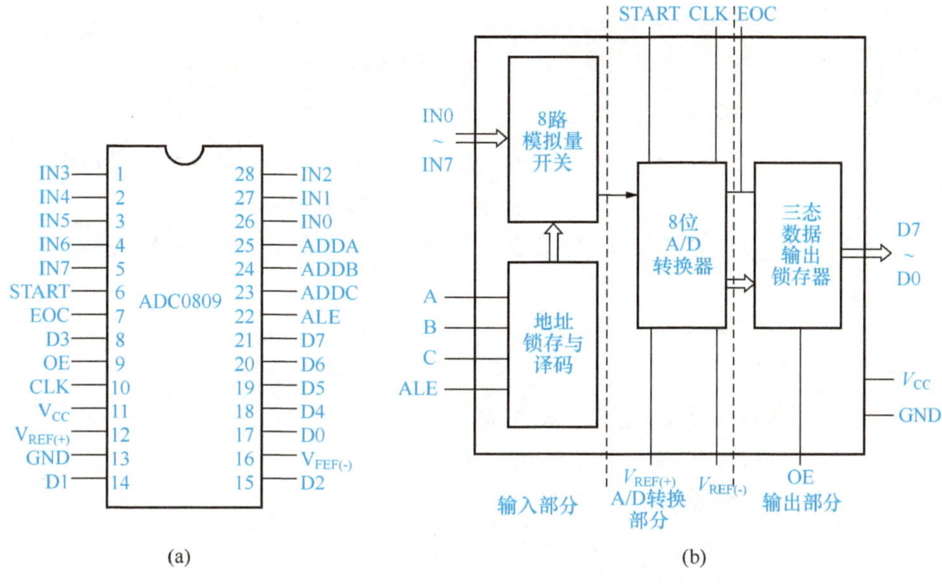

图 4-2-20 ADC0809 引脚及内部结构图

接 MCU 总线。ADC0809 与 MCU 接口电路以及程序设计请读者参考“单片机原理与应用”等相关课程。

任务评价评分表

班级：__________ 姓名：__________ 成绩：__________

评价条目	评价内容与要求	分值	自我评价	教师评价	得分	扣分原因
基本知识	了解运算放大器的基本放大原理	20				
	理解常用的放大电路	30				
	了解 A/D 转换器主要的性能指标	15				
	认识常用的 A/D 转换器 ADC0809	15				
职业素养	态度认真，按时出勤，不迟到、早退	5				
	安全意识强，操作规范	5				
	爱护工具设备，工具设备摆放整齐，操作工环境卫生良好	5				
	节约能源，节约原料	5				

任务3 信号的校正

基本知识

知识目标

(1) 了解传感器信号非线性产生原理。

(2) 理解常用的非线性补偿方法。

(3) 了解传感器的标定与校准。

1 传感器信号的非线性校正

1) 传感器信号非线性产生的原因

传感器预处理电路输出信号非线性有两种原因：转换原理非线性和转换电路非线性。

(1) 转换原理非线性误差。传感器将非电量按照一定规律转换成电量。输入非电量与输出电量之间有确定的函数关系，用多项式方程表示为

$$y = a_0 + a_1x + a_2x^2 + \cdots + a_nx^n \tag{4-2-26}$$

式中：y——输出量；

x——输入量；

a_0——零点输出；

a_1——静态灵敏系数；

a_2，a_3，…，a_n——非线性系数。

在实际系统中用式（4-2-26）表示输入/输出关系过于复杂，给系统定标和数据处理带来不便，故需要对输入/输出函数简化，一般对输入/输出函数进行线性处理，即用直线替代式（4-2-26）曲线，线性化后直线函数方程为

$$y = kx + b \tag{4-2-27}$$

式中：b——零点输出；

k——静态灵敏系数。

用式（4-2-27）替代式（4-2-26）就产生了非线性误差。

(2) 转换电路非线性误差。电桥电路是最常用的传感器预处理电路，以双臂工作的半差动交流电桥为例，电桥输出端的开路电压为

$$\dot{U}_o = \left(\frac{2\Delta ZZ}{4Z^2 - \Delta Z^2}\right)\dot{U} \tag{4-2-28}$$

式中：$\dot{U}_o$——电桥输出电压；

$\dot{U}$——电桥电源电压；

Z——桥臂阻抗；

ΔZ——阻抗变量。

一般情况下 $\Delta Z \ll Z$，则电桥输出电压可简化为

$$\dot{U}_o = \frac{\Delta Z}{2Z}\dot{U} \tag{4-2-29}$$

忽略了 ΔZ^2，$\dot{U}_o$和$\dot{U}$呈线性关系，一般数据采集系统按照式（4-2-29）线性变换计算，而实际变换按照式（4-2-28），这里存在非线性误差。

2）非线性校正

绝大多数传感器都会产生非线性误差，非线性误差在允许的范围内可以不作处理，若超过允许范围就必须进行非线性校正。非线性校正主要有非线性电路补偿和数字化非线性补偿两种。

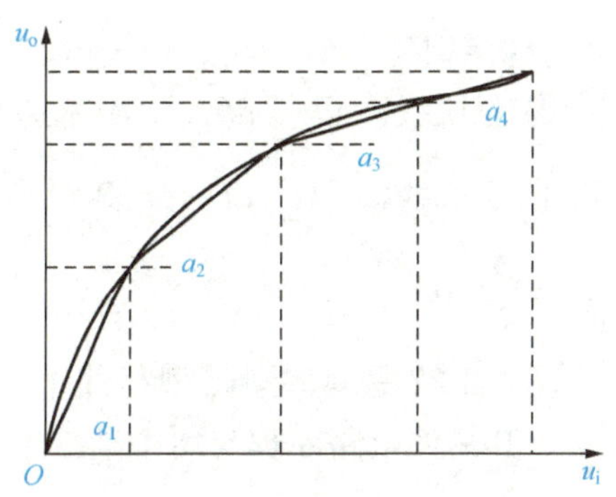

图 4-2-21　特性曲线折线拟合

（1）非线性电路补偿。非线性电路补偿最常用的方法是折线拟合法，就是以输入/输出特性曲线为依据，用一组折线替代输入/输出特性曲线。如图 4-2-21 所示，折线越多，拟合效果越佳，非线性误差越小，但是电路或者算法越复杂，实际系统一般取折中。在满足非线性误差要求的前提下，折线不易太多。折线由一组斜率不同的线段首尾相接而成，不同斜率线段的连接点称转折点。在电路中采用非线性元件实现折线的转折点，如利用二极管的导通与截止特性实现两种状态的转换，实现折线的转折。如图 4-2-22 所示是斜率渐减型折线电路，前级运放 A_1 和外围元件组成折线特性电路，后级运放 A_2 为反相器，保证输出信号与输入信号同相。设二极管 VD_1、VD_2 为理想二极管，U_R 为参考电压，为各转折点提供偏置电压。如图 4-2-22 所示，输入电压 $U_i < U_{i1}$，O_a 线段，VD_2 和 VD_1 截止，输出电压 U_o 为

$$U_o = -U_1 = \frac{R_{F1}}{R_{11}}U_i \tag{4-2-30}$$

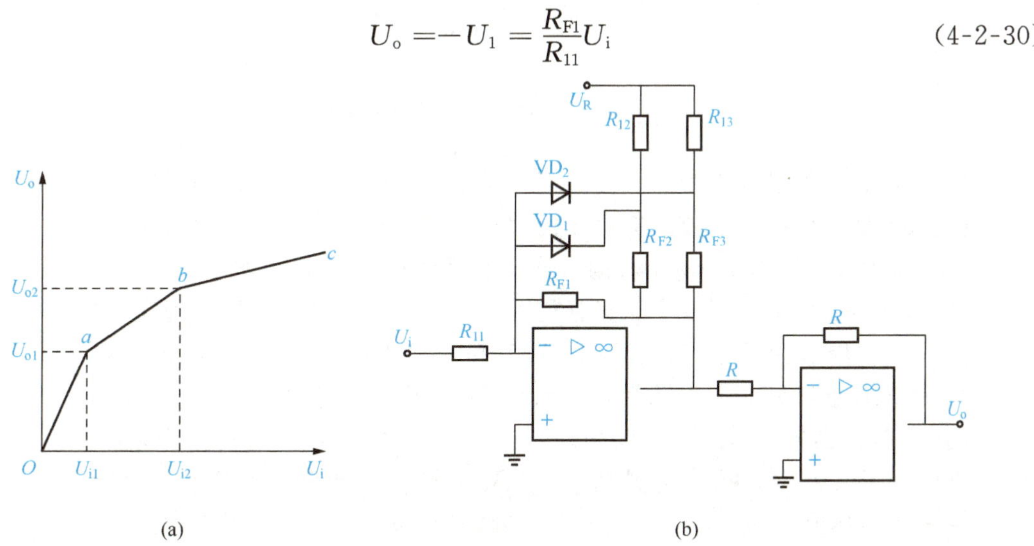

图 4-2-22　斜率渐减型折线电路

该线段斜率 $K_{Oa}=R_{F1}/R_{11}$。随着输入电压 U_i 增加，$U_{i1}<U_i<U_{i2}$，ab 线段，VD_1 导通，VD_2 截止，运放 A_1 反馈电阻 R_{F1} 与 R_{F2} 并联，设 $R_{ab}=R_{F1}/\!/R_{F2}$，则输出电压 U_o 为

$$U_o=-U_1=\frac{R_{ab}}{R_{11}}U_i+\frac{R_{ab}}{R_{12}}U_R \tag{4-2-31}$$

该线段斜率 $K_{ab}=R_{ab}/R_{11}$，由于 $R_{ab}<R_{F1}$，故 $K_{ab}<K_{Oa}$。$R_{ab}\times(U_R/R_{12})$ 是线段 ab 延长线与纵轴交点截距。随着 U_i 增加，$U_i>U_{i2}$，进入 bc 线段，VD_1 和 VD_2 都导通。A_1 反馈电阻是 R_{F1}、R_{F2} 和 R_{F3} 的并联，设 $R_{bc}=R_{F1}/\!/R_{F2}/\!/R_{F3}$，输出电压为

$$U_o=-U_1=\frac{R_{bc}}{R_{11}}U_i+\left(\frac{R_{bc}}{R_{12}}+\frac{R_{bc}}{R_{13}}\right)U_R \tag{4-2-32}$$

该线段斜率 $K_{bc}=R_{bc}/R_{11}$，由于 $R_{bc}<R_{ab}$，故 $K_{bc}<K_{ab}$。由此可得出：

① 三段线段 Oa、ab、bc 斜率递减，斜率大小可调节 R_{F1}、R_{F2} 和 R_{F3} 确定。

② 三段线段 Oa、ab、bc 截距递增，从 Oa 线段 0，到 ab 线段 $\frac{R_{ab}}{R_{12}}U_R$，再到 bc 线段 $\left(\frac{R_{bc}}{R_{12}}+\frac{R_{bc}}{R_{13}}\right)U_R$。

图 4-2-22 是斜率渐减型折线电路，有些场合需用斜率渐增型折线电路，如图 4-2-23 所示，其具体电路原理与斜率渐减型折线电路类似，请读者自行分析。

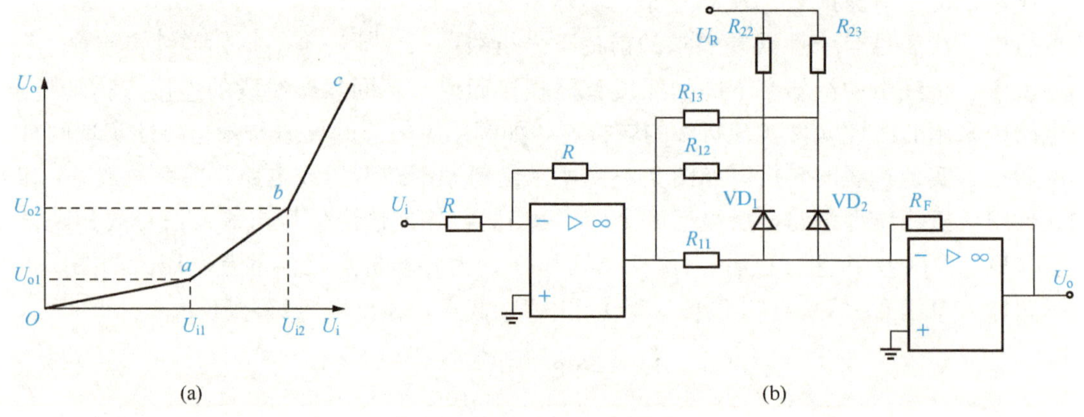

图 4-2-23 斜率渐增型折线电路

对于分段较多的折线拟合非线性校正，采用渐变型折线电路结构复杂，可采用电阻和二极管组成非线性网络与运放组成反相放大器，构成非线性网络补偿电路，如图 4-2-24 所示。忽略 U_R 和 R_{b1}、R_{b2}、R_{b3}，u_i 输入分 3 个回路 R_{a1} 和 VD_1、R_{a2} 和 VD_2、R_{a3} 和 VD_3，3 个输入回路是否有效取决于 3 个二极管是否导通。由理想运放负反馈虚短特性可知，D 点电压为 0，若二极管为理想二极管，只要 A、B、C 点电压大于 0V，相应的二极管导通，输入回路接入运放电路。A 电压受 u_i、R_{a1} 和 U_R、R_{b1} 共同控制，其中 U_R 是参考电压，B、C 点情况类似。当输入电压 u_i 较小时，3 个二极管都不导通，输出电压 u_o 为 0，即图 4-2-24 (a)中 OL 段；随着 u_i 升高，A、B、C 点电压也随之升高，通过调节 R_{b1}、R_{b2}、R_{b3} 可使 A 点电压升高最快，B、C 点依次减慢，当 $u_o>u_1$，A 点电压大于 0，二极管 VD_1 导通，R_{a1} 回路接入运放，输出电压为

$$u_o = -\frac{R_F}{R_{a1}} u_i + b_1 \tag{4-2-33}$$

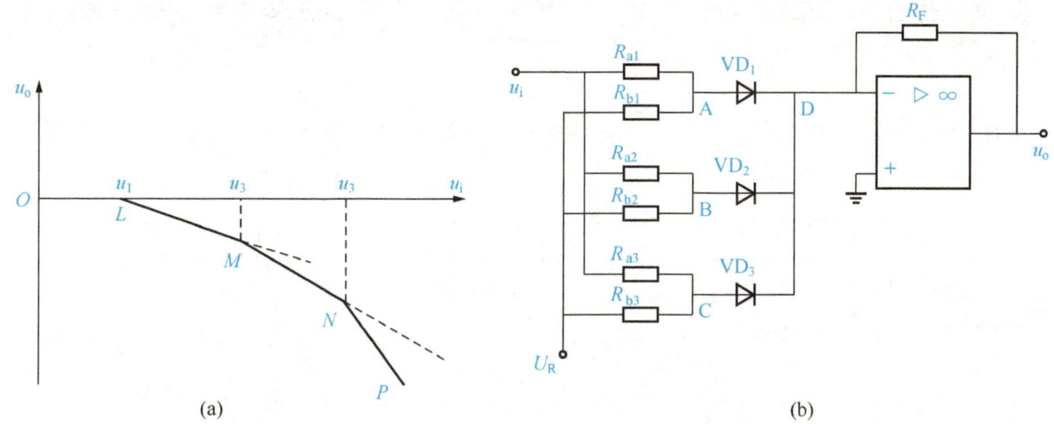

图 4-2-24　非线性网络补偿电路

如图 4-2-24（a）所示，LM 段，斜率 $K_1 = -\frac{R_F}{R_{a1}}$，$b_1$ 为与纵轴截距。u_i 继续升高，当 $u_i > u_2$，B 点电压大于 0，二极管 VD_1 和 VD_2 导通，R_{a2} 回路接入运放，输出电压为

$$u_o = -\left(\frac{R_F}{R_{a1}} + \frac{R_F}{R_{a2}}\right) u_i + b_2 \tag{4-2-34}$$

如图 4-2-24（a）所示，MN 段，斜率 $K_2 = -\left(\frac{R_F}{R_{a1}} + \frac{R_F}{R_{a2}}\right)$，$b_2$ 为与纵轴截距，斜率的绝对值逐渐增大。u_i 继续升高的情况读者可自行分析。u_1、u_2、u_3 转折点可通过改变 U_R 和 R_{b1}、R_{b2}、R_{b3} 调整。

（2）数字化非线性补偿。对于精度要求较高的非线性补偿，若还是采用电路补偿方式，电路结构会很庞大，而且电路补偿灵活性较差。随着计算机技术的发展，数字化非线性补偿使用越来越广。数字化非线性补偿是利用计算机的数据处理能力，用软件技术实现特性曲线的非线性补偿，这种方式可以省去复杂的硬件补偿电路，补偿算法灵活，而且补偿精度较高。数字化非线性补偿有两种方式：曲线拟合法，对于输入/输出之间有明确的函数关系，可采用编写数学表达式的计算程序；线性插值法，若输入/输出之间很难用具体函数表示，可采用线性插值计算。

① 线性插值法。将传感器输入/输出之间的关系曲线分成 N 段，用实验或计算方法得到各分段点输出与输入对应值，如（X_1，Y_1），（X_2，Y_2），…，（X_n，Y_n），将其编制成表格保存在存储器中。若计算机从传感器电路获得输出量 Y_i 位于区间（Y_k，Y_{k+1}）之间，即 $Y_k < Y_i < Y_{k+1}$，则线性插值法是（X_k，Y_k），（X_{k+1}，Y_{k+1}）两点间直线近似代替两点间特性曲线。其公式为

$$X_i = X_k + \frac{X_{k+1} - X_k}{Y_{k+1} - Y_k}(Y_i - Y_k) = X_k + K_k(Y_i - Y_k) \tag{4-2-35}$$

K_k 为线段（X_k，Y_k），（X_{k+1}，Y_{k+1}）的斜率。线性插值法算法流程如图 4-2-25 所示。对于任何特性曲线，只要分段足够多就可达到较高的计算精度，目前计算机的处理能

力和存储器容量，足以应付绝大多数的线性插值计算，故条件许可情况下，可适当增加分段数。

② 曲线拟合法。曲线拟合法是用一个 N 次多项式去拟合输入/输出非线性特性曲线，如图 4-2-26 所示。N 次多项式表达式为

$$y=f(x)=a_0+a_1x+a_2x^2+\cdots+a_nx^n \tag{4-2-36}$$

多项式系数 a_0，a_1，a_2，…，a_n 可用最小二乘法确定，具体细节可参考相关书籍。

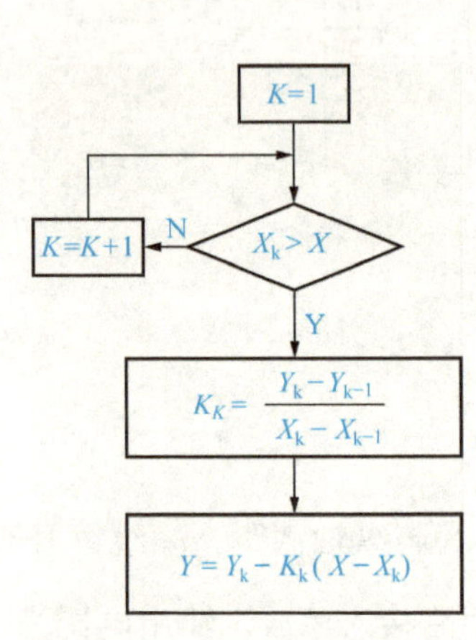

图 4-2-25 线性插值法流程图

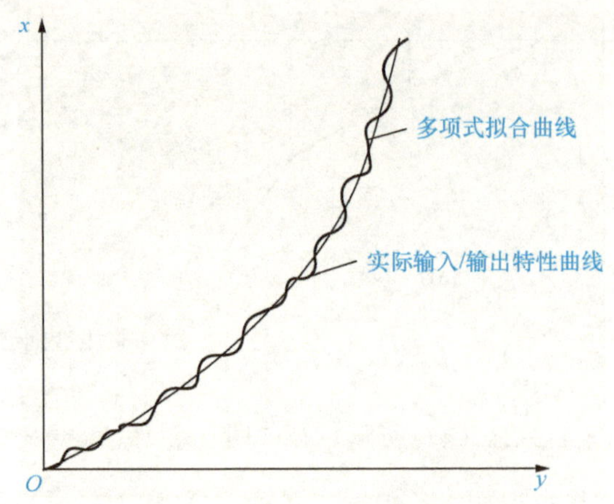

图 4-2-26 多项式逼近曲线拟合法

2 传感器的标定与校准

新生产的传感器需对其技术性能进行全面的检定；经过一段时间存储、使用或者经过维修的传感器也需要对其性能进行复测。通常，在明确输入/输出变换对应关系的前提下，利用某种标准量或标准量具对传感器的量值进行标度称之为标定。将传感器使用、存储一段时间后，或经过维修后对其性能复测称之为校准。标定与校准的本质是相同的，都是为了保证传感器量值的正确性。本书以标定进行叙述，这些内容同样适合校准。

标定的基本方法是利用标准设备产生已知的非电量作为输入量，输入待标定传感器，然后将传感器的输出量与输入量对应的输出标准量作比较，获得一系列校准数据。大多数情况下，输出标准量是利用标准传感器测量而获得的。传感器标定系统一般由以下几部分组成：

① 被测非电量标准发生器。

② 被测非电量标准测试系统，如标准压力传感器、标准温度计等。

③ 待标定传感器配接部件，包括传感器信号预处理、信号放大、显示和记录仪等，而且应为标准设备，精度已知。

为保证各种量值的准确一致，标定应按计量部门规定的检定规程和管理办法进行。如图 4-2-27 所示为力值传递系统，在标定过程中只能用上一级标准装置检定下一级传感器及配套仪表，如若待标定传感器精度较高，可以跨级使用更高级的标准装置。工程测试所用传感器的标定应在与其使用条件相似的环境下进行。为在实际使用中获得更高的标定精度，可将传感器与配套的电缆、预处理电路、放大电路、滤波电路等测试系统一起标定，

有些传感器在标定时还应注意规定的安装条件。

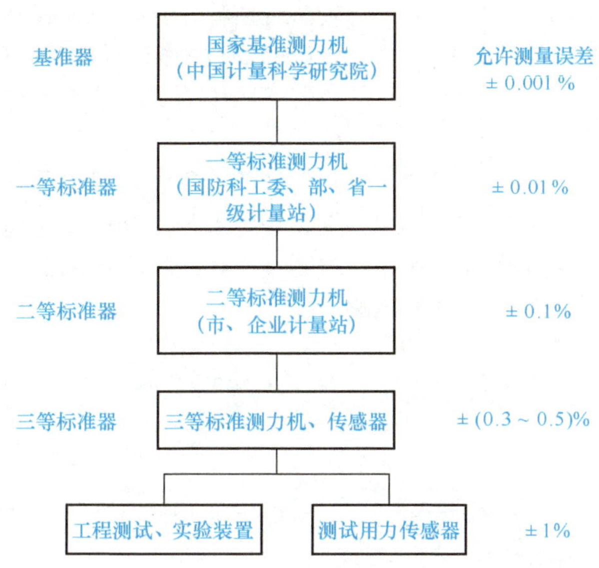

图 4-2-27　力值传递系统结构图

根据传感器的性能指标，传感器标定分为静态标定和动态标定。

1）传感器的静态标定

静态标定主要用于检测传感器的静态特性指标，如静态灵敏度、非线性、回差等。在进行静态标定之前需建立静态标定系统，如图 4-2-28 所示为应变式测力传感器静态标定系统结构图，图 4-2-29 所示为测力标定装置图。测力机提供标准力，精密电阻箱组成电桥电路，高精度稳压电源向电桥提高精准稳定的工作电源，电源电压由数字电压表Ⅱ测得，应变式测力传感器输出电压由数字电压表Ⅰ测得。根据数字电压表Ⅰ测得的传感器输出电压和测力机施加传感器上的力标定传感器。

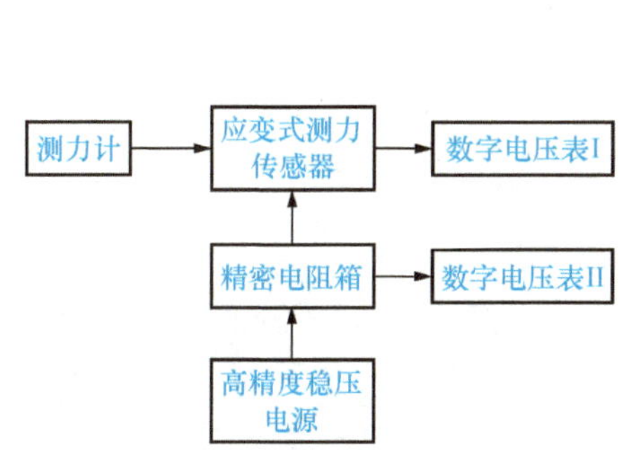

图 4-2-28　应变式测力传感器静态标定系统

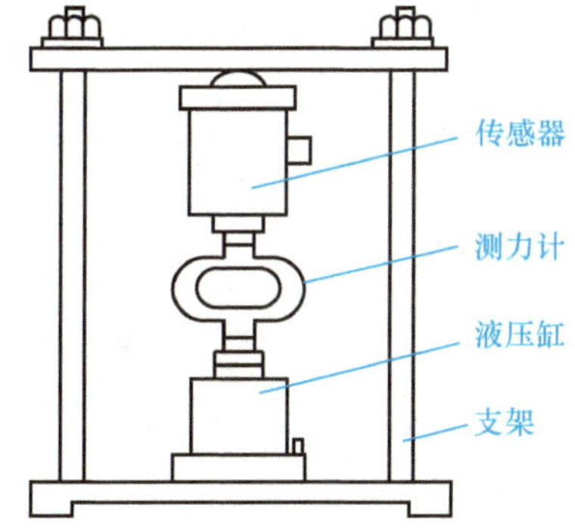

图 4-2-29　测力标定装置图

2）传感器动态标定

动态标定主要用于检验传感器或传感器系统的动态特性，如动态灵敏度、频率响应和固有频率等。

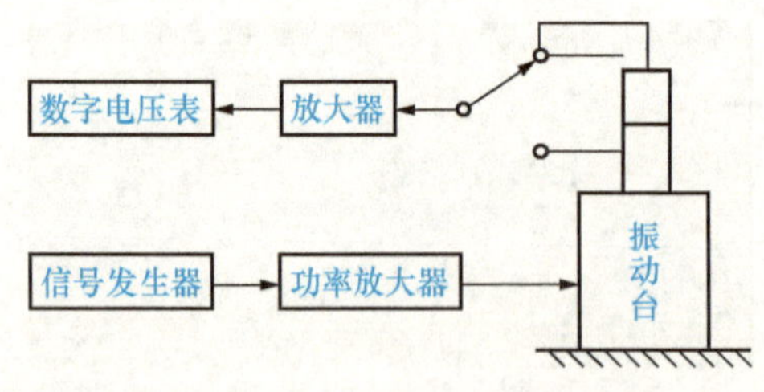

图 4-2-30 比较法动态标定示意图

在实际工程中为简化标定过程，一般采用比较法（俗称靠背），其原理框图如图 4-2-30 所示。将已知参数的标准传感器（图中为 1）和待标传感器（图中为 2）背靠背安装在振动台上，同时感知振动信号，在同一个振幅和频率下通过单刀双掷开关分别测得标准传感器和待标传感器的数据，用标准传感器性能指标标定待标传感器的性能指标。在上述振动台上采用描点法，逐点测量、比较标准传感器和待标传感器的性能指标，绘制成曲线可用于标定传感器频率响应。

任务评价评分表

班级：__________ 姓名：__________ 成绩：__________

评价条目	评价内容与要求	分值	自我评价	教师评价	得分	扣分原因
基本知识	了解传感器信号非线性产生原理	25				
	理解常用的非线性补偿方法	30				
	了解传感器的标定与校准	25				
职业素养	态度认真，按时出勤，不迟到、早退	5				
	安全意识强，操作规范	5				
	爱护工具设备，工具设备摆放整齐，操作工环境卫生良好	5				
	节约能源，节约原料	5				

复习与思考题

1. 知识总结

所有有用信号以外的信号总称噪声。噪声是一种信号，它客观存在，无法完全消除，只能在数量上尽量减小直至不产生干扰；干扰是一种效应，是噪声信号对系统造成的一种不良反应。干扰信号是指对系统产生不良影响的噪声信号。抗干扰技术就是各种将影响系统正常工作的干扰减少到最小的技术。

干扰的产生有三个要素：干扰源、耦合途径和感受体。干扰信号耦合途径主要有直接耦合、电容性耦合、互感性耦合、共阻耦合和漏电耦合等。抗干扰技术从干扰三要素出发，通过各种技术手段减少、消除干扰源干扰、被干扰电路，其中最主要的是耦合途径。常用的抗干扰技术有屏蔽技术、接地技术、浮空技术、隔离技术、滤波技术、脉冲电路噪

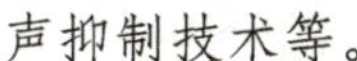

声抑制技术等。

数据采集是将被测对象的各种参量（物理量、化学量、生物量等）通过传感元件变换，对其预处理、放大、转换后，再由计算机进行显示、传输、储存、分析的过程。完成数据采集功能的系统称为数据采集系统。

传感器信号预处理电路的主要作用是将经传感器变换的电量（电阻、电感、电容等电参量）转换成后续电路所需的电压信号（绝大多数后续电路处理电压信号，极少情况处理电流信号）。根据传感器类型，常用预处理电路有电桥电路、R/U 变换电路、C/U 变换电路、L/U 变换电路，以及 I/U 变换电路。

绝大多数传感器都会产生非线性误差，非线性误差在允许的范围内可以不作处理，若超过允许范围就必须进行非线性校正。非线性校正主要有非线性电路补偿和数字化非线性补偿两种。

新生产的传感器需对其技术性能进行全面的检定；经过一段时间存储、使用或者经过维修的传感器也需要对其性能进行复测。通常，在明确输入/输出变换对应关系的前提下，利用某种标准量或标准量具对传感器的量值进行标度称之为标定。将传感器使用、存储一段时间后，或经过维修后对其性能复测称之为校准。

2. 思考题

1）填空题

（1）噪声是__________，干扰是__________。

（2）干扰三要素是__________、__________和__________。

（3）干扰的耦合途径有__________、__________、__________、__________和__________。

（4）产生直接耦合干扰的主要原因是__________________。

（5）主要抗干扰技术有__________、__________、__________、__________和__________。

（6）屏蔽技术抗干扰的主要依据是__________________。

（7）隔离技术分__________和__________。

（8）滤波是指____________________。

（9）最常用的传感器预处理电路是__________。

（10）C/U 变换电路主要变换方法有__________、__________、__________、__________和__________。

（11）理想运放闭环工作的两大特性是__________和__________。

（12）A/D转换器的主要性能指标是__________、__________和__________。

（13）传感器电路输出信号非线性的来源是__________和__________。

（14）数字化非线性补偿的常用方法有__________和__________。

（15）传感器标定分为__________和__________。

2）问答题

（1）试说明噪声和干扰的差别。

（2）解释互感型干扰和共阻性干扰产生的原因和解决办法。

（3）抗干扰技术主要有哪些？它们分别能抗哪些干扰？

（4）屏蔽技术为什么能减少或消除干扰？

（5）什么是数据采集系统？数据采集系统基本组成是什么？

（6）数据采集系统中为什么需要多路模拟开关？

（7）测量放大器有什么特点？画出测量放大器的典型电路。

（8）按照工作原理，A/D 转换主要分哪几类？分别说明它们的优缺点和使用场合。

（9）试画出斜率渐减型折线拟合电路，并说明其工作原理。

（10）试说明标定和校准的异同。

参考文献

陈圣林，侯成晶．2009. 图解传感器技术及应用电路．北京：中国电力出版社．
方彦军，程继红．2006. 检测技术与系统．北京：中国电力出版社．
方彦军，程继红．2007. 检测技术与系统设计．北京：中国水利水电出版社．
官伦，王戈静．2013. 传感器检测技术及应用．重庆：重庆大学出版社．
梁福平．2010. 传感器原理及检测技术．武汉：华中科技大学出版社．
马明建．2005. 数据采集与处理技术．西安：西安交通大学出版社．
聂辉海．2012. 传感器技术及其应用．北京：电子工业出版社．
彭学勤，周志文．2010. 传感器应用技术实训．北京：人民邮电出版社．
彭学勤．2011. 传感器原理与实训项目教程．北京：外语教学与研究出版社．
苏震．2011. 现代传感技术：原理、方法与接口电路．北京：电子工业出版社．
吴建平．2009. 传感器原理及应用．北京：机械工业出版社．
杨帆，吴晗平，等．2010. 传感器技术及其应用．北京：化学工业出版社．
杨帆．2008. 传感器技术．西安：西安电子科技大学出版社．
于彤．2013. 传感器原理及应用（项目式教学）．北京：机械工业出版社．
张旭涛．2010. 传感器技术与应用．北京：人民邮电出版社．